KB090449

Cocktail
for Practice
NCS 국가직무능력표준

성공창업과 운영노하우

칵테일 실습

박영배 저

조주기능사 실기, 필기시험 문제 수록

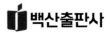
백산출판사

Introduction

　최근 국제교류가 활발해지면서 세계는 비즈니스 및 관광 여행객이 늘어나고 국내 호텔의 이용고객도 날로 증가하고 있다. 전 세계인이 모여드는 호텔에서는 세계의 다양한 식문화를 체험할 수 있다. 호텔은 인간의 여가활동에 필수적 요소인 객실(客室)과 식음료(食飮料), 기타 부대시설을 갖추고 여행자의 편의를 제공하고 있다. 특히, 식음료부문은 식생활의 사회적 기능이 강화되면서 각종 레스토랑과 바 등 다양한 형태의 부대영업시설을 갖추어 고객의 수요형태 변화에 적응시킴으로써 우리나라 외식산업의 선도적인 역할을 하고 있다.

　식문화 중에서도 술은 국적과 민족성이 매우 뚜렷한 기호음식이다. 지구상 각 민족의 전통주는 그 나라의 기후와 풍토에 따라 독특한 문화로 정착되어 나름대로의 향취와 맛을 담고 있다. 그 대표적인 예로 영국의 스카치 위스키나 프랑스의 와인과 브랜디, 독일의 맥주, 러시아의 보드카 등이 있다. 우리의 전통주는 자연에서 채취한 온갖 꽃과 열매, 쌀이나 곡식을 이용하여 지방마다 각기 다른 비법과 정성으로 만들어 왔다. 술은 음식을 더 맛있게 해준다. 그래서 음식과 함께 먹는 반주가 피로를 덜어주고, 식욕을 돋우어준다. 그만큼 술은 인간생활과 밀접한 관계에 있다.

　이제는 다민족이 더불어 살아가면서 여러 가지 음식의 특징이 혼합된 새로운 형태의 음식이 등장하고 있다. 칵테일은 세계 각국의 술을 그대로 마시지 않고, 마시는 사람의 기호와 취향에 맞추어 독특한 맛과 향기, 색채 등의 요소와 조화를 이룬 술의 예술품이라 할 수 있다. 칵테일에는 알코올 도수가 낮고 주스처럼 새콤달콤한 맛을 즐길 수 있는 종류가 많다. 최근에는 건강을 고려한 칵테일이 많아지면서 더욱 편하게 마실 수 있게 되었다. 그리고 20~30대의 소자본 예비창업자가 많아지면서 여성창업, 청년창업이 인기를 얻고 있다. 또한, 젊은 여성고객을 중심으로 하는 이색 맛집, 이색 술집이 창업 추천 아이템으로 부각되고 있다. 맛있는 요리와 다양한 메뉴, 음료, 칵테일, 맥주, 와인, 커피 등을 즐길 수 있는 공간을 펍(Pub)이라 부르며, 이색적인 분위기와 인테리어로 20~30대의 여성고객이 중심이 되고 있다.

이에 따라 본서는 호텔, 관광, 외식, 조리학도의 전문인력 양성을 위한 칵테일 교재를 국가직무능력표준(NCS, National Competency Standards)에 맞추어 출간하게 되었다.

국가직무능력표준은 산업현장에서 직무를 수행하기 위해 요구되는 지식, 기술, 태도 등의 내용을 국가가 표준화한 것이다. NCS에서 개발, 제시한 교육훈련 수준을 능력단위 별로 실무적 접근방법을 통해 명확히 이해할 수 있도록 구성하였다. 제1장에서는 음료 분류하기, 칵테일의 특성 파악하기, 칵테일기법 수행하기 등을 다루었고, 제2장에서는 이론 지식을 바탕으로 국가직무능력표준에 따라 조주기능사 칵테일을 만드는 재료, 만드는 방법, 만드는 과정을 사진을 통해 쉽게 설명하였다. 그리고 자영업자의 성공창업과 경영 능력 강화를 위해 특선칵테일을 공개하였다. 제3장에서는 음료를 분류하여 음료의 특성 을 파악하고 활용할 수 있도록 발효주, 증류주, 혼성주, 전통주, 비알코올 음료 순으로 구 성하였다.

제4장은 성공 창업을 위한 내용으로 고객의 요구 및 기호를 반영하여 표준 레시피와 기획메뉴, 주문형 메뉴 만들기 그리고 메뉴분석을 통해 바(Bar) 운영의 생산성 향상 및 수익성 제고를 파악할 수 있도록 전개하였다. 제5장은 음료영업장 관리 및 운영노하우 에 대한 내용으로 직원 관리하기, 음료영업장 시설 관리하기, 음료영업장 기구 및 글라 스 관리하기, 그리고 음료특성에 맞는 보관에 대한 전반적인 내용으로 전개하였다. 제6 장에서는 부록으로 용어해설과 지정된 조주기능사 실기문제 및 기출문제를 수록하여 자 격 취득에 도움이 되도록 구성하였다. 참고문헌으로는 국내, 국외의 문헌과 호텔의 직무 교재를 인용하였다.

본서를 출간하는 과정에서 좀 더 알찬 내용을 위해 최선의 노력을 다하였으나 아직 여러 가지 면에서 미흡한 점이 있다. 향후 독자 여러분의 아낌없는 조언을 기대하면서 완숙한 저서가 되도록 지속적으로 수정, 보완할 것을 약속드린다. 아울러 본서가 호텔, 관광, 외식, 조리 관련 학생들과 업계 종사자들의 발전에 좋은 길잡이가 되기를 기대한다. 끝으로 본서의 출판을 맡아주신 백산출판사 진욱상 사장님을 비롯한 임직원 여러분, 그리고 자료수집에 도움을 주신 그랜드 힐튼호텔과 르네상스 호텔의 선, 후배 동료 여러분께 깊은 감사를 드린다.

2017년 春分

안산 연구실에서

Contents

제1장 칵테일기법 실무

제2장 칵테일 조주 실무

제3장 음료의 특성 분석

제4장 메뉴 개발

제1장
칵테일기법 실무

능력단위요소

제 1 장   칵 테 일 기 법   실 무

학습목표

▣ 알코올성, 비알코올성 음료를 분류할 수 있다.

▣ 고객서비스를 위한 칵테일의 역사와 유래를 설명할 수 있다.

▣ 칵테일을 만들기 위한 기구의 사용법을 습득할 수 있다.

▣ 칵테일 표준레시피를 이용해 신속, 정확하게 만들 수 있다.

▣ 칵테일의 색, 향, 맛으로 전체적인 조화를 평가할 수 있다.

제1절_ 음료 분류하기

음료는 갈증을 해소하기 위해 마시는 음식이다. 알코올의 유무에 따라 알코올 음료와 비알코올 음료로 나누어진다. 그리고 알코올 음료는 제조방법에 따라 발효주, 증류주, 혼성주로 나눌 수 있다. 비알코올 음료는 청량음료, 영양음료, 기호음료 등으로 구분한다.

1. 알코올 음료(Alcoholic Beverage)

알코올 음료는 곡류의 전분과 과실류의 당분을 발효시켜 만든 1% 이상의 알코올 성분이 함유된 술(酒)을 지칭한다. 알코올은 술로써 존재가치를 갖는 중요한 요소이며 술의 종류와 그 성질을 결정한다. 세계 여러 나라에서 수많은 종류의 술이 만들어지고 있다.

술의 원료는 그 나라의 주식과 밀접한 관계가 있으며, 인간이 주식으로 먹고사는 곡류나 과실류로 빚어왔다. 곡류나 과실류의 당을 효모가 알코올과 탄산가스로 분해하여 술이 만들어진다. 즉 알코올은 당분이 변한 것으로, 술의 원료는 반드시 당분을 함유하고 있어야 한다.

당분 + 효모(Yeast) → 알코올 + 탄산가스

그러므로 알코올 발효가 진행될수록 원료의 당분은 점차적으로 줄어들고, 반면 알코올 농도는 높아진다.

포도나 사과, 배 등 당분이 많은 과실류로 술을 담글 때에는 효모만 첨가하면 바로 술이 될 수 있다. 하지만 쌀이나 보리 등 전분을 함유한 곡류로 담글 때에는 먼저 주성분인 전분을 당분으로 분해시키는 '당화과정'을 거친 후에 알코올 발효가 일어나 술이 된다.

지구촌에는 헤아릴 수 없을 정도로 많은 술이 있다. 술은 제조방법에 따라 크게 발효주, 증류주, 혼성주로 나누어진다. 그리고 술의 원료 및 특성, 산지 등을 기준으로 분류할 수 있다. 이를 좀 더 자세하게 살펴보면 다음과 같다.

1) 발효주(Fermented Liquor)

곡류나 과실류를 발효시켜 만든 술이다. 양조주라고도 하며, 알코올 함량은 1~18%로 낮다. 포도나 사과 등의 과실류는 과당을 함유하고 있어서 효모에 의한 발효만으로 술이 된다. 이와 같은 술은 단발효주(單醱酵酒)라고 한다. 하지만 쌀이나 보리와 같이 전분이 주성분인 곡류를 사용하여 만든 발효주는 당화와 발효라는 2가지 공정을 거치게 되는데, 이를 복발효주(復醱酵酒)라고 한다. 이와 같이 모든 술은 발효과정을 거친다. 알코올 발효란 당분(포도당, 과당)이 효모(Yeast)의 작용으로 알코올과 탄산가스로 변하는 과정을 말한다.

발효주

단발효주와 복발효주		
발효주(양조주)	단발효주	포도주, 사과주, 배주 등
	복발효주	맥주, 탁주, 청주 등

2) 증류주(Distilled Liquor)[1]

발효주를 다시 증류시켜 알코올 도수를 높인 술이다. 증류는 알코올의 끓는점(78℃)과 물의 끓는점(100℃)의 차이를 이용하여 고농도 알코올을 얻어내는 과정이다. 즉 발효주를 서서히 가열하면 끓는점이 낮은 알코올이 먼저 증발하는데, 이 증발하는 기체를 모아서 적당한 방법으로 냉각시키면 다시 액체로 되면서 본래의 발효주보다 알코올 농도가 훨씬 더 높은 액체가 만들어지는 것이다. 그러므로 증류주를 만들려면 반드시 그전 단계인 발효주가 있어야 한다. 맥주나 탁주를 증류하면 위스키나 소주가 되고, 과일을 증류하면 브랜디가 되는 것이다. 이 밖에 진, 보드카, 럼, 테킬라 등 6대 증류주가 모두 여기에 속한다.

스카치 위스키

3) 혼성주(Compound Liquor)

혼성주는 증류주에 식물성 향미성분을 배합하고 다시 감미료, 착색료 등을 첨가하여 만든 술의 총칭이다. 세계의 여러 나라에서 생산되는 식물들을 원료로 사용하기 때문에 맛과 향이 다양하며 그 종류는 헤아릴 수 없이 많다. 사용되는 원료에 따라 약초·향초계, 과실계, 종자계, 특수계로 나누어진다. 프랑스, 이탈리아, 독일 등에서 주로 생산되고 있으며 리큐르(Liqueur)라 불린다. 미국과 영국에서는 코디얼(Cordial), 우리나라에서는 재제주(再製酒)라고 한다.

여러 가지의 과실계 리큐르

---

1) 증류주는 단식증류(pot still)와 연속식증류(patent still)방법으로 만든다. 단식증류는 밀폐된 솥과 관으로 구성되어 있으며 구조가 간단하여 원료의 맛과 향의 파괴가 적다. 반면에 연속식증류는 현대식 자동시설을 설치하여 대량생산이 가능하고, 높은 온도에서 증류하기 때문에 주요 성분이 상실된다.

2. 비알코올 음료(Non-Alcoholic Beverage)

비알코올 음료는 탄산가스를 함유한 청량음료, 건강에 도움을 줄 수 있는 주스나 우유의 영양음료 그리고 사람들이 널리 즐기고 좋아하는 커피나 홍차와 같은 기호음료 등으로 구분한다.

1) 청량음료(Soft Drink)

탄산가스가 들어 있어 맛이 산뜻하고 마실 때 청량감을 주는 음료를 총칭한다. 이는 탄산가스의 유무에 따라 탄산음료와 무탄산음료로 나누어진다. 무탄산음료는 자연수로서 탄산가스가 포함되지 않은 무색, 무미, 무취의 음료이다.

소다수 진저에일 토닉워터

2) 영양음료(Nutritious Drink)

건강에 도움을 줄 수 있는 영양성분이 많이 함유된 음료를 말한다. 일반적으로 쉽게 접할 수 있는 주스와 우유 등이 있다. 주스에는 각종 과일주스와 채소주스가 있다. 멸균우유는 일반우유보다 높은 온도에서 살균처리를 하므로 유통기한이 길다.

3) 기호음료(Favorite Drink)

평소에 개인의 취향과 기호에 따라 맛과 향을 즐기며 마시는 음료의 총칭이다. 영양적인 면보다 심리적, 생리적 욕구를 충족시키기 위한 음료이다. 커피를 비롯한 다양한 차 등이 있다.

음료의 분류

		발효주 (양조주)	과실류	포도주, 사과주	
음료	알코올 음료		곡류	맥주, 탁주, 청주	
		증류주 (화주)	과실류	브랜디	코냑, 알마냑, 기타 브랜디
			곡류	위스키	스카치 위스키
					아이리쉬 위스키
					아메리칸 위스키
					캐나디안 위스키
				진	영국 진, 네덜란드 진, 혼성 진
				보드카	뉴트럴 보드카, 플레이버드 보드카
			사탕수수	럼	라이트 럼, 헤비 럼, 미디엄 럼
			용설란	테킬라	화이트 테킬라, 골드 테킬라
		혼성주 (리큐르)	약초·향초계	샤르트뢰즈, 베네딕틴, 갈리아노, 아니스, 캄파리	
			과실계	그랑마니에, 큐라소, 체리, 피치, 멜론, 바나나 등	
			종자계	아마레토, 카카오, 칼루아, 말리부 등	
			특수계	베일리스 아이리쉬 크림, 아드보카트 등	
	비알코올 음료	청량음료	탄산	콜라, 사이다, 소다수, 토닉워터, 진저에일 등	
			무탄산	제주생수, 에비앙생수, 비시생수, 광천수 등	
		영양음료	주스	과일주스, 채소주스 등	
			우유	일반우유, 멸균우유 등	
		기호음료	커피	에스프레소, 카푸치노, 핸드드립, 더치커피 등	
			차	홍차, 녹차, 인삼차 등	

제2절_ 칵테일의 특성 파악하기

1. 칵테일의 역사

칵테일의 역사는 술의 탄생과 거의 동시에 시작되었다고 생각할 수 있다. 기원전부터 이집트에서는 맥주에 꿀을 섞어 마셨고, 로마에서는 와인에 물이나 과즙을 섞어 마시기도 했다. 이렇게 간단하게 섞어서 마신 원시적인 방법이 칵테일의 시작이라 볼 수 있다. 640년경 중국 당나라에서는 포도주에 마유를 첨가한 유산균 음료를 즐겼다. 1180년경 이슬람에서는 꽃과 식물을 물과 약한 술에 섞어 마시는 음료를 제조하였다.

1658년 인도 주재 영국인은 펀치(Punch)를 고안했다. 이 펀치는 술, 향신료, 과일, 설탕, 물 등의 다섯 가지 재료를 사용하였다. 이후 1870년대 독일에서 제빙기가 개발되어 근대적인 칵테일이 등장하기 시작한다. 칵테일 제조법이 본격적으로 발전된 것은 20세기에 이르러 미국의 금주법이 시행되면서부터이다. 정부의 음주단속을 피해 술에 주스를 타고 예쁜 장식을 달아 일반 음료처럼 보이도록 만들어 먹기 시작하였다. 오히려 칵테일의 대중화를 부추겼고, 금주법이 해제되자 칵테일은 전성기를 맞게 된다. 우리나라에 칵테일이 들어온 것은 미국대사관이 설치된 이후로 여겨진다. 본격적으로 대중화된 것은 8·15광복 이후로 당시 많은 리큐르가 등장하면서부터이다.

2. 칵테일의 유래

칵테일은 수탉(cock)과 꼬리(tail)가 합쳐진 이름으로 '수탉의 꼬리'라는 뜻이다. 영국에서는 서로 다른 말을 교배해 태어난 말을 칵테일이라 불렀다. 그 말의 꼬리가 마치 닭의 꼬리처럼 바짝 서 있었기 때문이다. 또 프랑스의 약장수가 '코크텔(Coquetel)'이라는 음료를 만들어 사람들에게 대접하면서 칵테일이 유래됐다는 설도 있다.

칵테일의 유래

다음은 국제바텐더협회의 텍스트북에 소개된 내용이다.

멕시코 동남부의 캄페체(Campeche)라는 항구에 영국 배가 입항하였다. 상륙한 선원들이 어떤 바에 들어갔는데 카운터 안에서 한 소년이 껍질 벗긴 나뭇가지로 혼합음료를 만들고 있었다. 당시 영국인들은 술을 스트레이트로만 마셨기 때문에 이 광경이 신기해 보였다.

한 선원이 소년에게 그 술에 대해 묻자, 소년은 나뭇가지가 닭 꼬리처럼 생겨 "코라 데 가요(cora de gallo)"라고 대답했다. 이 말은 스페인어로 수탉의 꼬리를 의미한다. 이것을 영어로 바꿔서 칵테일(Cocktail)이라 부르게 되었다.

미국 중남부 위스키 고장의 켄터키(Kentucky)에서는 투계가 유행하였다. 이때 돈을 걸고 닭싸움을 시키던 한 사람이 돈을 잃게 되자, 화가 난 끝에 마시던 여러 가지 술을 넣고, 싸움에 진 닭의 꽁지(tail) 깃털을 뽑아 술을 저어 마셨다. 그때 옆에 있던 사람들이 "Cock's tail" 하며 크게 웃었다. 그것을 본 주위 사람들이 모든 술을 섞은 후 닭의 꼬리로 장식하고 투계의 승부를 희비로 나누었다. 이후 혼합한 술을 칵테일(Cocktail)이라 불렀다. 이 밖에도 칵테일의 어원에 대해서는 나라마다 다양한 설이 있지만 진위 여부는 확인하기 힘들다.

3. 칵테일의 정의

칵테일이란 2가지 이상의 술을 섞거나 과즙을 비롯한 향미 첨가제 등의 부재료를 섞어 맛(Taste), 향(Flavor), 색(Colour) 등 3요소의 조화를 살린 음료이다. 재료의 혼합을 통해 서로 다른 향을 배합함으로써 보다 섬세한 새로운 맛을 얻어내는 데 그 목적이 있다. 배합에 따라 미묘한 맛과 아름다운 색이 탄생한다. 주재료가 되는 술을 기주(Base Liquor, 基酒)라고 한다. 주로 위스키, 브랜디, 진, 보드카, 럼, 테킬라 등의 6대 증류주가 쓰인다. 개인의 취향과 기호에 맞춘 3가지 요소의 조화를 바탕으로 다음과 같은 특징을 갖는다.

색, 향, 맛의 3요소

- 식욕이나 소화를 촉진하는 윤활유이다.
- 알코올 성분이 희석되므로 알코올 도수가 낮다.
- 다양한 부재료의 사용으로 칼로리를 보강해 준다.

4. 칵테일의 분류

칵테일은 기본적으로 단맛, 신맛, 쓴맛, 짠맛 등의 네 가지 요소로 이루어진다. 이 중에서 단맛만이 식욕을 감소시키고 나머지 세 가지의 맛은 식욕을 증진시키는데 특히 신맛, 쓴맛의 영향이 크다. 칵테일은 용도, 용량, 형태에 따라 다음과 같이 구분한다.

1) 용도에 의한 구분

칵테일은 다양한 용도로 사용된다. 칵테일의 고유한 맛을 최적의 조건에서 마실 수 있도록 시간(Time), 장소(Place), 경우(Occasion)에 맞추어 선택해야 한다.

(1) 식전주 칵테일(Aperitif Cocktail)

식전에 식욕을 돋우기 위한 목적으로 마시는 유형이다. 식전에서 식중 사이에 마시는 칵테일은 단맛을 억제하는 것이 바람직하다. 그리고 가급적 신맛과 쓴맛이 나는 것이 이상적이라 할 수 있다. 식전주로 드라이 마티니, 맨해튼, 캄파리 소다 등이 있다.

(2) 식후주 칵테일(After Dinner Cocktail/ 디제스티프, Disestif)

식후에는 식욕을 증진시킬 필요가 없으므로, 입가심의 용도로 단맛이 나는 유형이다. 달콤한 맛을 내는 리큐르의 주재료가 많이 사용된다. 식후주로 그래스호퍼, 브랜디 알렉산더, 블랙러시안 등이 있다.

(3) 올데이타입 칵테일(All Day Type Cocktail)

식사와 상관없이 마시는 것으로 적당한 신맛이나 단맛을 지닌 유형이다. 주로 열대과일이나 주스가 사용되는 트로피컬 칵테일의 피나콜라다, 준벅, 블루하와이안 등이 있다.

2) 용량에 의한 구분

칵테일은 잔의 용량에 따라 크게 쇼트드링크 칵테일과 롱드링크 칵테일로 나뉜다. 롱드링크 칵테일은 오랜 시간에 걸쳐 마시는 것으로 텀블러 형태의 큰 잔을 사용하며 탄산수, 물, 얼음 등을 섞어서 만든다.

(1) 쇼트드링크 칵테일(Short Drink Cocktail)

비교적 용량이 적은 180㎖(6oz) 미만의 소형 글라스에 제공되는 음료를 말한다. 단시간에 마시는 적은 양의 칵테일이 대개 이 유형에 속한다.

(2) 롱드링크 칵테일(Long Drink Cocktail)

주로 용량이 큰 240㎖(8oz) 이상의 글라스에 얼음을 넣어서 만든다. 여러 가지 과즙이나 탄산음료 등을 혼합한 것으로 시간적 여유를 가지고 마실 수 있다.

롱드링크와 쇼트드링크 칵테일

3) 형태에 의한 구분

칵테일은 사람의 기호에 따라 여러 가지 재료가 혼합되어 개성 있는 맛과 향, 다채로운 색이 만들어진다. 그리고 계절이나 개인의 상황에 따라 즐길 수 있는 다양한 형태의 칵테일이 있다.

(1) 스트레이트(Straight)

스트레이트는 다른 음료와 섞지 않고 술을 그대로 내는 것이다. 따라서 위스키 고유의 맛과 향을 즐길 수 있다. 스트레이트 한 잔은 보통 30㎖로 약 1온스이다.

(2) 온더락(On the Rocks)

글라스에 얼음을 넣고 그 위에 술을 부어 부드럽고 시원하게 마시는 형태이다. On the Rock는 '바위 위에'라는 뜻인데, 얼음 위에 술을 따르면 마치 바위에 따르는 것처럼 보인다는 표현이다.

(3) 하이볼(Highball)

하이볼 글라스에 얼음을 넣고 위스키에 소다수를 혼합한 것이다. 칵테일의 가장 기본이 되는 것으로 배합과정이 매우 간편하다. 위스키의 향과 맛은 그대로 즐기면서 소다수로 알코올 도수를 낮춘 것이 특징이다. 이 밖에 진토닉, 럼콕 등이 있다.

(4) 사워(Sour)

'새콤하다'는 의미로 증류주에 레몬주스, 설탕, 소다수를 섞는 식으로 만들어진다. 그리고 레몬이나 체리 등의 과일로 장식한 타입에 붙여지는 명칭이다.

(5) 프라페(Frappe)

잔에 으깬 얼음(Crushed Ice)을 채우고, 그 위에 원하는 리큐르를 붓고, 빨대(Straw)를 꽂아 제공하는 형태이다. 프랑스어로 '충분히 차게 한'이라는 뜻이다.

프라페(Frappe) 칵테일

(6) 하프 앤 하프(Half & Half)

서로 다른 두 종류의 음료를 반반씩 넣고 섞어 마시는 형태이다. 맥주와 진저에일을 반반씩 혼합한 샌디가프(Shandygaff) 칵테일이 전형적인 예이다.

(7) 프로즌 스타일(Frozen Style)

믹서에 으깬 얼음을 넣고, 셔벳(Sherbet)상태로 만드는 형태이다. 딸기, 바나나 등 신선한 과일을 사용하기도 한다. 작가 헤밍웨이가 좋아했던 다이키리(Daiquiri)가 알려져 유명해졌다.

프로즌 스트로베리 다이키리

(8) 스노 스타일(Snow Style)

글라스 가장자리에 레몬이나 라임즙을 바르고 백설탕가루를 묻히는 스타일이다. 마가리타, 키스 오브 화이어 등이 있다. 영어로 Rimmed with Salt 또는 Rimmed with Sugar 라고 표현한다.

(9) 피즈(Fizz)

증류주나 혼성주에 레몬주스, 설탕, 소다수를 혼합하고 과일로 장식하는 형태이다. 피즈는 탄산음료를 딸 때 나는 '피익' 하는 소리를 표현한 의성어이다.

슬로진 피즈

(10) 슬링(Sling)

증류주에 레몬주스, 설탕, 소다수를 혼합하고 과일로 장식하는 형태이다. 피즈와 비슷하지만 용량이 많고 리큐르가 첨가된다. 독일어의 슐링겐(Schlingen, 마시다)이 변환된 것이다. 대표적인 것으로 싱가포르 슬링(Singapore Sling)이 있다.

싱가포르 슬링

(11) 콜린스(Collins)

증류주에 레몬주스, 설탕, 소다수를 혼합하고 과일로 장식하는 형태이다. 기주에 탄산음료인 콜린스 믹서(Collins Mixer)를 직접 넣어 만들기도 한다. 대표적인 것으로 톰콜린스(Tom Collins)가 있다.

(12) 리키(Rickey)

증류주에 라임즙을 넣고 소다수가 첨가된 형태가 기본이다. 주로 진이 기주(基酒)로 널리 사용되며, 드라이한 맛이 특징이다. 라임 대신 레몬을 쓰기도 한다.

(13) 에그녹(Eggnog)

럼이나 브랜디에 달걀, 우유, 설탕이 첨가된 형태가 기본이다. 크리스마스나 연말에 마시는 것으로 영양성분이 풍부하다. 대표적인 것으로 브랜디 에그녹(Brandy Eggnog)이 있다.

(14) 쿨러(Cooler)

보통 포도주에 과즙, 탄산음료가 첨가되는 형태이다. 대표적인 것으로 청량감 있는 와인쿨러(Wine Cooler)가 있다. 레드와인이나 화이트와인을 선택해 개인의 취향에 맞게 소다수나 진저에일을 곁들이는 와인 칵테일이다.

크랜베리쿨러

(15) 펀치(Punch)

파티에서 대형 펀치볼에 다량으로 만들어 여러 사람이 떠서 마시는 음료이다. 보통 와인에 시럽, 과즙, 과일을 혼합하고 큰 얼음을 띄워 만든다. 그 지역의 특산물이나 제철 과일을 이용한다.

하와이안 펀치

(16) 에이드(Ade)

레몬이나 오렌지 등의 과즙에 설탕을 넣고, 물로 희석시킨 것을 말한다. 이에 반해 과즙에 탄산수를 넣은 것은 스쿼시(Squash)라고 한다. 대표적인 것으로 레몬에이드, 오렌지 스쿼시 등이 있다.

(17) 트로피컬(Tropical)

주로 열대의 다양한 과일들을 이용해서 만드는 여름용 칵테일의 일종이다. 남미와 동남아시아 등의 코코넛과 파인애플, 망고, 복숭아 등을 주재료로 사용한다. 대표적인 것으로 피나콜라다, 블루하와이안 등이 있다.

트로피컬 선라이즈

(18) 푸스 카페(Poussse Cafe)

술의 무게를 이용하여 글라스에 층층이 쌓아서 만드는 유형이다. 비중이 무거운 리큐르는 아래쪽으로, 가벼운 증류주는 위로 올라간다. 입안에서 섞어 마시는 칵테일이다. 대표적인 것으로 B-52, 레인보우 등이 있다.

푸스 카페

(19) 데이지(Daisy)

증류주에 그레나딘시럽, 레몬주스가 첨가된 형태가 기본이다. 잔에 으깬 얼음을 넣고 과일로 장식하는 칵테일이다. Daisy는 이탈리아의 국화이다.

(20) 플립(Flip)

와인이나 증류주에 달걀 노른자와 시럽이 첨가된 형태가 기본이다. 달걀의 비린내를 제거하기 위해 너트메그(Nutmeg, 육두구)를 뿌려서 만드는 칵테일이다.

(21) 줄렙(Julep)

위스키에 설탕, 박하 등이 첨가된 형태가 기본이다. 사전적 의미로 물약, 설탕물의 뜻이다. 대표적인 것으로 민트 줄렙(Mint Julep)이 있다.

(22) 미스트(Mist)

사전적 의미로 '안개, 유리 등에 김이 서려 부옇게 되다'의 뜻이다. 잔에 으깬 얼음을 넣고 위스키를 넣어 마시는 형태이다. 프라페(Frappe)에서 파생된 것으로 위스키 미스트가 있다.

(23) 토디(Toddy)

위스키나 럼에 설탕과 뜨거운 물을 넣어 만든다. 레몬과 정향(Clove), 향신료를 곁들여 제공한다. 추운 겨울에 마실 수 있는 따뜻한 칵테일이다.

(24) 생거리(Sangaree)

포도주에 설탕, 향신료, 물 등이 첨가된 형태가 기본이다. 스페인어로 '피'를 의미하는데 적포도주의 색에서 붙여진 이름이다. 쉐리와 포트 와인, 브랜디 등도 사용된다.

5. 칵테일기구

칵테일을 만들 때 필요한 기구에는 여러 가지가 있다. 사용하기 전에 안전수칙과 사용법을 숙지하여 작업활동이 이루어져야 한다. 그리고 영업종료 후 적절한 청소 및 세척 소독을 하고 항상 청결을 유지해야 한다. 칵테일을 만드는 데 사용되는 잔과 도구를 살펴보면 다음과 같다.

1) 칵테일 글라스(Cocktail Glass)

잔은 용도에 따라 다양한 형태가 있으므로 정확한 잔의 명칭을 숙지하여 용도에 맞게 사용해야 한다. 그리고 사용할 때 상단부분을 잡아서는 안 되며, 흠이 생긴 것은 신속하게 폐기처분을 한다. 다양한 형태의 잔을 살펴보면 다음과 같다.

(1) 텀블러 글라스(Tumbler Glass)

원통형의 잔을 총칭하여 텀블러라고 한다. 어원은 '굴러가다'라는 뜻을 가진 영어의 텀블(Tumble)에서 온 말이다. 여러 형태의 잔을 살펴보면 다음과 같다.

① 올드 패션드(Old Fashioned) 잔

잔에 얼음과 술을 넣고 향이나 맛을 순화해서 마시는 형태의 잔이다. 온더락(On the Rocks)이라고도 한다. 용량은 보통 240㎖ 정도이다.

② 하이볼(Highball) 잔

보통 물잔과 비슷한 원통모양으로 피즈(Fizz)나 주스, 우유, 탄산음료 등을 마실 때 쓰는 전용 잔이다. 용량은 240㎖가 표준형이다.

③ 콜린스(Collins) 잔

주로 용량이 많은 롱드링크에 사용되는 잔이다. 용량은 360㎖가 표준형이다. 굴뚝이라는 뜻의 침니(Chimney) 글라스라고도 부른다.

④ 스트레이트(Straight) 잔

위스키 본연의 매력을 느끼고 싶을 때 작은 잔에 위스키를 담아 그대로 마실 때 사용한다. 상온의 위스키를 잔에 담아 마시기 때문에 위스키 고유의 풍미와 향을 있는 그대로 느낄 수 있다. 용량은 보통 30㎖ 정도이다. 위스키를 마시는 가장 기본적인 방법이다.

올드 패션드　　　하이볼　　　　콜린스　　　　스트레이트
(Old Fashioned) 잔　(Highball) 잔　(Collins) 잔　(Straight) 잔

(2) 스템드 글라스(Stemmed Glass)

손으로 잡기 편하게 잔의 하단에 긴 줄기가 있는 형태의 잔이다. 반드시 줄기부분을 잡고 서빙해야 한다. 줄기형태의 잔을 살펴보면 다음과 같다.

① 칵테일(Cocktail) 잔

역삼각형 모양으로 용량이 적은 쇼트드링크 칵테일의 전용 잔이다. 용량은 120㎖가 표준형이다. 보통 마티니(Martini) 잔이라고도 한다.

② 리큐르(Liqueur) 잔

리큐르 본연의 매력을 천천히 느끼고 싶을 때 담아 마시는 전용 잔이다. 술잔 중 가장 작은 것으로 30㎖가 표준형이다. 코디얼(Cordial) 잔이라고도 한다.

③ 와인(Wine) 잔

와인 잔은 전 세계적으로 수백 가지에 이른다. 대체로 마시는 와인의 종류에 따라 달라진다. 크게 레드, 화이트, 샴페인, 쉐리 와인 등으로 구분할 수 있다.

칵테일
(Cocktail) 잔   리큐르
(Liqueur) 잔   와인
(Wine) 잔

(가) 레드와인(Red Wine) 잔

레드와 화이트와인 잔은 크기로 구분할 수 있다. 레드가 화이트 잔보다 조금 크다. 화이트보다는 향기가 복합적이라 혀의 다양한 부위에 내려앉도록 만든 것이다.

(나) 화이트와인(White Wine) 잔

보통 화이트는 차갑게 마셔야 제맛을 느낄 수 있다. 따라서 화이트 잔은 주위로부터 냉기를 덜 빼앗기도록 레드에 비해 지름이 작고 표면적이 작다.

(다) 샴페인(Champagne) 잔

샴페인은 용도에 따라 잔이 좁고 길쭉한 플루트(Flute)형과 접시 모양의 소서(Saucer)형의 2가지로 나뉜다. 용량은 보통 120㎖ 정도이다.

- 플루트(Flute)형 잔

  기포를 오래 유지하기 위해 잔의 모양이 좁고 길다. 식사하면서 천천히 마시기에 적합하다.

- 소서(Saucer)형 잔

  잔의 입구가 넓고 얕은 형태이다. 샴페인을 마실 때 고개를 뒤로 젖히면 목주름이 보이기 때문에 이를 배려해 디자인되었다.

| 샴페인 플루트 (Flute)형 잔 | 샴페인 소서 (Saucer)형 잔 | 쉐리와인 (Sherry Wine) 잔 | 고블릿 (Goblet) 잔 |

④ 쉐리와인(Sherry Wine) 잔

주정강화와인의 전용 잔이다. 리큐르와 와인 잔의 중간 크기로 용량은 보통 60~75㎖ 정도이다. 포트와인과 함께 세계 2대 주정강화와인으로 꼽힌다.

⑤ 사워(Sour) 잔

플루트(Flute)형 샴페인 잔과 비슷하지만 길이가 약간 짧다. 용량은 120㎖가 표준형이다. 새콤한 맛의 사워 칵테일 전용 잔이다.

⑥ 고블릿(Goblet) 잔

받침이 달린 잔으로 둥근 볼 형태이며 다리가 짧다. 만찬에 꼭 필요한 물잔으로 주로 사용한다. 클래식한 디자인으로 용량은 300~350㎖ 정도이다.

⑦ 프로즌(Frozen) 잔

믹서에 으깬 얼음을 넣고 셔벗(Sherbet)상태로 만든 칵테일 전용 잔이다. 용량은

240~300㎖ 정도이다. 샴페인 잔의 소서형과 비슷한 형태이나 약간 크다. 마가리타(Margarita) 잔이라고도 한다.

⑧ 허리케인(Hurricane) 잔

다리가 짧고 잔의 몸통이 높고 길며 라인이 예쁜 잔이다. 용량은 360~400㎖ 정도이다. 멋진 곡선의 보디가 돋보여 주스나 맥주잔으로 사용해도 좋다.

⑨ 튤립(Tulip) 잔

잔의 상단이 안쪽으로 들어가 있어 향을 오랫동안 간직할 수 있다. 용량은 380㎖ 정도이다. 세련된 디자인으로 다양한 술에 어울리는 잔이다.

프로즌
(Frozen) 잔

허리케인
(Hurricane) 잔

튤립
(Tulip) 잔

필스너
(Pilsner) 잔

(3) 푸티드 글라스(Footed Glass)

잔받침이 붙어 있거나 다리가 짧은 잔으로 여러 가지 형태가 있다. 활용도가 높고 실용적인 잔으로 브랜디나 맥주, 커피 잔에 주로 사용한다.

① 필스너(Pilsner) 잔

밑부분이 가늘고 위쪽은 넓은 형태의 잔이다. 용량은 300~360㎖ 정도이며 일반적으로 맥주 전용 잔이었다. 최근에는 롱드링크 칵테일 잔으로도 사용한다.

② 브랜디(Brandy) 잔

잔의 몸통부분이 넓고 입구가 좁은 형태이다. 이 모양은 브랜디의 향미가 잔 안에 오래 머물도록 배려한 것이다. 용량은 240㎖가 표준형이다.

③ 아이리쉬 커피(Irish Coffee) 잔

아이리쉬 커피 전용 잔이다. 손잡이가 달린 것과 손잡이가 없고 잔의 하단에 긴 줄기가 있는 2가지 형태가 있다. 이 밖에 몸통에 손잡이가 있는 통형의 머그(Mug) 잔이 있다.

(4) 기타 글라스

다양한 종류의 칵테일과 와인서비스를 위해서는 관련 소품이나 도구들이 필요하다. 최근 유행하는 여러 가지 글라스를 살펴보면 다음과 같다.

① 칵테일 디캔터(Cocktail Decanter)

위스키, 브랜디, 보드카 등 강한 알코올 도수의 술을 스트레이트로 마실 때는 별도로 청량음료를 제공해야 한다. 이때 소다수나 진저에일, 물 등의 체이서(Chaser)를 담는 작은 잔이 디캔터이다. 독한 술 뒤에 마시는 음료를 체이서라고 한다.

칵테일 디캔터

② 와인 카라페(Wine Carafe)

카라페는 와인을 담아내는 유리병이다. 소량의 와인을 담아 제공할 때 쓰는 용기이다. 보통 2잔 분량으로 250㎖ 정도이다. 영어로 디캔터(Decanter)라고도 한다.

③ 와인 디캔터(Wine Decanter)

숙성된 레드와인의 침전물을 걸러내거나, 공기와 접촉하여 와인의 향과 맛을 증진시키기 위한 디캔팅(Decanting)작업을 할 때 사용하는 용기이다.

와인 디캔터

④ 피처(Pitcher)

손잡이가 달린 1리터 이상의 용기이다. 피처는 주전자와 비슷한 모양으로 물이나 맥주를 담아 작은 잔에 따를 때 주로 사용한다.

(5) 글라스 취급방법

깨지기 쉬운 유리잔은 세척하여 규격에 맞는 글라스 랙에 보관해야 한다. 잔은 하단이나 줄기를 잡고 서빙해야 하며, 항상 청결을 유지해야 한다. 잔을 트레이(Tray)로 운반할 때에는 한쪽으로 쏠리지 않도록 가운데부터 놓는다.

① 세척할 때에는 글라스에 적합한 전용 랙(Rack)을 사용한다.
② 잔을 닦기 전에 깨지거나 금이 갔는지 확인한다.
③ 잔은 뜨거운 물에 수증기를 쏘이거나 열탕소독을 한 후에 닦는다.
④ 잔을 돌려가면서 안팎을 닦고, 깨끗한지 철저하게 점검한다.
⑤ 잔은 영업 전에 충분한 양을 준비하고, 포개어 쌓아두지 않는다.

2) 칵테일 도구(Cocktail Tools)

칵테일의 특성을 살리면서 제맛을 내기 위해서는 여러 종류의 도구가 필요하며 또한 각각의 특성을 파악하여 적절히 사용할 수 있어야 한다. 오랜 전통과 기능적으로 완성된 필수도구들을 살펴보면 다음과 같다.

(1) 지거(Jigger)

각종 주류와 부재료를 재는 표준용량의 금속성 계량컵(Measure Cup)이다. 장구모양으로 30㎖와 45㎖ 용량인 두 개의 컵이 마주 붙어 있는 것이 보통이다.

지거 잡는 방법

(2) 쉐이커(Shaker)

각종 재료를 넣고 흔들어 내용물이 혼합, 용해될 수 있도록 하는 기구이다. 금속성 용기로 캡(Cap), 스트레이너(Strainer), 보디(Body) 등의 세 부분으로 구성되어 있다.

쉐이커 파지법

(3) 바 스푼(Bar Spoon)

재료를 혼합하기 위해 휘저어주는 도구이다. 그리고 소량의 재료를 측정할 때 사용하기도 한다. 보통 스푼보다 자루가 길고 나선형으로 되어 있다. 한쪽은 스푼, 다른 한쪽은 포크 형태로 되어 있다.

(4) 믹싱 글라스(Mixing Glass)

쉐이커를 사용하지 않아도 잘 혼합되는 재료를 섞을 때 사용하는 용기(容器)이다. 금속성이나 유리제품이 있으며, 스트레이너가 함께 사용된다. 주로 휘젓기 칵테일에 사용한다.

(5) 스트레이너(Strainer)

믹싱 글라스에서 만든 칵테일을 잔에 따를 때 얼음이 나오지 않도록 거름망 역할을 하는 도구이다. 원형 철판에 용수철이 붙어 있고, 부채형태이다.

지거(Jigger)   쉐이커(Shaker)   바 스푼(Bar Spoon)   믹싱 글라스 (Mixing Glass)   스트레이너(Strainer)

(6) 믹서기(Blender)

믹서기는 과일이나 얼음을 갈아서 만드는 칵테일에 사용하는 기구이다. 이때 과일은 적당한 크기로 잘라 넣고, 으깬 얼음을 사용한다.

(7) 스퀴저(Squeezer)

가운데가 돌출되어 레몬이나 오렌지, 자몽 과일의 즙을 짤 때 사용하는 도구이다. 소재로 유리, 도기, 플라스틱, 스테인리스 등이 있다.

(8) 아이스 버킷(Ice Bucket)

손잡이가 달린 그릇으로 얼음을 담아두는 통이다. 소재로 플라스틱이나 스테인리스, 유리제품 등이 사용되고 있다. 아이스 패일(Ice Pail)이라고도 한다.

(9) 아이스 텅(Ice Tong)

칵테일 만들 때 얼음을 집기 위해 사용하는 기구이다. 양쪽 끝부분이 톱니형으로 되어 미끄러지지 않게 되어 있다. 얼음을 집을 경우에는 반드시 얼음집게를 사용해야 한다.

(10) 아이스 크루서(Ice Crusher)

제빙기(Ice Machine)에서 만들어진 각 얼음을 잘게 으깨는 기구이다. 으깬 얼음은 주로 셔벳(Sherbet)이나 프라페(Frappe) 형태의 칵테일에 사용한다.

| 믹서기(Blender) | 스퀴저(Squeezer) | 아이스 버킷
(Ice Bucket) | 아이스 텅(Ice Tong) | 아이스 크루서
(Ice Crusher) |

(11) 아이스 스쿠퍼(Ice Scooper)

제빙기에서 얼음을 꺼낼 때 사용하는 도구이다. 작은 삽과 같은 형태로 여러 사람이 함께 쓰기 때문에 사용 후 반드시 제빙기 위에 꺼내놓아야 한다.

아이스 스쿠퍼(Ice Scooper)

(12) 칵테일 픽(Cocktail Pick)

칵테일에 제공되는 과일이나 열매를 장식(Garnish)할 때 사용하는 핀 모양의 도구이다. 소재는 나무, 플라스틱, 스테인리스 제품 등이 있다.

(13) 글라스 리머(Glass Rimmer)

잔의 가장자리에 소금이나 설탕을 묻힐 때 사용하는 도구이다. 주로 하얀 눈이 뒤덮인 설원 위의 스노 룩(look) 스타일의 칵테일에 사용한다. 주스, 소금, 설탕 등의 3칸으로 이루어져 있다.

(14) 머들러(Muddler)

칵테일의 재료를 으깨거나 짓누를 때 사용하는 도구이다. 둘레가 둥근 봉 모양과 긴 막대형의 2종류가 있다. 막대형은 긴 잔에 담아내는 칵테일이 잘 섞이도록 젓는 도구이다. 최근에는 다양한 색깔이 나와 장식용으로 사용하고 있다.

(15) 푸어러(Pourer)

병에 담긴 술을 따를 때 한꺼번에 쏟아져 나오는 것을 방지하기 위해 사용하는 도구이다. 병 입구에 끼워 사용하는 것으로 일정한 양이 나올 수 있게 되어 있어 측정이 편리하다.

(16) 코르크스크루(Corkscrew)

와인 병 속의 코르크 마개를 뽑기 위한 도구이다. 끝부분이 나선형으로 손잡이가 부착되어 있다. 다른 말로 와인 오프너(Wine Opener)라고도 한다.

(17) 스토퍼(Stopper)

코르크가 부숴졌거나 먹다 남은 와인을 보관할 때 병마개로 사용하는 도구이다. 특히, 발포성와인(Sparkling Wine)은 코르크 마개를 딴 후 기포가 방출되지 않도록 스토퍼로 막아 사용한다.

(18) 스핀들 믹서(Spindle Mixer)

칵테일을 신속하게 만들어주는 전동식 쉐이커이다. 스테인리스의 믹싱 잔에 얼음과 재료를 넣고 장착하면, 중앙에 있는 프로펠러가 자동으로 혼합해 준다.

푸어러(Pourer)   코르크스크루(Corkscrew)   스토퍼(Stopper)   스핀들 믹서(Spindle Mixer)

(19) 주서기(Juice Extractor)

위에서 직접 눌러 짜는 방식으로 찌꺼기가 거의 없는 맑은 주스 추출이 가능한 기구이다. 레몬, 라임, 오렌지, 자몽 등의 신선한 생과즙을 얻을 수 있다.

(20) 보스턴 쉐이커(Boston Shaker)

일반적인 쉐이커와 달리 스테인리스의 믹싱틴(Mixing Tin)과 유리재질의 믹싱 글라스를 결합하여 사용한다. 결합된 부분을 손으로 툭 치면 분리된다.

보스턴 쉐이커

(21) 더블 스트레이너(Double Strainer)

거름망이 이중으로 되어 있는 스트레이너이다. 보스턴 쉐이커로 칵테일을 만들 때 얼음이 깨지기 쉬우므로 스트레이너와 더블 스트레이너를 함께 사용한다. 과육이 들어가 색이 불투명하거나 마시기 불편할 때 사용한다.

(22) 와인쿨러(Wine Cooler)

와인을 차갑게 하기 위해 사용하는 도구이다. 와인의 맛과 향은 온도에 의해 좌우된다. 특히 화이트와 로제, 샴페인, 스파클링 와인은 10℃ 정도로 마시는 것이 좋다. 이때 와인쿨러에 와인을 담가두면 마시는 내내 시원한 온도를 유지할 수 있다. 와인쿨러에 차가운 물과 얼음을 넣고 10분가량 기다리면 20℃에서 8℃까지 와인 온도가 내려간다. 와인쿨러 안에 계속 넣어두고 마시면 병이 지나치게 차가워질 수 있으니 가끔 병을 꺼냈다 집어넣기를 반복하는 것이 좋다.

와인쿨러(Wine Cooler)

6. 칵테일의 계량단위

칵테일을 제조할 때 공인된 표준용량 단위와 계량컵이 사용된다. 미국이나 영국 등에서는 갤런(Gallon)이나 온스(Ounce, oz) 등의 단위가 통용되고 있으나 우리나라의 경우 미터법의 단위가 보편화되어 있다. 칵테일에 사용되는 주요 계량단위는 다음과 같다.

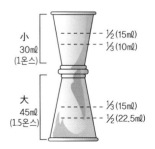

小
30㎖
(1온스)
--- ½(15㎖)
--- ⅓(10㎖)

大
45㎖
(1.5온스)
--- ⅓(15㎖)
--- ½(22.5㎖)

칵테일의 계량단위

단 위	용 량	참고 해설
1드롭(drop)	1/5㎖	1방울 정도의 양
1대시(dash)	1㎖	5방울 정도의 양
1티스푼(tsp)	5㎖	바 스푼의 한 개 분량
1테이블스푼(tbsp)	15㎖	테이블스푼 한 개 분량
1온스(ounce)	30㎖	소주 한 잔 분량, 1pony
1지거(jigger)	45㎖	1.5온스(oz)의 분량
1컵(cup)	240㎖	8온스(oz)의 분량
1파인트(pint)	480㎖	16온스(oz)의 분량
1병(bottle)	750㎖	25온스(oz)의 분량
1핍스(fifth)	768㎖	25.6온스(oz)의 분량, 1/5갤런
1쿼트(quart)	950㎖	약 1리터(ℓ)의 분량
1갤런(gallon)	3800㎖	4쿼트(qt)의 분량

7. 칵테일의 부재료

칵테일을 만드는 과정에서 보조적으로 소비되는 부재료가 있는데 이는 각종 시럽, 향신료, 과일장식과 소모품 등이다. 이와 같은 부재료는 미각적 완성에 큰 영향을 미친다. 이를 자세히 살펴보면 다음과 같다.

1) 시럽류(Syrup)

시럽은 물에 설탕을 녹여서 과즙이나 향료(香料)를 첨가해 독특한 맛을 낸 것이다. 각기 다른 맛의 시럽은 다양한 식감을 준다. 그리고 칵테일에 단맛과 향기, 빛깔을 더해준다.

(1) 심플시럽(Simple Syrup)

물과 설탕을 1 : 1의 비율로 섞어 끓이거나 중탕해서 만든 것이다. 끓는 물에 설탕을 넣고 천천히 저은 다음 식혀서 사용한다. 플레인 또는 슈거시럽이라고도 한다.

그레나딘시럽과 레몬, 라임 주스

(2) 그레나딘시럽(Grenadine Syrup)

당밀에 석류를 첨가해 만든 시럽이다. 석류의 향기와 맛을 지닌 것으로 붉은색을 띠며 달콤한 맛이다. 칵테일을 만들 때 가장 많이 사용되는 과일시럽이다.

(3) 초콜릿시럽(Chocolate Syrup)

농축한 초콜릿의 향기를 당밀에 첨가하여 만든 시럽이다. 달콤한 초콜릿향을 낼 때 사용한다. 깊고 부드러운 맛으로 여러 가지 디저트와 베이커리 등에 많이 사용된다.

(4) 라즈베리시럽(Raspberry Syrup)

당밀에 나무딸기의 풍미를 첨가해 만든 시럽이다. 천연과일에서 추출한 라즈베리 농축과즙을 사용하여 생과일의 맛과 향을 느낄 수 있다. 라즈베리는 달콤하고 즙이 많으며 상큼한 맛이 특징이다.

(5) 딸기시럽(Strawberry Syrup)

딸기에 설탕을 넣어 달콤한 맛을 내거나 당밀에 딸기 풍미를 첨가해 만든 것이다. 딸기는 과일 중 비타민 C의 함량이 가장 높다. 이 밖에 복숭아, 블루베리, 키위 등 다양한 과일시럽이 있다.

(6) 스위트 앤 사워 믹스(Sweet & Sour Mix)

주로 새콤달콤한 맛을 내는 데 사용하며, 액상과 분말이 있다. 기호에 따라 분말과 물은 1 : 3 정도의 비율로 섞어서 사용한다. 주재료는 물과 설탕, 레몬, 라임주스이며, 제조사마다 비율은 약간씩 다르다.

스위트 앤 사워 믹스

(7) 피나콜라다 믹서(Pinacolada Mixer)

옥수수시럽에 코코넛과 파인애플주스, 구연산 등의 여러 가지 재료를 혼합한 음료이다. 카리브海의 푸에르토리코에서 탄생하였다. 코코넛을 좋아하는 여성에게 인기가 높다.

피나콜라다 믹서

2) 향신료(Spice)

일부 칵테일에는 소금이나 후추, 계피, 정향나무의 꽃을 말린 향신료(Clove), 매운맛의 핫소스, 우스터소스와 같은 양념을 쓰기도 한다. 그리고 특별한 소스를 넣어 맛을 내기도 한다.

너트멕, 계피, 바닐라

(1) 너트멕(Nutmeg)

육두구 나무의 열매로 양념이나 향신료로 쓰인다. 인도네시아 몰루카제도가 원산지이다. 호두같이 생긴 열매는 익으면 과육이 벌어져 속의 씨가 떨어지게 된다. 이 속껍질을 벗겨낸 후 속의 씨를 말려 갈아서 향신료로 사용한다. 달걀이나 크림을 사용한 칵테일의 비린 맛을 제거하기 위해 사용한다.

(2) 계피(Cinnamon)

계수나무의 뿌리, 줄기, 가지 등의 껍질을 벗겨서 말린 것이다. 계피는 상쾌한 청량감과 달콤하면서도 약간 매운맛이 특징이다. 칵테일이나 커피에 달고 매운맛의 독특함을 느낄 수 있도록 첨가하기도 한다. 계피는 후추, 정향과 함께 세계 3대 향신료 중 하나이다.

(3) 박하(Mint)

민트의 주요 성분인 멘톨은 강하고 산뜻한 향이 나는 성분으로 칵테일의 부재료로 널리 쓰인다. 모히토는 상큼한 라임과 향긋한 민트가 어우러져 여름철의 무더위를 날려줄 수 있는 대표적인 음료이다. 민트는 주로 후식에 사용되는데 민트의 청량감과 설탕의 단맛이 잘 어우러지기 때문이다.

(4) 후추(Pepper)

후추는 후추과의 상록 덩굴식물로 인도가 원산지이다. 상쾌하고 자극적인 향미는 식욕을 증진시키는 효능이 있으며 소화액의 분비를 촉진시킨다. 블러디메리(Bloody Mary) 칵테일에 사용된다.

(5) 핫소스(Hot Sauce)

톡 쏘는 향과 매운맛이 나는 소스이다. 멕시코 타바스코 지방의 작고 매운 붉은 고추로 만든 소스이다. 타바스코는 전 세계인이 애용하는 매운 소스의 대명사이다.

(6) 우스터소스(Worcestershire Sauce)

타바스코 소스

우스터소스의 이름은 영국의 우스터(Worcester)시에서 유래되었다. 재료는 식초, 당밀, 물, 양파, 앤초비, 소금, 마늘, 정향, 타마린드 추출액, 고추 추출액 등이 들어간다. 이 소스는 샐러드, 스튜, 고기요리, 해산물요리, 심지어 칵테일에도 쓰인다.

3) 과일장식(Fruit & Garnish)

칵테일의 시각적 효과를 위해 신선한 과일장식을 곁들이면 향기와 빛깔을 더욱 잘 낼 수 있어 운치를 더해준다. 칵테일의 색이나 맛, 향기가 조화를 이룰 때 칵테일의 진가가 살아난다.

과일장식

(1) 올리브(Olive)

올리브는 지중해 인근 지역이 원산지이다. 열매는 핵과(核果)로 타원형이며 자흑색으로 익는다. 칵테일용으로는 완전히 익지 않은 녹색 열매의 씨를 빼고 그 안에 붉은 피망을 넣어 염장한 것이다. 주로 칵테일 장식(Garnish)으로 쓰인다.

올리브

(2) 체리(Cherry)

장미과에 속하는 과수로 버찌라고도 불린다. 단버찌와 신버찌 등으로 구분할 수 있다. 단버찌는 당분이 많아서 과일로 먹거나 통조림으로 만든다. 신버찌는 즙이 많고 신맛이 강하므로 건과를 만들거나 냉동저장하며 아이스크림, 프루트펀치나 과일 칵테일에 중요한 재료로 사용된다.

(3) 레몬(Lemon)

레몬은 운향과에 딸린 상록관목으로 가지에는 가시가 많다. 열매는 달걀 모양이며, 노랗게 익는다. 향기가 좋고 신맛이 강하며, 비타민 C를 가장 많이 함유하고 있다. 열매의 껍질로 레몬 기름을 짜고, 과육으로는 주스를 만든다. 칵테일의 장식과 부재료로 널리 쓰인다.

(4) 라임(Lime)

라임은 운향과에 속하며 열매가 녹색이고 신맛이 나는 감귤류의 과일이다. 열매가 익으면 껍질이 얇아지고, 초록빛을 띤 노란색이 되며 과육은 황록색이다. 과즙은 소스, 생선요리, 고기요리에 널리 사용하며 칵테일 재료로도 이용한다.

(5) 오렌지(Orange)

감귤류(Citrus)에 속하는 열매로 모양이 둥글고 주황색이며 껍질이 두껍고 즙이 많다. 인도가 원산지이다. 비타민 C가 풍부하고 달콤한 오렌지는 감기예방과 피로회복, 피부미용 등에 좋다. 지방과 콜레스테롤이 전혀 없어서 성인병 예방에도 도움이 된다. 각종 요리의 재료로 쓰며 칵테일에 상큼한 맛과 향 그리고 장식으로 많이 쓰인다.

(6) 자몽(Grapefruit)

감귤류에 속하는 그레이프프루트 나무의 열매로 카리브해의 자메이카가 원산지이다. 과육은 옅은 노란색으로 과즙이 풍부하고 맛은 시면서도 단맛이 강하며 쓴맛이 조금 있다. 감기예방, 피로회복, 숙취에 좋다. 분홍색 과육을 지닌 품종도 개발되었다. 미용과 건강에 신경 쓰는 여성 소비자들에게 인기가 많은 과일이다.

(7) 파인애플(Pineapple)

파인애플은 중미와 남미 북부가 원산지다. 생과일로 새콤하게 미각을 돋우고, 과즙을 요리에 사용하면 음식의 맛을 증가시킨다. 가공품으로는 통조림이 가장 많고 잼, 젤리, 시럽, 주스 등으로 가공한다. 칵테일의 장식이나 갈증해소의 재료로 많이 사용한다.

(8) 딸기(Strawberry)

장미과의 다년생 채소로 우리나라 전 국토에서 널리 재배하고 있다. 새콤달콤한 맛으로 비타민 C가 많이 함유되어 있어 신진대사를 활발하게 하고, 항산화작용을 통해 세포의 노화를 억제한다. 제철 딸기를 활용한 다양한 칵테일이나 장식으로 많이 사용하고 있다.

(9) 키위(Kiwi, 참다래)

키위는 중국이 원산지이다. 20세기 초 뉴질랜드에 전해져 재배되기 시작하였고 개량을 거듭하여 오늘날의 키위가 되었다. '키위'는 뉴질랜드 새인 키위와 닮았다고 해서 붙여진 명칭이다. 비타민 C가 풍부하며, 갈증을 없애주고 소화불량에도 효과가 있다. 이에 따라 식후주의 칵테일 재료와 장식으로 널리 사용되고 있다.

(10) 칵테일 양파(Cocktail Onions)

깁슨(Gibson)을 만들 때 사용하는 양파는 우리가 보통 보는 큰 양파가 아니고 칵테일용으로 가공한 것이다. 작은 크기의 양파 껍질을 벗기고 소금에 절인 미니 양파(Baby Onion)이다. 보통 병에 넣어 파는 것을 사용하면 된다.

과일 장식하는 방법

명칭	방법
슬라이스 (Slice)	레몬, 오렌지, 파인애플 등을 얇게 자르는 방법이다. 과일을 자른 모양에 따라 원형(Round), 반원형(Half Round), 고깔형(Quarter Round) 등으로 부른다.
웨지 (Wedge)	주로 레몬이나 오렌지 장식에 많이 쓰인다. 둥근 과일의 과피 쪽을 과육의 안쪽보다 넓게 자르는 방법이다. 한 개의 과일에서 12쪽이 나오도록 잘라야 모양과 크기가 적당하다.
트위스트 (Twist)	보통 레몬이나 오렌지의 껍질을 가늘고 길게 자르는 형태이다. 칵테일 잔 위에서 비틀어 그 향과 오일 성분을 뿌려주기 위한 것이다.

4) 소모품(Supplies)

물건의 성질상 그 용도에 따라 1회 사용하면 다시 동일한 용도로 사용할 수 없는 물품이 있다. 빨대, 칵테일 픽, 코스터 등이 이에 속한다. 이를 세부적으로 살펴보면 다음과 같다.

(1) 빨대(Straw)

용량이 많고 긴 잔에 담긴 칵테일을 빨아올리는 데 사용하는 가는 대를 말한다. 색이나 모양, 길이는 칵테일과 어울리는 것을 넣어 조화를 맞추어야 한다. 다양한 형태의 빨대가 있다.

(2) 칵테일 픽(Cocktail Pick)

칵테일을 돋보이게 하는 장식을 할 때 사용하는 도구이다. 열매나 과일을 꽂을 때 사용하는데 목제나 플라스틱 제품이 있다. 다양한 색상의 제품이 있으므로 어울리는 것을 선택한다.

(3) 우산 픽(Umbrella Pick)

칵테일을 아름답게 장식하기 위해서 만든 종이우산이다. 다양한 형태의 유리잔에 화려하게 꾸밀 수 있다. 칵테일과 조화를 이루는 모양이나 색깔, 재질 등을 고려해서 선택한다.

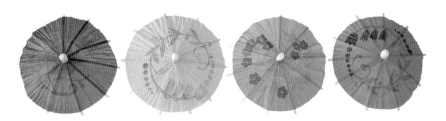

우산 픽(Umbrella Pick)

(4) 코스터(Coaster)

잔 밑의 받침대로서 수분의 흡수나 안전성 유지 및 품위를 높이기 위해 사용되는 소모품이다. 보통 두꺼운 마분지나 실로 짠 천 제품을 많이 사용한다. 특히 텀블러 잔은 물기가 흘러내리므로 반드시 제공해야 한다.

코스터(Coaster)

5) 얼음의 종류

얼음은 제빙기(製氷機)에서 정수한 물을 통해 만들어진다. 기포가 없고 투명하며, 단단하게 얼린 얼음이 좋다. 칵테일에 쓰이는 얼음은 모양과 크기에 따라 여러 가지 명칭으로 불린다. 얼음의 종류를 살펴보면 다음과 같다.

(1) 블록 오브 아이스(Block of Ice)

주로 파티나 연회에서 대량으로 만드는 펀치(Punch) 등을 만들 때 사용한다. 보통 1kg 정도 크기의 큰 덩어리 얼음이다. 원하는 목적에 따라 쪼개서 사용할 수 있다.

(2) 럼프 오브 아이스(Lump of Ice)

직경 10~15cm 정도 크기의 작은 덩어리 얼음이다. 시원한 수박화채나 식혜, 수정과 등 전통음료를 대량으로 만들 때 차가운 온도 유지를 위해 사용한다.

(3) 크랙트 아이스(Cracked Ice)

덩어리 얼음에서 날카로운 송곳으로 작게 깨어 놓은 얼음이다. 직경 3~4cm 정도의 크기이다. 제빙기가 없던 시대에 칵테일 제조용으로 사용했다. 현재는 큐브드 아이스 (Cubed Ice)를 사용한다.

(4) 큐브드 아이스(Cubed Ice)

냉장고나 제빙기로 만드는 직경 3~4cm 정도의 정육면체 얼음으로 칵테일에서 가장 널리 이용된다. 주스나 콜라 등에 다양하게 사용한다. 얼음은 차가운 음료의 필수 구성요소이다.

큐브드 아이스(Cubed Ice)

(5) 크러쉬드 아이스(Crushed Ice)

큐브 얼음을 잘게 부수거나 얼음 분쇄기(Ice Crusher)로 잘게 으깬 얼음이다. 주로 믹서를 이용하여 셔벳 형태나 과일이 포함되는 열대성 칵테일을 만들 때 사용한다.

(6) 쉐이브드 아이스(Shaved Ice)

눈(雪)처럼 깎은 것으로 빙수용으로 쓰이는 가루얼음이다. 얼음을 곱게 간 눈꽃 얼음으로 입안에 머금으면 부드럽게 녹는 프라페(Frappe)형태의 칵테일에 사용한다.

제3절_ 칵테일기법 수행하기

여러 가지 재료들을 다양하게 배합하는 과정의 칵테일기법은 기본적으로 여섯 가지 기술로 익힐 수 있다. 주요 칵테일기법은 다음과 같다. (이외에도 특별한 유형의 칵테일기법을 통해 만들 수 있다.)

1. 직접 넣기(Building)

잔에 재료를 직접 넣어 만드는 간편한 기법이다. 재료들이 쉽게 섞이는 성분일 때 활용한다. 칵테일에서 가장 기본이 되는 것으로 배합과정이 매우 간편하다. 주로 하이볼 형태가 해당된다.

직접 넣기

① 잔에 얼음 → 주재료 → 부재료 등을 직접 넣는다.
② 시계방향 3~4회, 위아래로 2~3회 정도 바 스푼으로 휘젓는다.
③ 잔 표면에 성에가 생기면 적당히 시원해진 것이다.

2. 휘젓기(Stirring)

재료의 비중이 가볍고 잘 섞이는 2가지 이상의 술을 믹싱 잔에서 혼합시키는 기법이다. 원래의 맛과 향을 유지하기 위해 가볍게 섞거나 차갑게 할 때 이용한다. 잔에 직접 제조할 수 없을 때 사용한다.

휘젓기

① 믹싱 잔에 얼음 → 주재료 → 부재료 등을 넣는다.
② 시계방향 3~4회, 위아래로 2~3회 정도 바 스푼으로 휘젓는다.
③ 믹싱 잔에 여과기(Strainer)를 끼우고, 얼음이 떨어지지 않도록 잔에 붓는다.

3. 흔들기(Shaking)

혼합이 어려운 재료나 강한 맛을 부드럽게 하기 위한 전형적인 기법이다. 과일주스나 시럽, 크림, 달걀 등의 재료가 들어가는 경우에 필요하다.

흔들기

① 쉐이커의 보디에 얼음 → 주재료 → 부재료 등을 넣는다.
② 재료가 담긴 보디에 여과기와 캡 순으로 끼운다.
③ 쉐이커를 10~15회 정도 세게 흔들어 잘 섞는다.
④ 캡을 열고 여과기가 분리되지 않도록 잡은 다음 잔에 붓는다.

4. 띄우기(Floating)

비중(比重)이 서로 다른 음료가 섞이지 않도록 층(層)을 만들어 띄우는 기법이다. 알코올 도수가 높고, 가당 비율이 낮을수록 비중이 가볍다. 음료의 비중은 아래의 표와 같다.

띄우기

① 첫 번째 재료는 잔에 직접 넣는다.
② 지거에 두 번째 재료를 소량 붓는다.
③ 바 스푼을 뒤집어 액체의 수면과 맞닿도록 놓는다.
④ 바 스푼 등 쪽에 술을 조금씩 떨어뜨린다.

음료의 비중과 색상

음료	비중	색상
Brandy	0.948	호박색
Galliano	1.015	노란색
Benedictine DOM	1.045	호박색
Blue Curacao	1.055	청색
Apricot Brandy	1.085	황토색
Peach Brandy	1.085	미색
Sloe Gin	1.100	빨간색
Creme de Menthe	1.105	녹색
Creme de Cacao	1.115	갈색
Creme de Banana	1.115	노란색
Creme de Cassis	1.170	흑청색
Grenadine Syrup	1.200	빨간색

주 : 물 1.0을 기준으로 했을 경우

5. 믹서기(Blending)

믹서에 으깬 얼음과 재료를 함께 넣고 갈아서 만드는 기법으로 으깬(Crushed) 얼음을 사용하는 것이 시간적으로 효율적이다. 얼음의 양과 시간 조절을 잘하는 것이 중요하다.

① 믹서 볼에 으깬 얼음과 재료를 함께 넣는다.
② 믹서의 뚜껑을 닫고 10초 정도 작동시킨다.
③ 뚜껑을 열어 믹서의 볼에 담긴 내용물을 잔에 붓는다.
④ 장식을 하거나 빨대를 꽂아 제공한다.

믹서기

6. 으깨기(Muddling)

허브나 생과일의 향미가 더욱 강해지도록 으깨는 기법이다. 민트 잎과 라임을 잔에 넣고 머들러로 으깨어 만든다. 작가 헤밍웨이가 즐긴 상큼하고 청량한 맛의 모히토(Mojito)가 대표적이다.

① 잔에 라임을 조각내어 민트 잎과 설탕을 함께 넣는다.
② 머들러를 사용해서 라임즙이 나오도록 적당히 눌러준다.
③ 잔에 화이트 럼과 라임주스, 으깬 얼음을 넣는다.
④ 잔에 소다수를 채우고, 라임 슬라이스와 민트 잎으로 장식한다.

으깨기

제2장
칵테일 조주 실무

학습목표

- 동일한 맛을 유지하기 위한 표준레시피를 만들 수 있다.
- 칵테일 조주방법에 대한 장단점을 비교할 수 있다.
- 고객서비스 만족을 위해 신속, 정확하게 조주할 수 있다.
- 고객창출을 위해 새로운 메뉴를 개발할 수 있다.

제1절_ 조주기능사 지정 칵테일

국가기술자격 실기시험 채점기준의 표준레시피, 조주법,
기구를 다루는 숙련도, 서비스 등의 세부항목에 맞추어 수
록하였다.

키르 Kir

화이트와인에 카시스 향기가 녹아 고상한
감미가 혀를 부드럽게 감싼다.

만드는 재료

White Wine ·················· 90㎖
Creme de Cassis ·············· 15㎖

기법–직접 넣기
잔–화이트와인
장식–레몬껍질

만드는 방법

1 잔에 화이트와인을 넣는다.
2 잔에 크렘 드 카시스를 넣는다.
3 잔에 레몬껍질을 비틀어 넣는다.

만드는 과정

Memo 화이트와인 대신에 샴페인으로 바꾸면 키르 로얄(Kir Royal)이라는 생일축하 칵테일이 된다.

드라이 마티니
Dry Martini

쓴맛이 강해 식전주로 미국인들이 즐겨 마신다.

기법-휘젓기
잔-칵테일
장식-올리브

만드는 재료

Dry Gin ··················· 60㎖
Dry Vermouth ··········· 10㎖

만드는 방법

1 믹싱 잔에 큐브 얼음을 5개 넣는다.
2 믹싱 잔에 위의 재료를 차례대로 넣는다.
3 바 스푼으로 시계방향 3~4회, 위아래로 2~3회 휘젓는다.
4 믹싱 잔에 스트레이너를 끼우고 얼음을 걸러서 잔에 붓는다.
5 잔에 올리브를 넣어 장식한다.

만드는 과정

Memo 올리브 대신에 칵테일용 양파(Onion)로 바꾸면 깁슨(Gibson)칵테일이 된다.

싱가포르 슬링
Singapore Sling

1915년 싱가포르 래플스(Raffles)호텔 바에서 저녁노을을 표현한 특선칵테일로 처음 만들어졌다.

 만드는 재료

Dry Gin	45㎖
Lemon Juice	15㎖
Powder Sugar	1tsp
Soda Water	8부
Cherry Brandy	15㎖

기법-흔들기/직접 넣기
잔-필스너
장식-오렌지&체리

 만드는 방법

1 잔에 큐브 얼음을 채운다.
2 쉐이커에 큐브 얼음을 5개 넣는다.
3 쉐이커에 소다수, 체리브랜디를 제외한 위의 재료를 차례대로 넣고, 12회 정도 흔든다.
4 쉐이커의 얼음을 걸러서 잔에 붓는다.
5 잔에 소다수를 8부 채운다. 체리브랜디를 넣는다.
6 오렌지와 체리로 장식한다.

 만드는 과정

Memo 체리 고유의 색과 향미를 살린 적색의 체리 리큐르는 다양한 이름의 제품이 있다. Cherry Brandy, Cherry Heering, Maraschino 등이다.

네그로니 Negroni

이탈리아의 '카미로 네그로니' 귀족이 피렌체의 레스토랑에서 식전주로 즐겨 마신 데서 붙여진 이름이다.

만드는 재료

Dry Gin	20㎖
Sweet Vermouth	20㎖
Campari	20㎖

기법-직접 넣기
잔-온더락
장식-레몬껍질

만드는 방법

1 잔에 큐브 얼음을 채운다.
2 잔에 위의 재료를 차례대로 넣는다.
3 바 스푼으로 시계방향 3~4회, 위 아래로 2~3회 휘젓는다.
4 잔에 레몬껍질을 비틀어 넣는다.

만드는 과정

Memo 주홍빛의 캄파리는 쌉쌀한 쓴맛과 상쾌한 감미가 특징이다. 주원료는 오렌지 과피, 캐러웨이, 코리앤더 씨, 용담뿌리 등이 배합되어 있다.

롱아일랜드 아이스티 Long Island Iced Tea

미국 뉴욕주 남동부의 섬이다. 홍차의 색과 맛이 난다고 해서 붙여진 이름이다.

만드는 재료

Gin	15㎖
Vodka	15㎖
Light Rum	15㎖
Tequila	15㎖
Triple Sec	15㎖
Sweet & Sour Mix	45㎖
Coke	8부

기법-직접 넣기
잔-콜린스
장식-레몬/라임웨지

만드는 방법

1 잔에 큐브 얼음을 채운다.
2 잔에 콜라를 제외한 위의 재료를 차례대로 넣는다.
3 잔에 콜라를 8부 채운다.
4 바 스푼으로 시계방향 3~4회, 위 아래로 2~3회 휘젓는다.
5 잔에 레몬웨지를 눌러 즙을 짜 넣는다.

 만드는 과정

Memo 콜라 대신에 크랜베리 주스로 바꾸면 롱비치 아이스티 칵테일이 된다.

애플마티니
Apple Martini

상큼한 라임과 시큼한 사과풍미의 조화가
일품이다.

만드는 재료

Vodka	30㎖
Apple Pucker	30㎖
Lime Juice	15㎖

기법-흔들기
잔-칵테일
장식-사과슬라이스

만드는 방법

1 쉐이커에 큐브 얼음을 5개 넣는다.
2 쉐이커에 위의 재료를 차례대로 넣고, 12회 정도 흔든다.
3 잔에 큐브 얼음을 걸러서 붓는다.
4 잔에 사과슬라이스로 장식한다.

만드는 과정

Memo 애플퍼커는 청사과의 단맛과 신맛을 함께 느낄 수 있는 사과리큐르이다. 칵테일의 제왕, 마티니 시리즈의 하나이다.

코스모폴리탄
Cosmopolitan

미국 드라마에서 여주인공 캐리가 남자 친구들과 파티에서 즐겨 마신 것으로 유명하다.

 만드는 재료

Vodka	30㎖
Triple Sec	15㎖
Lime Juice	15㎖
Cranberry Juice	15㎖

기법-흔들기
잔-칵테일
장식-레몬껍질

 만드는 방법

1 쉐이커에 큐브 얼음을 5개 넣는다.
2 쉐이커에 위의 재료를 차례대로 넣는다. 쉐이커를 12회 정도 흔든다.
3 잔에 큐브 얼음을 걸러서 붓는다.
4 잔에 레몬껍질을 비틀어 넣는다.

 만드는 과정

Memo 세계주의자, 국제인, 세계인 등으로 번역되지만 이 단어의 철학적 개념은 '편견이 없는 섞임'의 과정이다.

블러디 메리
Bloody Mary

16세기 중반 영국의 여왕 메리 1세가 가톨릭의 부흥을 위해 신교도를 박해하여 '피의 메리'라는 별칭을 얻었다.

 만드는 재료

Worcestershire Sauce	1tsp
Tabasco Sauce	1dash
Salt & Pepper	약간
Vodka	45㎖
Tomato Juice	8부

기법-직접 넣기
잔-하이볼
장식-셀러리/레몬슬라이스

만드는 방법

1 잔에 우스터소스, 타바스코 소스, 소금, 후추를 넣는다.
2 잔에 큐브 얼음을 채운다. 잔에 보드카를 넣고 휘젓는다.
3 잔에 토마토주스를 8부 채운다.
4 잔에 셀러리 스틱을 넣어 장식한다.

 만드는 과정

Memo 블러디 메리에서 보드카를 빼면 무알코올 버진 메리(Virgin Mary)칵테일이 된다.

키스 오브 화이어
Kiss of Fire

1955년 제5회 일본 바텐더 경연대회에서 1위로 입선한 작품이다. 당시 일본에서 유행하던 노래의 제목이기도 하다.

만드는 재료

Vodka	30㎖
Sloe Gin	15㎖
Dry Vermouth	15㎖
Lemon Juice	1tsp

기법-흔들기
잔-칵테일
장식-설탕 묻히기(Rimming with Sugar)

만드는 방법

1 잔 테두리에 레몬즙을 바르고, 설탕을 묻힌다.
2 쉐이커에 큐브 얼음을 5개 넣는다.
3 쉐이커에 위의 재료를 차례대로 넣고, 12회 정도 흔든다.
4 잔에 얼음을 걸러서 붓는다.

 ### 만드는 과정

Memo 벌무스는 스틸와인에 약초, 과즙, 감미료 등을 첨가해 독특한 맛과 향기를 낸 가향와인이다. 드라이 벌무스와 스위트 벌무스가 있다. Martini, Noily Prat, Cinzano 등의 제품이 유명하다.

블랙 러시안
Black Russian

러시아의 국민주 보드카와 커피리큐르가
혼합된 것인데 '암흑의 러시안'이라는 뜻이
다.

만드는 재료

Vodka ································ 30㎖
Coffee Liqueur ···················· 15㎖

기법–직접 넣기
잔–온더락
장식–없음

만드는 방법

1 잔에 큐브 얼음을 채운다.
2 잔에 보드카를 넣는다.
3 잔에 칼루아를 넣는다.
4 바 스푼으로 시계방향 3~4회, 위
아래로 2~3회 휘젓는다.

만드는 과정

Memo 블랙 러시안에 크림을 추가하면 화이트 러시안(White Russian)이 된다. 커피리큐르는 커피가 생산되는 여러 나라에서 만들어지고
있다.

모스코 뮬 Moscow Mule

1946년 스미노프 보드카의 판매를 촉진하기 위한 홍보수단으로 활용하면서 세계적으로 널리 알려졌다.

만드는 재료

Vodka	45㎖
Lime Juice	15㎖
Ginger Ale	8부

기법-직접 넣기
잔-하이볼
장식-레몬슬라이스

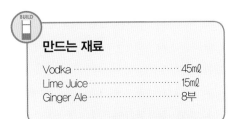

만드는 방법

1 잔에 큐브 얼음을 채운다.
2 잔에 보드카와 라임주스를 넣는다.
3 진저에일로 잔을 8부 채운다. 바 스푼으로 휘젓는다.
4 라임 또는 레몬슬라이스로 장식한다.

만드는 과정

Memo 보드카를 병째로 냉동실에 넣어두면 술이 얼지 않고 겔(gel)상태의 걸쭉한 액체로 변한다. 기온이 영하 10도까지 떨어지고 눈이 내리는 날이면 술 맛이 한층 살아난다.

하비 월뱅어
Harvey Wallbanger

스크루 드라이버에 갈리아노(Galliano)를
첨가한 칵테일이다.

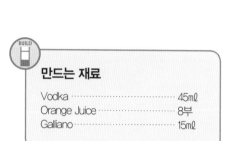

만드는 재료

Vodka ················· 45㎖
Orange Juice ········· 8부
Galliano ·············· 15㎖

기법-직접 넣기/띄우기
잔-콜린스
장식-없음

만드는 방법

1 잔에 큐브 얼음을 채운다.
2 잔에 보드카를 넣는다.
3 잔에 오렌지주스를 8부 채운다.
4 바 스푼으로 시계방향 3~4회, 위
  아래로 2~3회 휘젓는다.
5 잔 중앙에 바 스푼을 놓고 갈리아노
  를 넣는다.

만드는 과정

Memo 갈리아노는 에티오피아 전장(戰場)에서 활약한 용장의 이름이다. 아니스, 바닐라 등 식물 40여 종의 주된 성분이 함유되어 있다.

시브리즈 Seabreeze

바다에서 불어오는 바람이라는 뜻이다. 프
랑스 영화 '프렌치키스'에서 주인공이 칸
(Cannes) 해변을 거닐며 마신 것으로 유명
하다.

만드는 재료

Vodka	45㎖
Cranberry Juice	90㎖
Grapefruit Juice	15㎖

기법–직접 넣기
잔–하이볼
장식–레몬/라임 웨지

만드는 방법

1 잔에 큐브 얼음을 채운다.
2 잔에 보드카, 크랜베리, 자몽주스를
넣는다.
3 바 스푼으로 시계방향 3~4회, 위
아래로 2~3회 휘젓는다.
4 레몬이나 라임 웨지로 장식한다.

만드는 과정

Memo 보드카는 러시아의 국민주이다. 주원료는 감자, 옥수수, 호밀 등의 곡류를 발효, 증류해서 자작나무 숯으로 여과한다. 그 결과 무미,
무색, 무취의 3무가 특징인 술이 된다.

바카디 Bacardi

1933년 미국의 금주법 폐지로 당시 쿠바에 있던 바카디社가 럼의 판매촉진용으로 다이키리를 개량한 것이다.

만드는 재료

Bacardi White Rum	50㎖
Lime Juice	20㎖
Grenadine Syrup	1tsp

기법-흔들기
잔-칵테일
장식-없음

만드는 방법

1 쉐이커에 큐브 얼음을 5개 넣는다.
2 쉐이커에 위의 재료를 차례대로 넣는다.
3 쉐이커를 12회 정도 흔든다.
4 잔에 큐브 얼음을 걸러서 붓는다.

 만드는 과정

Memo 럼을 색으로 분류하면 화이트, 골드, 다크 등의 3가지 유형으로 나눌 수 있다. 풍미(風味, 맛)로 분류하면 라이트, 미디엄, 헤비 럼 등이 있다.

다이키리 Daiquiri

다이키리는 쿠바의 산티아고 교외에 있는
광산의 이름이다. 이곳의 노동자들이 쿠바
의 특산주 럼과 라임, 설탕을 섞어서 만들
었다.

 만드는 재료

Light Rum	50㎖
Lime Juice	20㎖
Powder Sugar	1tsp

기법–흔들기
잔–칵테일
장식–없음

 만드는 방법

1 쉐이커에 큐브 얼음을 5개 넣는다.
2 쉐이커에 위의 재료를 차례대로 넣
고, 12회 정도 흔든다.
3 잔에 얼음을 걸러서 붓는다.

만드는 과정

Memo 작가 헤밍웨이가 즐긴 것으로 알려져 세계적으로 유명해졌다. 남미에서 바카디(Bacardi)와 함께 즐겨 마시는 칵테일이다.

마이타이 Mai Tai

1944년 캘리포니아에서 럼을 열대주스와
섞어 만든 칵테일이다. 타히티(Tahiti)어로
'최고'라는 의미이다.

만드는 재료

Cubed Ice	8개
Light Rum	40㎖
Triple Sec	20㎖
Lime Juice	30㎖
Pineapple Juice	30㎖
Orange Juice	30㎖
Grenadine Syrup	10㎖

기법-믹서기
잔-필스너
장식-파인애플&체리

만드는 방법

1 믹서기에 크러쉬 얼음을 넣는다.
2 믹서기에 위의 재료를 차례대로 넣
는다.
3 믹서기를 10초 정도 돌린 후, 잔에
붓는다.
4 파인애플과 체리로 장식한다.

 만드는 과정

Memo 그레나딘은 석류 풍미의 적색 시럽으로, 직사광선을 피하고 실온에 보관해야 한다. 큐브 얼음은 아이스 크루서(Ice Crusher)에 넣어
잘게 으깬 후 믹서기에 넣는다.

피나 콜라다
Pina Colada

1970년대 카리브해(海)의 푸에르토리코에서 탄생하여 플로리다의 마이애미에서 뉴욕에 이르기까지 크게 유행하였다.

만드는 재료

Cubed Ice	8개
Light Rum	40㎖
Pinacolada Mixes	60㎖
Pineapple Juice	60㎖

기법-믹서기
잔-필스너
장식-파인애플&체리

만드는 방법

1 믹서기에 크러쉬 얼음을 넣는다.
2 믹서기에 위의 재료를 차례대로 넣는다.
3 믹서기를 10초 정도 돌린 후, 잔에 붓는다.
4 파인애플과 체리로 장식한다.

 만드는 과정

Memo 럼 대신에 보드카로 바꾸면 하와이에서 탄생한 '치치(ChiChi)'라는 트로피컬 칵테일이 된다. 큐브 얼음은 아이스 크루서(Ice Crusher)에 넣어 잘게 으깬 후 믹서기에 넣는다.

블루 하와이안
Blue Hawaiian

사계절이 여름인 하와이섬의 시원하게 트인 하늘과 푸른 바다의 모습을 연상시킨다.

만드는 재료

Cubed Ice	8개
Light Rum	30㎖
Blue Curacao	30㎖
Malibu Rum	30㎖
Pineapple Juice	75㎖

기법-믹서기
잔-필스너
장식-파인애플&체리

만드는 방법

1 믹서기에 크러쉬 얼음을 넣는다.
2 믹서기에 위의 재료를 차례대로 넣는다.
3 믹서기를 10초 정도 돌린 후, 잔에 붓는다.
4 파인애플과 체리로 장식한다.

 만드는 과정

Memo 색의 비밀은 블루 큐라소에 있다. 베네수엘라 북쪽에 있는 큐라소섬의 오렌지를 사용해 만든 리큐르이다. 큐브 얼음은 아이스 크루셔(Ice Crusher)에 넣어 잘게 으깬 후 믹서기에 넣는다.

쿠바 리브레 Cuba Libre

1902년 스페인의 식민지였던 쿠바가 독립 운동 당시에 생긴 'Viva Cuba Libre(자유 쿠바만세)'라는 표어에서 유래된 이름이다.

만드는 재료

Light Rum ························· 45㎖
Lime Juice ························· 15㎖
Coke ·································· 8부

기법-직접 넣기
잔-하이볼
장식-레몬웨지

만드는 방법

1 잔에 큐브 얼음을 채운다.
2 잔에 럼과 라임주스를 넣는다.
3 잔에 콜라를 8부 채운다.
4 바 스푼으로 시계방향 3~4회, 위 아래로 2~3회 휘젓는다.
5 잔에 레몬웨지를 넣는다.

 만드는 과정

Memo 레몬 1개에서 웨지(Wedge)는 12조각이 나오도록 한다. 레몬 반 개에서 좌, 우로 3등분한다.

마가리타 Margarita

1926년 멕시코의 두 남녀가 사냥을 하러 나갔다가 마가리타가 유탄에 맞아 죽게 된다. 이후 죽은 연인 '마가리타'의 이름을 따서 불리게 되었다.

만드는 재료

Tequila ································ 45㎖
Triple Sec ··························· 15㎖
Lime Juice ·························· 15㎖

기법-흔들기
잔-칵테일
장식-소금 묻히기(Rimming with Salt)

만드는 방법

1 잔 테두리에 레몬즙을 바르고, 소금을 묻힌다.
2 쉐이커에 큐브 얼음을 5개 넣는다.
3 쉐이커에 위의 재료를 차례대로 넣고, 12회 정도 흔든다.
4 잔에 얼음을 걸러서 붓는다.

 만드는 과정

Memo 1949년 미국의 국제 칵테일 콘테스트에서 입선한 작품이다.

테킬라 선라이즈
Tequila Sunrise

테킬라의 고향 멕시코의 '일출'을 이미지로
한 것이다.

만드는 재료

Tequila ····················· 45㎖
Orange Juice ············· 8부
Grenadine Syrup ········· 15㎖

기법–직접 넣기/띄우기
　　잔–필스너
장식–없음

만드는 방법

1 잔에 큐브 얼음을 채운다.
2 잔에 테킬라를 넣는다.
3 잔에 오렌지주스를 8부 채운다.
4 바 스푼으로 시계방향 3~4회, 위
　 아래로 2~3회 휘젓는다.
5 잔 중앙에 바 스푼을 놓고 그레나딘
　 시럽을 넣는다.

만드는 과정

Memo 테킬라는 숙성하지 않은 화이트 테킬라와 오크통에서 숙성한 골드 테킬라로 구분된다. 1968년 멕시코 올림픽을 계기로 세계 여러
나라에 알려지게 되었다.

브랜디 알렉산더
Brandy Alexander

19세기 중반 영국의 국왕 에드워드 7세와 덴마크 왕의 장녀 알렉산드리아의 성혼기념 칵테일이다.

만드는 재료

Brandy·······················20㎖
Creme de Cacao, Brown ······20㎖
Light Milk ·····················20㎖

기법-흔들기
잔-칵테일
장식-너트멕

만드는 방법

1 쉐이커에 큐브 얼음을 5개 넣는다.
2 쉐이커에 위의 재료를 차례대로 넣는다.
3 쉐이커를 15회 정도 흔든다.
4 잔에 큐브 얼음을 걸러서 붓는다.
5 잔의 중앙에 너트멕 분말을 뿌려준다.

만드는 과정

Memo 브랜디 대신에 진으로 바꾸면 진 알렉산더(Gin Alexander)칵테일이 된다.

사이드카 Side Car

제1차 세계대전 중 독일군의 맹공으로 쫓기던 프랑스 장교가 사이드카로 퇴각할 때 남은 브랜디와 주스를 섞어 마신 것에서 유래되었다.

 만드는 재료

Brandy	30㎖
Cointreau	30㎖
Lemon Juice	10㎖

기법-흔들기
잔-칵테일
장식-없음

 만드는 방법

1 쉐이커에 큐브 얼음을 5개 넣는다.
2 쉐이커에 위의 재료를 차례대로 넣는다.
3 쉐이커를 12회 정도 흔든다.
4 잔에 큐브 얼음을 걸러서 붓는다.

 만드는 과정

Memo 코인트로(Cointreau)와 트리플 섹(Triple Sec)은 오렌지 리큐르이다. 따라서 상호대체 사용이 가능하다.

허니문 Honeymoon

브랜디와 베네딕틴의 강한 향미가 신혼의
달콤한 분위기에 잘 어울리는 칵테일이다.

 만드는 재료

Apple Brandy	30㎖
Benedictine D.O.M	30㎖
Triple Sec	10㎖
Lemon Juice	15㎖

기법-흔들기
잔-칵테일
장식-없음

 만드는 방법

1 쉐이커에 큐브 얼음을 5개 넣는다.
2 쉐이커에 위의 재료를 차례대로 넣
는다.
3 쉐이커를 12회 정도 흔든다.
4 잔에 큐브 얼음을 걸러서 붓는다.

 만드는 과정

Memo 라틴어 'Deo Optimo Maximo'의 DOM이란 "최대 최고로 좋은 것을 신에게 바친다"라는 뜻이다.

맨해튼 Manhattan

미국의 19대 대통령 선거 때 윈스턴 처칠의 어머니가 맨해튼 클럽에서 파티를 열어 초대한 손님들에게 접대한 데서 시작되었다.

기법-휘젓기
잔-칵테일
장식-체리

만드는 재료

Bourbon Whisky	45㎖
Sweet Vermouth	20㎖
Angostura Bitters	1dash

만드는 방법

1 믹싱 잔에 큐브 얼음을 5개 넣는다.
2 믹싱 잔에 위의 재료를 차례대로 넣는다.
3 바 스푼으로 시계방향 3~4회, 위아래로 2~3회 휘젓는다.
4 믹싱 잔에 스트레이너를 끼우고 얼음을 걸러서 잔에 붓는다.
5 잔에 체리를 넣어 장식한다.

만드는 과정

Memo 버번 위스키 대신에 스카치 위스키로 바꾸면 로브로이(Rob Roy)칵테일이 된다.

뉴욕 New York

미국의 대도시 뉴욕에 해가 떠오르는 화려
한 모습에서 붙여진 이름이다.

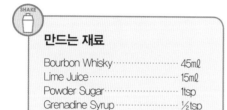

만드는 재료

Bourbon Whisky	45㎖
Lime Juice	15㎖
Powder Sugar	1tsp
Grenadine Syrup	½tsp

기법-흔들기
잔-칵테일
장식-레몬껍질

만드는 방법

1 쉐이커에 큐브 얼음을 5개 넣는다.
2 쉐이커에 위의 재료를 차례대로 넣
고, 12회 정도 흔든다.
3 잔에 얼음을 걸러서 붓는다.
4 잔에 레몬껍질을 비틀어 넣는다. 레
몬껍질은 세로 1㎝, 가로 5㎝가 적
당하다.

만드는 과정

Memo 아메리칸 위스키는 크게 Straight, Blended로 구분한다. 스트레이트 위스키는 버번, 라이, 콘위스키로 분류된다.

올드패션드
Old Fashioned

미국 켄터키주(州) 루이빌의 펜데니스 클럽에 모여든 경마 팬을 위해 만들어졌다.

만드는 재료

Cubed Sugar(각설탕)	·············	1개
Angostura Bitters	·················	1dash
Soda Water	·················	15㎖
Bourbon Whisky	·············	45㎖

기법－직접 넣기
잔－온더락
장식－오렌지&체리

만드는 방법

1 잔에 각설탕, 앙고스투라 비터, 소다수를 넣고 바 스푼으로 섞는다.
2 잔에 큐브 얼음을 4개 넣는다. 버번 위스키를 넣는다.
3 바 스푼으로 시계방향 3~4회, 위 아래로 2~3회 휘젓는다.
4 오렌지와 체리로 장식한다.

 만드는 과정

Memo 버번 위스키는 옥수수를 주원료로 하여 만든 것으로 미국 켄터키주의 버번 카운티에서 생산되는 위스키를 말한다.

위스키 사워
Whisky Sour

위스키에 레몬의 신맛과 단맛을 첨가하여
만든 형태이다.

만드는 재료

Bourbon Whisky	45㎖
Lemon Juice	15㎖
Powder Sugar	1tsp
Soda Water	30㎖

기법–흔들기/직접 넣기
잔–사워
장식–레몬&체리

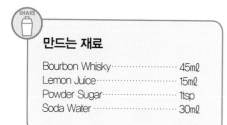

만드는 방법

1 쉐이커에 큐브 얼음을 5개 넣는다.
2 쉐이커에 소다수를 제외한 위의 재
료를 차례대로 넣고, 12회 정도 흔
든다.
3 잔에 얼음을 걸러서 붓는다.
4 잔에 소다수를 8부 채운다.
5 레몬과 체리로 장식한다.

만드는 과정

Memo 위스키 대신 브랜디, 진, 멜론 리큐르 등으로 바꾸면 다양한 맛의 칵테일이 된다.

러스티 네일 Rusty Nail

영국의 속어로 '고풍스러운' 또는 '녹슨 못'
이라 해서 붙여진 이름이다.

만드는 재료

Scotch Whisky ···················· 30㎖
Drambuie ······················· 15㎖

기법–직접 넣기
잔–온더락
장식–없음

만드는 방법

1 잔에 큐브 얼음을 채운다.
2 잔에 스카치 위스키를 넣는다.
3 잔에 드람부이를 넣는다.
4 바 스푼으로 시계방향 3~4회, 위
아래로 2~3회 휘젓는다.

 만드는 과정

Memo 드람부이는 15년 이상 통숙성된 하일랜드산 몰트 위스키에 각종 식물의 향기와 벌꿀을 배합한 것이다.

준벅 June Bug

6월 초록의 상쾌한 색감 그리고 멜론과 코코넛, 바나나의 달콤한 향미가 일품이다.

만드는 재료

Melon Liqueur	30㎖
Coconut Rum	15㎖
Banana Liqueur	15㎖
Pineapple Juice	60㎖
Sweet & Sour Mix	60㎖

기법-흔들기
잔-콜린스
장식-파인애플&체리

만드는 방법

1 잔에 큐브 얼음을 채운다.
2 쉐이커에 큐브 얼음을 5개 넣는다.
3 쉐이커에 위의 재료를 차례대로 넣고 15회 정도 흔든다.
4 잔에 얼음을 걸러서 붓는다.
5 파인애플과 체리로 장식한다.

 만드는 과정

Memo 미도리는 멜론 향미의 초록색 리큐르로 일본제품이다. 말리부는 라이트 럼에 야자수의 과육에서 추출한 엑기스를 배합하여 만든 코코넛 리큐르이다.

푸스 카페 Pousse Cafe

3색의 교통 신호등을 표현한 칵테일이다.

만드는 재료

Grenadine Syrup	10㎖
Creme de Menthe, Green	10㎖
Brandy	10㎖

기법-띄우기

잔-리큐르

장식-없음

만드는 방법

1 잔에 그레나딘시럽을 직접 넣는다.
2 바 스푼을 유리잔 벽에 붙여 민트 그린을 떨어뜨린다.
3 마지막으로 브랜디를 띄워서 완성한다.

만드는 과정

Memo 바 스푼의 뒷면에 재료를 천천히 떨어뜨리고 서로 섞이지 않도록 주의한다. 리큐르 잔에 정확하게 3등분을 한다. 민트 리큐르는 그린과 화이트의 2가지 색이 있다.

비 – 52 B - 52

미군용 항공기(Stratofortress, 폭격기)에서 유래하였다. 리큐르의 3중주 커피, 초콜릿, 오렌지의 맛이 조합된 식후주이다.

 만드는 재료

Coffee Liqueur ···················· 20㎖
Baileys Irish Cream ············· 20㎖
Grand Marnier ···················· 20㎖

기법–띄우기
잔–쉐리
장식–없음

 만드는 방법

1 잔에 직접 칼루아를 넣는다.
2 바 스푼을 유리잔 벽에 붙여 베일리스 크림을 떨어뜨린다.
3 마지막으로 그랑마니에를 띄워서 완성한다.

 만드는 과정

Memo 바 스푼의 뒷면에 재료를 천천히 떨어뜨린다. 불을 붙여 장식하면 시각적인 효과가 높다. 진한 금색의 그랑마니에는 코냑에 오렌지 향을 가미한 과실계의 리큐르이다.

에프리코트 Apricot

살구 풍미와 함께 오렌지, 레몬 등의 3박자를 고루 갖추었다.

만드는 재료

Apricot Brandy	45㎖
Dry Gin	1tsp
Lemon Juice	15㎖
Orange Juice	15㎖

기법-흔들기
잔-칵테일
장식-없음

만드는 방법

1 쉐이커에 큐브 얼음을 5개 넣는다.
2 쉐이커에 위의 재료를 차례대로 넣는다.
3 쉐이커를 12회 정도 흔든다.
4 잔에 큐브 얼음을 걸러서 붓는다.

 만드는 과정

Memo 살구브랜디는 주원료인 살구를 주정에 침지하여 시럽을 첨가해서 만든 것이다. 살구 외의 과일이나 허브를 사용하기도 한다.

그래스호퍼
Grasshopper

'메뚜기' 혹은 '여치'를 뜻한다. 완성된 색이 연한 초록빛을 띠기 때문에 붙여진 이름이다. 상쾌한 박하 맛과 카카오의 향기로운 풍미가 일품이다.

 만드는 재료

Creme de Menthe, Green ···· 30㎖
Creme de Cacao, White ······ 30㎖
Light Milk ························ 30㎖

기법-흔들기
잔-소서형 샴페인
장식-없음

 만드는 방법

1 쉐이커에 큐브 얼음을 5개 넣는다.
2 쉐이커에 위의 재료를 차례대로 넣는다.
3 쉐이커를 15회 정도 흔든다.
4 잔에 큐브 얼음을 걸러서 붓는다.

 만드는 과정

Memo 크렘 드 민트는 화이트, 그린, 블루 등의 3가지 색이 있다. 크렘 드 카카오는 화이트, 브라운 2가지 색이 있다. 매우 단맛의 리큐르에는 'Creme de~'라는 명칭이 붙는다.

슬로 진 피즈
Sloe Gin Fizz

피즈(Fizz)란 탄산음료의 뚜껑을 열 때 '피 익' 하는 소리를 표현한 의성어이다.

만드는 재료

Sloe Gin	45㎖
Lemon Juice	15㎖
Powder Sugar	1tsp
Soda Water	8부

기법–흔들기/직접 넣기
잔–하이볼
장식–레몬슬라이스

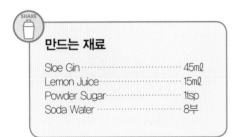

만드는 방법

1 잔에 큐브 얼음을 채운다.
2 쉐이커에 큐브 얼음 5개, 슬로 진, 레몬주스, 설탕을 넣고 12회 정도 흔든다.
3 잔에 얼음을 걸러서 붓는다.
4 잔에 소다수로 8부 채운다.
5 잔에 레몬 슬라이스를 넣는다.

만드는 과정

Memo 슬로 진은 유럽에서 야생하는 서양자두(Sloeberry)를 진에 배합하여 만든 적색의 리큐르이다. 슬로 진 대신에 멜론, 블랙베리, 카카오 등으로 바꾸면 다양한 맛의 칵테일이 된다.

힐링 Healing

전통 향약주의 하나인 감홍로와 베네딕틴
이 조화를 이룬 우리 술 칵테일이다.

 만드는 재료

Gam Hong Ro	45㎖
Benedictine DOM	10㎖
Creme de Cassis	10㎖
Sweet & Sour Mix	30㎖

기법-흔들기
잔-칵테일
장식-레몬껍질

 만드는 방법

1 쉐이커에 큐브 얼음을 5개 넣는다.
2 쉐이커에 위의 재료를 차례대로 넣
  는다.
3 쉐이커를 12회 정도 흔든다.
4 잔에 큐브 얼음을 걸러서 붓는다.
5 잔에 레몬껍질을 비틀어 넣는다.

 만드는 과정

Memo　감홍로는 증류주정에 계피, 정향, 생강, 감초, 진피 등의 8가지 한약재를 침출하여 만든 전통 향약주이다.

진도 Jindo

보리와 쌀, 누룩이 갖는 풍미와 상큼한 박하, 청포도, 라즈베리의 시럽을 배합하였다.

만드는 재료

Jindo Hong Ju	30㎖
Creme de Menthe, White	15㎖
White Grape Juice	20㎖
Raspberry Syrup	15㎖

기법-흔들기
잔-칵테일
장식-없음

만드는 방법

1 쉐이커에 큐브 얼음을 5개 넣는다.
2 쉐이커에 위의 재료를 차례대로 넣는다.
3 쉐이커를 12회 정도 흔든다.
4 잔에 큐브 얼음을 걸러서 붓는다.

 만드는 과정

Memo 주정에 각종 초근목피와 나무열매, 한약재 등을 침출하여 향미와 광택을 보강한 우리 술이다.

풋사랑 Puppy Love

쌀과 누룩으로 내린 증류식 전통소주에 오
렌지, 사과, 라임의 향미를 더한 우리 술
칵테일이다.

만드는 재료

Andong SoJu	30㎖
Triple Sec	10㎖
Apple Pucker	30㎖
Lime Juice	10㎖

기법-흔들기
잔-칵테일
장식-사과슬라이스

만드는 방법

1 쉐이커에 큐브 얼음을 5개 넣는다.
2 쉐이커에 위의 재료를 차례대로 넣
  는다.
3 쉐이커를 12회 정도 흔든다.
4 잔에 큐브 얼음을 걸러서 붓는다.
5 잔에 사과슬라이스를 넣는다.

만드는 과정

Memo 안동소주는 쌀, 보리, 조, 수수, 콩 등의 5가지 곡류를 발효, 증류시켜 만든다. 안동 목성산의 맑은 물이 좋아 이곳에서 생산되는 안
동소주는 그 맛과 향이 뛰어나다.

금산 Geumsan

인삼주의 알싸한 맛과 향긋한 커피의 풍미가 조합된 맛이다.

만드는 재료

Geumsan Insamju	45㎖
Coffee Liqueur	15㎖
Apple Pucker	15㎖
Lime Juice	1tsp

기법–흔들기
잔–칵테일
장식–없음

만드는 방법

1 쉐이커에 큐브 얼음을 5개 넣는다.
2 쉐이커에 위의 재료를 차례대로 넣는다.
3 쉐이커를 12회 정도 흔든다.
4 잔에 큐브 얼음을 걸러서 붓는다.

 만드는 과정

Memo 충청남도 무형문화재로 지정된 금산 인삼주는 멥쌀과 누룩에 생삼을 갈아 넣어 인삼주를 빚는다. 이를 증류하면 소주 인삼주가 된다. 가정에서는 흔히 소주에 인삼을 넣어 침출주를 담근다.

고창 Gochang

폴리페놀이 다량 함유된 복분자와 오렌지
풍미가 조화로운 와인칵테일이다.

 만드는 재료

Sunwoonsan Bokbunja Wine ······60㎖
Cointreau or Triple Sec ·············15㎖
Sprite ·····································60㎖

기법-휘젓기/직접 넣기
잔-플루트 샴페인
장식-없음

 만드는 방법

1 믹싱 잔에 큐브 얼음을 5개 넣는다.
2 믹싱 잔에 복분자와 코인트로를 넣
   는다.
3 바 스푼을 시계방향 3~4회, 위 아
   래로 2~3회 휘젓는다.
4 믹싱 잔에 스트레이너를 끼우고 큐
   브 얼음을 걸러서 잔에 붓는다.
5 잔에 스프라이트를 넣는다.

 만드는 과정

Memo 복분자는 장미과의 낙엽관목인 복분자 딸기(覆盆子)열매이다. 다 익으면 포도처럼 검은색이 나기 때문에 '먹딸기'라고도 부른다. 일
반 산딸기와 달리 열매가 크고 신맛이 없고 당도가 매우 높다.

제2절_ 무알코올 칵테일

술이 첨가되지 않은 무알코올 건강 칵테일이다. 주로 계절과일을 이용하는데 딸기, 파인애플, 오렌지는 비타민의 함유량이 많아 피로회복, 식욕증진, 노화억제 등의 체력증진에 효과가 있다. 알코올 성분이 들어가지 않은 칵테일을 목테일(Mocktail)이라고도 한다.

후르츠 펀치
Fruits Punch

오렌지, 파인애플, 레몬 등 과즙과 탄산음료의 청량감이 있다.

만드는 재료

Pineapple Juice	60㎖
Orange Juice	45㎖
Lemon Juice	15㎖
Grenadine Syrup	20㎖
Cider	8부

기법-흔들기
잔-튤립
장식-오렌지&체리

만드는 방법

1 믹싱 잔에 큐브 얼음을 7개 넣는다.
2 믹싱 잔에 사이다를 제외한 위의 재료를 차례대로 넣는다.
3 스핀들 믹서로 5초 정도 돌린다.
4 잔에 큐브 얼음과 함께 붓는다.
5 잔에 사이다를 8부 채운다.
6 오렌지와 체리로 장식한다.

만드는 과정

Memo 대형 펀치 볼에 다량으로 만들어 파티(Party)에 이용한다. 사과, 배를 큐브형태로 잘라서 띄우면 더욱 좋다.

키위상큼 Kiwisangkeum

키위, 오렌지, 파인애플, 라임, 코코넛의
맛이 복합된 무알코올 칵테일이다.

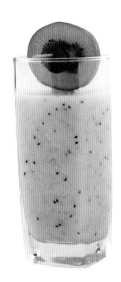

만드는 재료

Cubed Ice	8개
Kiwi	1개
Kiwi Syrup	15㎖
Sweet & Sour Mix	30㎖
Pinacolada Mixes	60㎖

기법–믹서기
잔–콜린스
장식–키위&체리

만드는 방법

1 믹서기에 크러쉬 얼음을 넣는다.
2 믹서기에 위의 재료를 차례대로 넣는다.
3 믹서기를 10초 정도 돌린 후, 잔에 붓는다.
4 키위와 체리로 장식한다.

 만드는 과정

Memo 먼저 키위 장식을 만들어 놓고, 나머지는 키위 껍질을 벗겨서 믹서에 넣는다. 믹서기는 너무 오랫동안 돌리지 않도록 주의한다.

골든메달리스트
Golden Medalist

딸기, 바나나의 과일향이 가득한 건강음료
로 무알코올 칵테일이다.

만드는 재료

Cubed Ice	8개
Banana	½개
Strawberry Syrup	30㎖
Grenadine Syrup	30㎖
Pinacolada Mixes	90㎖

기법-믹서기
잔-콜린스
장식-파인애플&체리

만드는 방법

1 믹서기에 크러쉬 얼음을 넣는다.
2 믹서기에 위의 재료를 차례대로 넣
는다.
3 믹서기를 10초 정도 돌린 후 잔에
붓는다.
4 파인애플과 체리로 장식한다.

 만드는 과정

Memo 운동선수가 경기에서 우승한 기념으로 만든 것으로 미국의 칵테일 경연대회에서 우승한 작품이다.

딸기 스무디
Strawberry Smoothie

'비타민의 여왕'이라 불리는 딸기는 봄철
과일로 인기가 높다.

만드는 재료

Cubed Ice	8개
Strawberry Puree	90㎖
Milk	75㎖

기법–믹서기
잔–필스너
장식–딸기

만드는 방법

1 믹서기에 크러쉬 얼음을 넣는다.
2 믹서기에 위의 재료를 차례대로 넣는다.
3 믹서기를 10초 정도 돌린 후, 잔에 붓는다.
4 딸기로 장식한다.

 만드는 과정

Memo 딸기는 폴리페놀, 안토시아닌, 라이코펜 등의 항산화 물질을 가득 담고 있어 피로해소에 좋다. 비타민 C가 풍부해 면역력 증진, 빈혈 예방, 노화방지에 효능이 있다. 큐브 얼음은 아이스 크루서(Ice Crusher)에 넣어 잘게 으깬 후 믹서기에 넣는다.

블루베리 스무디
Blueberry Smoothie

스무디는 각종 영양성분이 많은 과일을 얼음과 섞어 갈아서 만든다.

만드는 재료

Cubed Ice 8개
Blueberry Puree .... 90㎖
Milk .... 75㎖

기법-믹서기
잔-허리케인
장식-없음

만드는 방법

1 믹서기에 크러쉬 얼음을 넣는다.
2 믹서기에 위의 재료를 차례대로 넣는다.
3 믹서기를 10초 정도 돌린 후, 잔에 붓는다.

 만드는 과정

Memo 블루베리는 비타민, 미네랄을 풍부하게 함유하고 있어 신진대사를 활발하게 한다.

플레인요거트 스무디
Plain Yogurt Smoothie

요거트와 우유, 얼음으로 만든 스무디이
다. 원활한 장(腸)운동과 배변활동에 도움
을 준다.

만드는 재료

Cubed Ice	8개
Plain Yogurt	100㎖
Yogurt Powder	40g
Milk	50㎖

기법-믹서기
잔-필스너
장식-없음

만드는 방법

1 믹서기에 크러쉬 얼음을 넣는다.
2 믹서기에 위의 재료를 차례대로 넣
  는다.
3 믹서기를 10초 정도 돌린 후, 잔에
  붓는다.

 만드는 과정

Memo 플레인은 과일이나 설탕 등 아무것도 가미하지 않은 음식이나 음료 본래 그대로의 상태를 말한다.

라임 모히토
Lime Mojito

상큼하고 향긋한 라임 맛의 에이드에 박하
향을 더한 것이다.

만드는 재료

Apple Mint Leaf	10개
Lime Juice	20㎖
Mojito Syrup	45㎖
Cider	8부

기법-으깨기/직접 넣기
잔-콜린스
장식-레몬서클

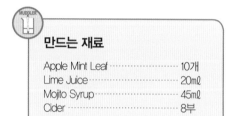

만드는 방법

1 잔에 민트 잎을 넣고 머들러로 약
10회 정도 빻는다.
2 잔에 주스와 시럽을 넣고, 바 스푼
으로 섞는다.
3 잔에 큐브 얼음을 넣고, 사이다로 8
부 채운다.
4 레몬으로 장식한다.

만드는 과정

Memo 모히토는 본래 럼을 기본주로 하지만 무알코올로 변형시켜 모든 연령층에서 가볍게 즐길 수 있다. 사이다 대신 소다수를 넣어도
좋다.

블루베리 스쿼시
Blueberry Squash

블루베리의 달콤한 맛과 구연산, 캐러멜
맛이 함유된 청량한 맛이다.

만드는 재료

Blueberry Syrup	25㎖
Lemon Juice	5㎖
Sugar Syrup	5㎖
Ginger Ale	8부

기법-직접 넣기
잔-온더락
장식-레몬서클

만드는 방법

1 잔에 큐브 얼음을 채운다.
2 잔에 진저에일을 제외한 위의 재료
　를 차례대로 넣는다.
3 바 스푼으로 시계방향 3~4회, 위
　아래로 2~3회 휘젓는다.
4 잔에 진저에일을 넣는다. 잔에 레몬
　을 넣는다.

 만드는 과정

Memo 블루베리의 항산화물질인 안토시아닌은 비타민과 미네랄이 무려 18종이나 들어 있어 눈 건강뿐 아니라 뇌, 노화 방지에 탁월한 효
과가 있다.

오미자 에이드
Omija Ade

단맛, 신맛, 쓴맛, 짠맛, 매운맛 등 5가지
맛이 나서 오미자라고 불린다.

만드는 재료

Omija ·································· 30㎖
Lemon Juice ····················· 5㎖
Cider ································· 8부

기법-직접 넣기
잔-온더락
장식-레몬서클

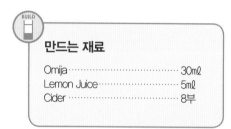

만드는 방법

1 잔에 큐브 얼음을 채운다.
2 잔에 오미자청과 레몬주스를 넣는
다.
3 바 스푼으로 시계방향 3~4회, 위
아래로 2~3회 휘젓는다.
4 잔에 사이다를 넣은 뒤 레몬을 넣는
다.

만드는 과정

Memo 오미자청 대신에 복분자, 한라봉 등으로 다양한 맛의 디저트 칵테일을 만들 수 있다.

파인 땡큐
Pine, Thank You

파인애플은 비타민 C가 풍부하게 함유되어
있어 피로회복에 좋다.

 만드는 재료

Cubed Ice	8개
Pineapple Ring	1개
Pineapple Juice	45㎖
Pinacolada Mixes	60㎖

기법-믹서기
잔-콜린스
장식-파인애플&체리

 만드는 방법

1 믹서기에 크러쉬 얼음을 넣는다.
2 믹서기에 위의 재료를 차례대로 넣
는다.
3 믹서기를 10초 정도 돌린 후, 잔에
붓는다.
4 파인애플과 체리로 장식한다.

 만드는 과정

Memo 파인애플의 브로멜린(bromelin)효소는 단백질 소화효소가 있어 식후에 마시면 소화에 도움이 된다. 큐브 얼음은 아이스 크루셔(Ice Crusher)에 넣어 잘게 으깬 후 믹서기에 넣는다.

인삼 주스
Ginseng Juice

신비의 영약, 향긋한 인삼의 맛에 고소한
우유의 맛을 더해준다.

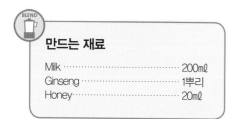

만드는 재료

Milk ································· 200㎖
Ginseng ······················· 1뿌리
Honey ·························· 20㎖

기법-믹서기
잔-하이볼
장식-인삼

만드는 방법

1 믹서기에 우유를 넣는다.
2 믹서기에 인삼과 꿀을 넣는다.
3 믹서기를 10초 정도 돌린 후, 잔에
붓는다.
4 인삼으로 장식한다.

만드는 과정

Memo 인삼의 사포닌 성분은 면역력 증강, 원기회복, 자양강장의 약효성분이 있다.

애플퉁퉁
Apple Tong Tong

사과의 달콤함과 아삭한 식감, 그리고 부
드러운 코코넛의 조합이 일품이다.

 만드는 재료

Cubed Ice	8개
Sliced Apple	⅓개
Apple Juice	60㎖
Pinacolada Mixes	60㎖

기법 – 믹서기
잔 – 콜린스
장식 – 파인애플&체리

 만드는 방법

1 믹서기에 크러쉬 얼음을 넣는다.
2 믹서기에 위의 재료를 차례대로 넣
는다.
3 믹서기를 10초 정도 돌린 후, 잔에
붓는다.

 만드는 과정

Memo　피나콜라다 믹스는 코코넛의 과육을 가공한 제품으로 칵테일에 많이 사용된다. 카리브海에 있는 푸에르토리코에서 탄생하였다. 큐
브 얼음은 아이스 크루셔(Ice Crusher)에 넣어 잘게 으깬 후 믹서기에 넣는다.

피치에이드 Peach Ade

복숭아의 풍미와 베리, 레몬의 신맛이 감미롭게 어우러진 향기로운 칵테일이다.

만드는 재료

Peach Syrup	30㎖
Lemon Juice	10㎖
Sugar Syrup	10㎖
Cranberry Juice	8부

기법-직접 넣기
잔-온더락
장식-레몬서클

만드는 방법

1 잔에 큐브 얼음을 채운다.
2 잔에 크랜베리 주스를 제외한 위의 재료를 차례대로 넣는다.
3 바 스푼으로 시계방향 3~4회, 위아래로 2~3회 휘젓는다.
4 잔에 크랜베리 주스를 넣는다. 잔에 레몬을 넣는다.

 만드는 과정

Memo 밝은 골드 색상의 달콤하고 상큼한 복숭아 시럽은 집에서 얼음이나 탄산음료를 넣어 손쉽게 아이스티를 만들 수 있다.

제3절_ 창업을 위한 특선칵테일

기획메뉴란 고객의 필요와 욕구를 만족시키기 위해 새로운 메뉴를 만드는 것이다. 제철 과일을 활용한 계절성 메뉴나 지역의 우수한 특산물 그리고 이벤트 메뉴가 있다. 이러한 여러 가지 요소를 고려하여 고객의 욕구를 충족시키고, 기업의 이윤을 창출할 수 있어야 한다.

도화 Peach Blossom

복숭아, 오렌지, 사과, 석류의 향이 복합된
맛이다.

만드는 재료

Crushed Ice	½컵
Peach Brandy	30㎖
Triple Sec	15㎖
Apple Juice	60㎖
Sweet & Sour Mix	45㎖
Grenadine Syrup	5㎖

기법-흔들기/직접 넣기
잔-튤립
장식-오렌지&체리

만드는 방법

1 잔에 크러쉬 얼음을 ½컵 넣는다.
2 믹싱 잔에 큐브 얼음을 7개 넣는다.
3 믹싱 잔에 그레나딘시럽을 제외한
  위의 재료를 차례대로 넣는다.
4 스핀들 믹서로 3초 정도 돌린다.
5 믹싱 잔에 스트레이너를 끼우고 큐
  브 얼음을 걸러서 잔에 붓는다.
6 잔 중앙에 바 스푼을 놓고, 그레나
  딘시럽을 5방울 정도 떨어뜨린다.
7 오렌지와 체리로 장식한다.

만드는 과정

Memo 그레나딘시럽의 적당한 양으로 복숭아꽃(桃花)의 색감을 나타낼 수 있어야 한다. 바 스푼으로 휘젓지 않는다.

동해 East Sea

복숭아, 오렌지, 사과, 라임 등의 복합된
맛과 푸른 바다 이미지를 형상화한 것이
다.

만드는 재료

Peach Brandy	30㎖
Blue Curacao	15㎖
Apple Juice	60㎖
Sweet & Sour Mix	60㎖
Lime Juice	15㎖
Sugar Syrup	15㎖

기법–흔들기
잔–콜린스
장식–오렌지&체리

만드는 방법

1 믹싱 잔에 큐브 얼음을 7개 넣는다.
2 믹싱 잔에 위의 재료를 차례대로 넣
는다.
3 스핀들 믹서로 5초 정도 돌린다.
4 잔에 큐브 얼음과 함께 붓는다.
5 오렌지와 체리로 장식한다.

 만드는 과정

Memo 복숭아는 여성에게 인기 있는 과일 중 하나로 리큐르 분야에서도 각광받고 있다. 주정에 복숭아의 향미성분을 넣고 증류하여 만든다.

치치 Chi Chi

파인애플, 코코넛, 우유 등이 혼합된 부드
러운 맛의 하와이 태생 칵테일이다.

만드는 재료

Vodka	30㎖
Coconut Cream	30㎖
Sweet Cream	30㎖
Pineapple Juice	60㎖

기법-흔들기
잔-필스너
장식-파인애플&체리

만드는 방법

1 믹싱 잔에 큐브 얼음을 5개 넣는다.
2 믹싱 잔에 위의 재료를 차례대로 넣
는다.
3 스핀들 믹서로 5초 정도 돌린다.
4 잔에 큐브 얼음과 함께 붓는다.
5 파인애플과 체리로 장식한다.

 만드는 과정

Memo 코코넛 크림은 열대지방에서 자라는 야자열매인 코코넛의 천연과즙으로 만든 크림이다. 제품에는 농축시킨 것, 가루로 된 것, 희석
시킨 것 등이 있다.

에메랄드 Emerald

포도, 오렌지, 코코넛, 파인애플의 복합적
인 맛으로 에메랄드빛을 띤다.

만드는 재료

White Wine	60㎖
Blue Curacao	30㎖
Triple Sec	15㎖
Malibu Rum	15㎖
Sweet & Sour Mix	30㎖
Pineapple Juice	60㎖

기법–흔들기
잔–콜린스
장식–파인애플&체리

만드는 방법

1 믹싱 잔에 큐브 얼음을 7개 넣는다.
2 믹싱 잔에 위의 재료를 차례대로 넣
  는다.
3 스핀들 믹서로 5초 정도 돌린다.
4 잔에 큐브 얼음과 함께 붓는다.
5 파인애플과 체리로 장식한다.

 만드는 과정

Memo 말리부 럼은 바베이도스(Barbados)에서 생산되는 천연 코코넛 추출물로 만드는 럼으로 알코올 함량은 21%이다.

징코리프 Ginkgo Leaf

가을에 노랗게 물든 황금빛 '은행나무 잎'
에서 붙여진 이름이다.

만드는 재료

Galliano	15㎖
Creme de Banana	15㎖
Peach Brandy	15㎖
Cointreau	15㎖
Orange Juice	30㎖
Sweet & Sour Mix	30㎖
Pinacolada Mixes	1tsp

기법-흔들기
잔-칵테일
장식-없음

만드는 방법

1 쉐이커에 큐브 얼음을 5개 넣는다.
2 쉐이커에 위의 재료를 차례대로 넣
는다.
3 쉐이커를 12회 정도 흔든다.
4 잔에 얼음을 걸러서 붓는다.

 만드는 과정

Memo 코인트로는 브랜디에 오렌지 과피를 침지한 후 증류하여 시럽을 첨가한 것이다. 트리플 섹과 상호대체 사용이 가능하다.

상그리아 Sangria

적포도주에 레몬에이드 등을 넣어 차게 한
스페인 전통의 맛이다.

만드는 재료

Red Wine	60㎖
Cointreau	15㎖
Orange Juice	60㎖
Lemon Juice	15㎖
Sugar Syrup	15㎖
Cider	8부

기법–흔들기/직접 넣기
잔–튤립
장식–오렌지&체리

만드는 방법

1 믹싱 잔에 큐브 얼음을 7개 넣는다.
2 믹싱 잔에 사이다를 제외한 위의 재
 료를 차례대로 넣는다.
3 스핀들 믹서로 5초 정도 돌린다.
4 잔에 큐브 얼음과 함께 붓는다.
5 잔에 사이다를 8부 채운다.
6 오렌지와 체리로 장식한다.

 만드는 과정

Memo 레드와인은 적포도를 사용해서 만든다. 적포도의 껍질과 씨를 통째로 발효시킴으로써 타닌과 색소가 추출되어 떫은맛과 붉은색을 띠게 된다.

블랙 스카이 Black Sky

블랙베리의 달콤함과 탄산음료의 상쾌함
이 입안의 즐거움을 더해준다.

만드는 재료

Blackberry Brandy	45㎖
Sweet & Sour Mix	60㎖
Cider	8부

기법-직접 넣기
잔-콜린스
장식-레몬&체리

만드는 방법

1 잔에 큐브 얼음을 채운다.
2 잔에 사이다를 제외한 위의 재료를
　차례대로 넣는다.
3 바 스푼으로 시계방향 3~4회, 위
　아래로 2~3회 휘젓는다.
4 잔에 사이다를 8부 채운다.
5 레몬과 체리로 장식한다.

 만드는 과정

Memo 블랙베리는 주정에 검은 딸기와 당분을 넣어 만든 리큐르이다.

그린 서머 쿨러
Green Summer Cooler

시원한 박하향과 상큼한 맛이 입안 가득
퍼진다.

만드는 재료

Crushed Ice ···················· ½컵
Malibu Rum ····················· 30㎖
Creme de Menthe, Green ··· 30㎖
Lemon Juice ···················· 15㎖
Soda Water ······················ 8부

기법–흔들기/직접 넣기
　잔–콜린스
장식–레몬&체리

만드는 방법

1 잔에 크러쉬 얼음을 ½컵 넣는다.
2 믹싱 잔에 큐브 얼음을 7개 넣는다.
3 믹싱 잔에 소다수를 제외한 위의 재
　료를 차례대로 넣는다.
4 스핀들 믹서로 5초 정도 돌린다.
5 믹싱 잔에 스트레이너를 끼우고 큐
　브 얼음을 걸러서 잔에 붓는다.
6 잔에 소다수를 8부 채운다.
7 레몬과 체리로 장식한다.

 만드는 과정

Memo　민트는 박하의 청량감뿐만 아니라 향미가 신선하고 소화를 촉진하는 작용도 한다. 화이트, 그린, 블루의 3가지 색이 있다.

아이리쉬 커피
Irish Coffee

아일랜드産 아이리쉬 위스키와 커피향의
조화가 일품이다. 차가운 몸을 따뜻하게
하는 커피 칵테일이다.

만드는 재료

Irish Whisky	30㎖
Brown Sugar	1tsp
Black Coffee	8부
Whipped Cream	토핑

기법-직접 넣기/플람베
　잔-와인
장식-설탕묻히기(Rimming with Sugar)

만드는 방법

1 잔 테두리에 레몬즙을 바르고, 설탕
　을 묻힌다.
2 잔에 브라운설탕과 위스키를 넣는다.
3 알코올램프에 불을 붙이고, 잔을 데
　워 위스키에 불이 붙게 한다.
4 불이 붙으면 잔을 테이블에 놓고 회
　전시켜 브라운설탕을 녹인다.
5 잔에 커피를 채운 후 휘핑크림을 얹
　는다.

 만드는 과정

Memo　잔 테두리의 설탕이 너무 타지 않도록 주의한다. 아일랜드에서 만들어지는 위스키를 아이리쉬라 하며 아일래드는 위스키가 탄생한
　　　곳이다.

비어스 Beers

맥주의 부드러움이 탄산음료와 만나 상쾌
함과 톡 쏘는 입안의 즐거움을 더해준다.

만드는 재료

Beer	½컵
Cider	½컵
Peach Brandy	30㎖

기법–직접 넣기
잔–필스너
장식–오렌지&체리

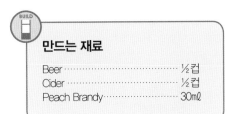

만드는 방법

1 잔에 큐브 얼음을 채운다.
2 잔에 맥주와 사이다의 재료를 절반
씩 넣는다.
3 잔 중앙에 바 스푼을 놓고 피치브랜
디를 넣는다.
4 오렌지와 체리로 장식한다.

만드는 과정

Memo 맥주와 진저에일을 반반씩 섞으면 샌디 가프(Shandy Gaff)맥주 칵테일이 된다. 진저에일 대신에 사이다를 사용할 수 있다.

섹시 마일드 Sexy Mild

오렌지, 파인애플, 라임, 우유의 달콤함이
복합된 순한 맛이다.

만드는 재료

Crushed Ice	½컵
Blue Curacao	30㎖
Pinacolada Mixes	30㎖
Sweet & Sour Mix	30㎖
Milk	30㎖

기법-흔들기
잔-허리케인
장식-파인애플&체리

만드는 방법

1 잔에 크러쉬 얼음을 ½컵 넣는다.
2 믹싱 잔에 큐브 얼음을 7개 넣는다.
3 믹싱 잔에 위의 재료를 차례대로 넣는다.
4 스핀들 믹서로 5초 정도 돌린다.
5 믹싱 잔에 스트레이너를 끼우고 큐브 얼음을 걸러서 잔에 붓는다.
6 파인애플과 체리로 장식한다.

만드는 과정

Memo 큐라소는 블루, 레드, 그린 등 다양한 색의 제품이 있는데, 화이트 큐라소에 착색하여 만든다.

카시스 프라페
Cassis Frappe

향긋하고 달콤한 맛의 긴 여운이 입안을 감싼다. 더운 여름철 시원하게 즐기기 좋다.

 만드는 재료

Crushed Ice ·························· 1컵
Creme de Cassis ·················· 30㎖

기법–직접 넣기
잔–칵테일
장식–체리

 만드는 방법

1 잔에 크러쉬 얼음을 채운다.
2 잔에 크렘 드 카시스를 넣는다.
3 체리로 장식한다.

 만드는 과정

Memo 카시스 대신에 카카오, 민트, 갈리아노 등 다양한 기주가 사용된다. 카시스는 와인과 궁합이 맞아서 화이트와인, 샴페인과도 잘 어울린다.

마이타이 콜라다
Maitai Colada

한여름의 이글거리는 태양 아래서 마시고
싶은 감미로운 맛이다.

만드는 재료

Cubed Ice	8개
Banana	½개
White Rum	30㎖
Cointreau	15㎖
Grenadine Syrup	2tsp
Lime Juice	15㎖
Orange Juice	30㎖
Pineapple Juice	30㎖
Pinacolada Mixes	45㎖

기법-믹서기
잔-콜린스
장식-파인애플&체리

만드는 방법

1 믹서기에 크러쉬 얼음을 넣는다.
2 믹서기에 위의 재료를 차례대로 넣는다.
3 믹서기를 10초 정도 돌린 후 잔에 붓는다.
4 파인애플과 체리로 장식한다.

만드는 과정

Memo 코인트로는 브랜디의 주정에 오렌지 과피를 침지한 후 증류하여 시럽 등을 첨가해서 만든다. 오렌지의 감미와 꽃향기가 조화를 이루고 있다.

메로나 Melona

멜론의 부드러운 맛과 코코넛 풍미가 조화
롭다.

만드는 재료

Cubed Ice	8개
Melon Liqueur	45㎖
Malibu Rum	15㎖
Triple Sec	15㎖
Coconut Syrup	15㎖
Pineapple Juice	60㎖

기법-믹서기
잔-콜린스
장식-파인애플&체리

만드는 방법

1 믹서기에 크러쉬 얼음을 넣는다.
2 믹서기에 위의 재료를 차례대로 넣
  는다.
3 믹서기를 10초 정도 돌린 후 잔에
  붓는다.
4 파인애플과 체리로 장식한다.

 만드는 과정

Memo 대한민국 빙그레에서 1992년에 출시한 막대 아이스크림에서 붙여진 이름이다. 큐브 얼음은 아이스 크루셔(Ice Crusher)에 넣어 잘게
으깬 후 믹서기에 넣는다.

프로즌 스트로베리 다이키리
Frozen Strawberry Daiquiri

시원하고 달콤한 맛의 딸기향이 일품이다.
프로즌 다이키리를 응용한 칵테일이다.

 만드는 재료

Cubed Ice	8개
Light Rum	30㎖
Strawberry	2개
Strawberry Liqueur	15㎖
Grenadine Syrup	10㎖
Lime Juice	15㎖

기법-믹서기
잔-프로즌
장식-딸기

 만드는 방법

1 믹서기에 크러쉬 얼음을 넣는다.
2 믹서기에 위의 재료를 차례대로 넣는다.
3 믹서기를 10초 정도 돌린 후 잔에 붓는다.
4 딸기로 장식을 한다.

 만드는 과정

Memo 프로즌 다이키리는 인기 높은 칵테일로 변형도 가장 많다. 봄은 딸기, 여름은 키위나 바나나 등의 과일로 대체할 수 있다. 큐브 얼음은 아이스 크루셔(Ice Crusher)에 넣어 잘게 으깬 후 믹서기에 넣는다.

시비에스 CBS

달콤한 베리와 꿀맛, 크림의 고소한 뒷맛
이 특징이다.

만드는 재료

Creme de Cassis	20㎖
Benedictine DOM	20㎖
Sweet Cream	20㎖

기법-띄우기
잔-쉐리
장식-없음

만드는 방법

1 먼저 잔에 크렘 드 카시스를 직접
넣는다.
2 바 스푼을 유리잔 벽에 붙여 베네딕
틴을 떨어뜨린다.
3 마지막으로 스위트 크림을 띄워서
완성한다.

 만드는 과정

Memo 스위트 크림은 우유와 생크림을 6대 4의 비율로 혼합하여 만든다. 페트병에 담아 흔들어서 사용한다.

야화 Moon Night Flower

향긋한 복숭아, 오렌지 풍미의 리큐르와
새콤달콤한 맛이 일품이다.

 만드는 재료

Peach Brandy	30㎖
Triple Sec	20㎖
Grenadine Syrup	10㎖
Pineapple Juice	30㎖
Sweet & Sour Mix	45㎖

기법-흔들기
잔-칵테일
장식-레몬슬라이스

 만드는 방법

1 쉐이커에 큐브 얼음을 5개 넣는다.
2 쉐이커에 위의 재료를 차례대로 넣
는다.
3 쉐이커를 12회 정도 흔든다.
4 잔에 얼음을 걸러서 붓는다.
5 잔에 레몬슬라이스를 넣는다.

 만드는 과정

Memo 스위트 앤 사워 믹서는 분말과 액체 형태가 있다. 분말은 물과 3대 1의 혼합비율이 적당하다.

트로피컬 선라이즈
Tropical Sunrise

열대지방에서 나는 럼과 코코넛, 파인애플의 맛이 조화롭다.

만드는 재료

Cubed Ice	8개
Light Rum	30㎖
Coconut Cream	30㎖
Sweet Cream	30㎖
Pineapple Juice	60㎖
Grenadine Syrup	10㎖
Galliano	15㎖

기법-믹서기/띄우기
잔-콜린스
장식-파인애플&체리

만드는 방법

1 믹서기에 크러쉬 얼음을 넣는다.
2 믹서기에 갈리아노를 제외한 위의 재료를 차례대로 넣는다.
3 믹서기를 10초 정도 돌린 후, 잔에 붓는다.
4 잔 중앙에 바 스푼을 놓고, 갈리아노를 넣는다.
5 파인애플과 체리로 장식한다.

 만드는 과정

Memo 갈리아노는 이탈리아 3대 리큐르의 하나이다. 아니스, 바닐라 등 40여 종의 약초, 향초가 배합되어 있다. 큐브 얼음은 아이스 크루서(Ice Crusher)에 넣어 잘게 으깬 후 믹서기에 넣는다.

블루 홀 Blue Hole

검푸른 바닷물로 가득 찬 동굴이나 움푹 팬
지형을 뜻한다. 세계에서 가장 깊은 블루
홀은 남중국海에 있다.

만드는 재료

Peach Brandy	30㎖
Blue Curacao	15㎖
Malibu Rum	15㎖
Sweet & Sour Mix	60㎖

기법-흔들기
잔-허리케인
장식-오렌지&체리

만드는 방법

1 믹싱 잔에 큐브 얼음을 5개 넣는다.
2 믹싱 잔에 위의 재료를 차례대로 넣
   는다.
3 스핀들 믹서로 5초 정도 돌린다.
4 잔에 큐브 얼음과 함께 붓는다.
5 오렌지와 체리로 장식한다.

만드는 과정

Memo 큐라소란 카리브해의 네덜란드령 안틸레스제도와 리워드제도에서 가장 큰 섬 이름이다. 트리플 섹(Tripel Sec)에 청색을 첨가한 것
이다.

머드 슬라이드
Mud Slide

커피, 카카오, 초콜릿의 부드러움과 달콤
함이 복합된 맛이다.

 만드는 재료

Cubed Ice	8개
Kahlua	30㎖
Baileys Irish Cream	20㎖
Vodka	10㎖
Chocolate Syrup	30㎖
Sweet Cream	30㎖

기법-믹서기
잔-허리케인
장식-초콜릿

 만드는 방법

1 잔 내벽에 초콜릿을 좌우대칭이 되
   도록 짜 넣는다.
2 믹서기에 크러쉬 얼음을 넣는다.
3 믹서기에 위의 재료를 차례대로 넣
   는다.
4 믹서기를 10초 정도 돌린 후, 잔에
   붓는다.

 만드는 과정

Memo   베일리스 아이리쉬 크림은 위스키에 초콜릿, 크림을 배합하여 만든 감미로운 맛의 리큐르이다. 온더락으로 식후주에 마시기도 한다.

피치 크러쉬
Peach Crush

달콤한 과일의 맛과 꽃향기가 느껴지는 복숭아의 향미는 여성들이 선호하는 풍미이다.

 만드는 재료

Peach Liqueur	30㎖
Sweet & Sour Mix	60㎖
Cranberry Juice	90㎖

기법-흔들기
잔-콜린스
장식-오렌지&체리

 만드는 방법

1 쉐이커에 큐브 얼음을 5개 넣는다.
2 쉐이커에 위의 재료를 차례대로 넣는다.
3 쉐이커를 12회 정도 흔든다.
4 잔에 큐브 얼음과 함께 붓는다.
5 오렌지와 체리로 장식한다.

 만드는 과정

Memo 리큐르는 첨가하는 향미성분의 종류와 양에 따라 세계 여러 지역에서 각각 독특한 타입으로 만들고 있다. 복숭아리큐르도 다양한 이름의 브랜드가 있다.

블랙 홀 Black Hole

복숭아, 블랙베리, 커피의 복합된 맛에 상
쾌한 탄산음료의 결정체이다.

만드는 재료

Peach Brandy	30㎖
Creme de Cassis	15㎖
Kahlua	15㎖
Sweet & Sour Mix	60㎖
Cider	8부

기법-흔들기
잔-콜린스
장식-오렌지&체리

만드는 방법

1 믹싱 잔에 큐브 얼음을 7개 넣는다.
2 믹싱 잔에 사이다를 제외한 위의 재
  료를 차례대로 넣는다.
3 스핀들 믹서로 3초 정도 돌린다.
4 잔에 큐브 얼음과 함께 붓는다.
5 잔에 사이다를 8부 채운다.
6 오렌지와 체리로 장식한다.

 만드는 과정

Memo 유럽에서는 비타민 C가 많이 함유된 카시스의 약효에 착안하여 리큐르를 만들었다.

하와이안 펀치
Hawaiian Punch

복숭아, 살구씨, 보드카, 석류, 오렌지, 파인애플 등 복합된 맛의 칵테일이다.

만드는 재료

Southern Comfort	30㎖
Amaretto	15㎖
Vodka	15㎖
Grenadine Syrup	20㎖
Sweet & Sour Mix	30㎖
Orange Juice	45㎖
Pineapple Juice	45㎖

기법-흔들기
잔-콜린스
장식-파인애플&체리

만드는 방법

1 믹싱 잔에 큐브 얼음을 7개 넣는다.
2 믹싱 잔에 위의 재료를 차례대로 넣는다.
3 스핀들 믹서로 5초 정도 돌린다.
4 잔에 큐브 얼음과 함께 붓는다.
5 파인애플과 체리로 장식한다.

 ### 만드는 과정

Memo 써던 컴포트(Southern Comfort)는 미국의 버번 위스키에 복숭아 향미를 배합한 리큐르이다.

크랜베리 쿨러
Cranberry Cooler

살구씨, 크랜베리, 오렌지주스의 상큼함이
독특하다.

만드는 재료

Amaretto	45㎖
Cranberry Juice	90㎖
Orange Juice	8부

기법–직접 넣기
잔–허리케인
장식–오렌지&체리

만드는 방법

1 잔에 큐브 얼음을 채운다.
2 잔에 아마레토와 크랜베리주스 재
 료를 차례대로 넣는다.
3 바 스푼으로 시계방향 3~4회, 위
 아래로 2~3회 휘젓는다.
4 잔에 오렌지주스를 8부 채운다.
5 오렌지와 체리로 장식한다.

 만드는 과정

Memo 아마레토는 살구나 아몬드씨로 만든다. 갈리아노, 삼부카와 더불어 이탈리아에서 생산하는 3대 리큐르의 하나이다.

바하마 마마
Bahama Mama

사탕수수, 코코넛, 바나나, 석류, 오렌지,
파인애플 등이 복합된 맛이다.

만드는 재료

Gold Rum	15㎖
Malibu Rum	15㎖
Creme de Banana	15㎖
Grenadine Syrup	15㎖
Orange Juice	45㎖
Pineapple Juice	45㎖

기법-흔들기
잔-콜린스
장식-파인애플&체리

만드는 방법

1 믹싱 잔에 큐브 얼음을 7개 넣는다.
2 믹싱 잔에 위의 재료를 차례대로 넣
는다.
3 스핀들 믹서로 5초 정도 돌린다.
4 잔에 큐브 얼음과 함께 붓는다.
5 파인애플과 체리로 장식한다.

 ### 만드는 과정

Memo 시럽은 설탕을 녹여서 과즙이나 향료(香料)를 첨가해 독특한 맛을 낸 것이다. 그레나딘시럽은 석류의 풍미를 가한 것이다.

체리마니아
Cherry Mania

살구, 블랙베리, 오렌지, 라임 등의 복합된
맛이 일품이다.

만드는 재료

Apricot Brandy	30㎖
Creme de Cassis	15㎖
Cointreau	15㎖
Lime Juice	15㎖
Sweet & Sour Mix	30㎖
Cider	8부

기법–흔들기/직접 넣기
잔–콜린스
장식–오렌지&체리

만드는 방법

1 쉐이커에 큐브 얼음을 5개 넣는다.
2 쉐이커에 사이다를 제외한 위의 재료를 차례대로 넣는다.
3 쉐이커를 12회 정도 흔든다.
4 잔에 큐브 얼음과 함께 붓는다.
5 잔에 사이다를 8부 채운다.
6 오렌지와 체리로 장식한다.

만드는 과정

Memo 살구의 달콤한 풍미는 여성들이 선호한다. 살구를 깨뜨려 핵이나 과육과 함께 발효시키고 증류하여 살구 브랜디를 만든다. 이것에 살구의 알코올 침출액이나 설탕 시럽, 여러 가지 향료를 가하여 제조한다.

망고 링고 Mango Lingo

망고의 달콤함과 오렌지의 풍미가 특징이
다.

만드는 재료

Mango Liqueur	30㎖
Vodka	15㎖
Cointreau	15㎖
Orange Juice	30㎖
Mango Juice	90㎖

기법-흔들기
잔-콜린스
장식-오렌지&체리

만드는 방법

1 쉐이커에 큐브 얼음을 5개 넣는다.
2 쉐이커에 위의 재료를 차례대로 넣
  는다.
3 쉐이커를 12회 정도 흔든다.
4 잔에 큐브 얼음과 함께 붓는다.
5 오렌지와 체리로 장식한다.

 만드는 과정

Memo 열대과일 망고는 섬유질이 많고 비타민과 카로틴이 풍부해 피부미용과 다이어트에 좋다.

붉은악마 Red Devil

산뜻한 허브향과 오렌지, 체리의 복합된
맛으로 정열의 붉은색이다.

만드는 재료

Dry Gin	20㎖
Cointreau	20㎖
Cherry Brandy	15㎖
Benedictine DOM	15㎖
Pineapple Juice	60㎖
Lime Juice	15㎖
Grenadine Syrup	10㎖

기법-흔들기
잔-콜린스
장식-오렌지&체리

만드는 방법

1 믹싱 잔에 큐브 얼음을 7개 넣는다.
2 믹싱 잔에 위의 재료를 차례대로 넣는다.
3 스핀들 믹서로 5초 정도 돌린다.
4 잔에 큐브 얼음과 함께 붓는다.
5 오렌지와 체리로 장식한다.

만드는 과정

Memo 한국 축구 국가대표팀을 응원하기 위해 1995년 12월에 축구팬들에 의해 자발적으로 결성된 응원단체이다. 2002년 한일 월드컵 당시 일렁이는 붉은 물결의 파도는 세계인에게 강한 인상을 남겼다.

블루 사파이어
Blue Sapphire

복숭아, 오렌지, 코코넛의 복합된 맛으로
푸른 하늘색의 사파이어 빛을 띤다.

만드는 재료

Peach Brandy	30㎖
Blue Curacao	15㎖
Malibu Rum	15㎖
Sweet & Sour Mix	30㎖
Cider	8부

기법-흔들기
잔-튤립
장식-파인애플&체리

만드는 방법

1 믹싱 잔에 큐브 얼음을 7개 넣는다.
2 믹싱 잔에 사이다를 제외한 위의 재료를 차례대로 넣는다.
3 스핀들 믹서로 3초 정도 돌린다.
4 잔에 큐브 얼음과 함께 붓는다.
5 잔에 사이다를 8부 채운다.
6 파인애플과 체리로 장식한다.

 만드는 과정

Memo 글라스의 크기에 따라 블루 큐라소의 양을 조절한다. 분말의 스위트 앤 사워 믹서는 3배 정도의 물에 희석시킨다. 원래는 레몬과 라임주스를 동량으로 섞은 후 약간의 설탕을 가미한 것이다.

비너스 Venus

달콤한 갈리아노와 살구 브랜디의 부드러운 향미가 섞인 맛이다.

만드는 재료

Crushed Ice	½컵
Apricot Brandy	30㎖
Galliano	15㎖
Sweet & Sour Mix	30㎖
Sugar Syrup	15㎖
Orange Juice	90㎖

기법–흔들기
잔–필스너
장식–오렌지&체리

만드는 방법

1 잔에 크러쉬 얼음을 ½컵 넣는다.
2 믹싱 잔에 큐브 얼음을 7개 넣는다.
3 믹싱 잔에 위의 재료를 차례대로 넣는다.
4 스핀들 믹서로 3초 정도 돌린다.
5 믹싱 잔에 스트레이너를 끼우고 큐브 얼음을 걸러서 잔에 붓는다.
6 오렌지와 체리로 장식한다.

 만드는 과정

Memo 설탕시럽은 냄비에 설탕과 물을 1 : 1로 넣고 끓인다. 끓어오르면 약한 불로 줄여서 절반 분량이 되도록 조리는데 이때 젓지 않는다. 불을 끄고 차갑게 식힌다.

프렌치 키스
French Kiss

사탕수수, 복숭아, 코코넛, 석류의 향과 맛이 복합되어 새콤한 첫 맛과 달콤한 뒷맛이 일품이다.

만드는 재료

Light Rum	15㎖
Malibu Rum	15㎖
Peach Brandy	15㎖
Grenadine Syrup	15㎖
Sweet & Sour Mix	60㎖
Cranberry Juice	60㎖

기법-흔들기
잔-콜린스
장식-오렌지&체리

만드는 방법

1 믹싱 잔에 큐브 얼음을 7개 넣는다.
2 믹싱 잔에 위의 재료를 차례대로 넣는다.
3 스핀들 믹서로 5초 정도 돌린다.
4 잔에 큐브 얼음과 함께 붓는다.
5 오렌지와 체리로 장식한다.

만드는 과정

Memo 럼의 발생지는 사탕수수의 보고(寶庫)인 카리브해의 서인도제도이다. 현재 사탕수수는 열대지방에서 널리 재배되어 그 고장마다 독특한 럼을 생산하고 있다.

보드카 선라이즈
Vodka Sunrise

푸른색은 하늘, 노랑과 붉은색은 일출의
분위기이다.

만드는 재료

Vodka	30㎖
Orange Juice	8부
Grenadine Syrup	15㎖
Vodka	15㎖
Blue Curacao	15㎖

기법–직접 넣기/띄우기
잔–허리케인
장식–없음

만드는 방법

1 잔에 큐브 얼음을 채운다.
2 잔에 보드카를 넣고, 오렌지주스를
  8부 채운다.
3 잔에 그레나딘시럽을 넣는다.
4 믹싱 잔에 큐브 얼음을 7개 넣는다.
5 믹싱 잔에 보드카와 블루큐라소를
  넣는다.
6 바 스푼으로 시계방향 3~4회, 위
  아래로 2~3회 휘젓는다.
7 잔 중앙에 바 스푼을 놓고, 천천히
  붓는다.

만드는 과정

Memo 믹싱 잔에 큐브 얼음, 보드카, 블루 큐라소 등을 넣고 휘저어 냉각시킨다.

프라이드 Pride

진의 향긋함과 말리부의 달콤함이 복합된 것으로 TGIF의 세계대회에서 우승한 작품이다.

만드는 재료

Dry Gin	30㎖
Malibu Rum	30㎖
Grenadine Syrup	15㎖
Sweet & Sour Mix	60㎖
Orange Juice	60㎖

기법-흔들기
잔-필스너
장식-오렌지&체리

만드는 방법

1 믹싱 잔에 큐브 얼음을 7개 넣는다.
2 믹싱 잔에 위의 재료를 차례대로 넣는다.
3 스핀들 믹서로 5초 정도 돌린다.
4 잔에 큐브 얼음과 함께 붓는다.
5 오렌지와 체리로 장식한다.

 만드는 과정

Memo 진은 옥수수, 보리맥아, 호밀 등의 곡류를 1회 증류한 후에 주니퍼베리를 비롯해 다양한 허브를 첨가해서 재증류한 술이다.

레인보우 Rainbow

술의 비중을 이용하여 서로 섞이지 않도록
띄운 5색주이다.

만드는 재료

Grenadine Syrup	5㎖
Creme de Cacao, Brown	5㎖
Creme de Menthe, Green	5㎖
Blue Curacao	5㎖
Galliano	5㎖
Brandy	5㎖

기법-띄우기
잔-리큐르
장식-없음

만드는 방법

1 잔에 먼저 그레나딘시럽을 넣는다.
2 위의 재료를 바 스푼의 뒷면에 순차
적으로 천천히 떨어뜨린다.
3 잔에 일정하게 6등분으로 띄운다.

 만드는 과정

Memo   술은 알코올 도수가 높고, 가당비율이 낮을수록 비중이 가볍다. 띄우기는 물기가 없는 바 스푼을 뒤집어 글라스 안쪽에 부착하고,
그 위에 술을 조금씩 떨어뜨려야 한다.

섹스 온 더 비치
Sex on the Beach

영화 '칵테일'로 널리 알려져 있고, 더운 여름철 갈증해소에 일품이다.

만드는 재료

Vodka	30㎖
Creme de Cassis	20㎖
Peach Brandy	20㎖
Pineapple Juice	60㎖
Cranberry Juice	60㎖

기법-흔들기
잔-허리케인
장식-오렌지&체리

만드는 방법

1 믹싱 잔에 큐브 얼음을 7개 넣는다.
2 믹싱 잔에 위의 재료를 차례대로 넣는다.
3 스핀들 믹서로 5초 정도 돌린다.
4 잔에 큐브 얼음과 함께 붓는다.
5 오렌지와 체리로 장식한다.

 만드는 과정

Memo 상큼한 맛. 붉은 빛깔의 크랜베리는 포도, 블루베리와 함께 북미에서 인기 있는 3대 과일로 꼽힌다.

칼루아 밀크
Kahlua Milk

커피, 우유가 혼합된 고소한 맛의 식후 칵
테일이다.

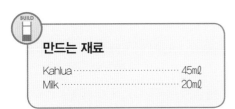

만드는 재료

Kahlua ································· 45㎖
Milk ································· 20㎖

기법-직접 넣기
잔-온더락
장식-없음

만드는 방법

1 잔에 큐브 얼음을 채운다.
2 잔에 칼루아와 우유를 차례대로 넣
  는다.
3 바 스푼으로 시계방향 3~4회, 위
  아래로 2~3회 휘젓는다.
4 휘젓지 않고 머들러를 제공하기도
  한다.

만드는 과정

Memo   커피리큐르는 커피가 생산되는 여러 나라에서 만들고 있다. 주요 제품으로 칼루아(Kahlua)와 티아 마리아(Tia Maria)가 있다.

카사노바 Casanova

붉은빛이 감도는 로맨틱한 분위기의 이미
지를 연상시킨 것이다.

만드는 재료

Light Rum	30㎖
Cherry Brandy	15㎖
Pinacolada Mixes	15㎖
Grenadine Syrup	15㎖
Pineapple Juice	90㎖

기법–흔들기
잔–튤립
장식–파인애플&체리

만드는 방법

1 믹싱 잔에 큐브 얼음을 7개 넣는다.
2 믹싱 잔에 위의 재료를 차례대로 넣
는다.
3 스핀들 믹서로 5초 정도 돌린다.
4 잔에 큐브 얼음과 함께 붓는다.
5 파인애플과 체리로 장식한다.

 만드는 과정

Memo 바카디 럼은 세계적으로 가장 지명도가 높은 제품의 하나로 꼽힌다. 가벼운 맛의 라이트 럼과 순한 풍미의 골드 럼 그리고 6년 숙성
한 헤비 럼이 있다.

엘도라도 El Dorado

살구, 오렌지, 사과의 복합된 맛으로 상큼
한 맛을 느끼게 한다.

만드는 재료

Blue Curacao	30㎖
Apricot Brandy	30㎖
Apple Juice	60㎖
Sugar Syrup	15㎖
Sweet & Sour Mix	60㎖
Cider	8부

기법-흔들기/직접 넣기
잔-콜린스
장식-오렌지&체리

만드는 방법

1 믹싱 잔에 큐브 얼음을 7개 넣는다.
2 믹싱 잔에 사이다를 제외한 위의 재
　료를 차례대로 넣는다.
3 스핀들 믹서로 3초 정도 돌린다.
4 잔에 큐브 얼음과 함께 붓는다.
5 잔에 사이다를 8부 채운다.
6 오렌지와 체리로 장식한다.

 만드는 과정

Memo 살구브랜디는 살구를 원료로 한 황갈색의 과실계 리큐르이다. 살구의 달콤한 풍미를 여성들이 선호한다.

선셋 크루즈
Sunset Cruise

향긋한 딸기와 오렌지 풍미가 조화로운 칵테일이다.

만드는 재료

Vodka	30㎖
Creme de Cassis	15㎖
Strawberry Liqueur	15㎖
Grenadine Syrup	15㎖
Cranberry Juice	30㎖
Sweet & Sour Mix	60㎖
Orange Juice	45㎖

기법-흔들기/직접 넣기
잔-튤립
장식-오렌지&체리

만드는 방법

1 쉐이커에 큐브 얼음을 5개 넣는다.
2 쉐이커에 오렌지주스를 제외한 위의 재료를 차례대로 넣는다.
3 쉐이커를 15회 정도 흔든다.
4 잔에 큐브 얼음과 함께 붓는다.
5 잔 중앙에 바 스푼을 놓고, 오렌지주스를 넣는다.
6 오렌지와 체리로 장식한다.

만드는 과정

Memo 크루즈를 타고 아름다운 저녁노을과 일몰의 경치를 담아내다.

제3장
음료의 특성 분석

제 3 장 음료의 특성 분석

학습목표

- ▣ 다양한 발효주의 특성을 설명할 수 있다.
- ▣ 다양한 증류주의 특성을 설명할 수 있다.
- ▣ 다양한 혼성주의 특성을 설명할 수 있다.
- ▣ 다양한 전통주의 특성을 설명할 수 있다.

제1절_ 발효주

알코올 발효가 끝난 술을 직접 또는 여과하여 마시는 것이다. 원료 자체에서 우러나오는 성분을 많이 가지고 있다. 와인과 맥주가 여기에 속한다.

1. 와인(Wine)

와인은 포도를 으깨서 나온 즙을 발효시켜 만든다. 효모의 작용으로 포도의 당분에 알코올이 생성되어 술이 만들어진다. 와인은 수분이 대부분(85% 정도)이고, 알코올이 8~13%이며, 나머지는 당분, 유기산, 비타민, 미네랄, 폴리페놀 등으로 구성되어 있다.

와인에 함유되어 있는 수분은 포도나무 뿌리가 땅속의 여러 지층으로부터 영양분을 빨아올린 것이다. 와인 한 병(750㎖)을 만드는 데 사용되는 포도의 양은 대개 1㎏ 정도이다. 포도를 으깨 즙을 만드는 과정에서 껍질과 씨의 찌꺼기로 20% 정도가 빠져나가고, 발효 및 숙성, 여과 과정에서 5%가 없어진다. 따라서 와인 한 병을 마시는 것은 포도 1㎏을 먹는 것과 같다.

와인의 품질을 결정하는 것은 포도나무가 자라는 환경요인인

발효주(Wine)

테루아(Terroir)[1]와 그러한 풍토에서 얻어지는 포도의 품종, 즉 빈티지(Vintage)[2], 그리고 와인의 양조방법이라 할 수 있다. 이에 따라 나라마다, 지방마다 와인의 맛과 향이 다르다. 영어로 와인(Wine), 프랑스어로 Vin(뱅), 이탈리아어로 Vino(비노), 독일어로 Wein(바인)이라고 한다.

1) 포도 품종

와인의 원료가 되는 포도는 품종에 따라 고유한 맛과 향, 색을 갖고 있다. 와인을 만들기에 적합한 포도는 50여 종류이며 대부분은 유럽계 품종이다. 식용포도로도 와인을 만들 수 있지만 양질의 와인이 되지는 못한다. 양조용 포도는 신맛과 당도가 높으며, 알이 작고, 향과 맛 성분이 농축되어 있어 와인 만들기에 적합하다. 포도는 색깔에 의해 적포도와 청포도로 나뉜다.

(1) 적포도 품종

포도의 빛깔이 검은 포도를 말한다. 포도껍질에 안토시아닌 색소와 타닌 성분이 함유되어 있다. 이것이 와인에 붉은색과 떫은맛을 부여한다. 대표적인 적포도 품종은 다음과 같다.

적포도 품종의
카베르네 소비뇽

① 카베르네 소비뇽(Cabernet Sauvignon)

세계 각지에서 재배되며 성장력이 강해 포도의 왕이라 불린다. 자갈 많은 토양과 고온 건조한 기후에 잘 적응한다. 포도의 껍질이 두껍고, 묵직한 느낌을 준다. 포도 알이 적고, 촘촘하며 과즙이 풍부하다. 이러한 특징으로 인하여 진한 색상과 타닌의 맛이 강한 것이 특징인데 장기 숙성 후에는 부드러워진다. 이 품종으로 만든 와인에서는 블랙커런트향, 체리향, 삼나무향을 느낄 수 있다. 와인의 색이 진하고 강한 적색에서 숙성함에 따라 짙은 홍색으로 변해간다. 치즈나 소고기, 양고기와 잘 어울린다.

---

1) 포도 재배에 영향을 미치는 환경으로 토양, 기후, 강수량, 일조량, 풍향 등의 자연조건을 말한다.
2) 빈티지(Vintage)는 와인을 제조하기 위해 포도를 수확한 연도를 말한다. 기후 조건이 매년 다르기 때문에 빈티지에 따라 포도의 품질도 달라진다.

② 피노 누아(Pinot Noir)

프랑스의 부르고뉴와 샹파뉴 지역에서 주로 재배되는 품종이다. 부르고뉴에서는 레드와인 양조에 사용되나, 화이트와인은 샴페인 양조에 사용된다. 최근에는 캘리포니아, 칠레 등지에서도 재배된다. 기후 변화에 민감해 재배하기 가장 까다로운 품종이다. 포도의 색은 짙은 붉은색이나 와인이 되면 엷고 맑은 색을 낸다.

껍질은 얇고, 타닌 함량이 적으며, 산도가 높다. 상큼한 라즈베리, 딸기, 체리 등의 과일향이 난다. 숙성이 진행됨에 따라 부엽토, 버섯 등 흙 내음이 난다. 모든 육류요리와 잘 어울리고, 붉은 살의 참치나 연어와 같은 생선요리에도 잘 어울린다.

③ 메를로(Merlot)

세계 각지에서 재배되며 포도 알이 크고, 껍질이 얇기 때문에 상처 나기 쉬워 재배가 어려운 결점이 있다. 타닌 함량이 적고 순한 맛이 특징으로 현대인의 입맛에 잘 맞는다. 서양자두(Plum)와 같은 과일향이 풍부하다. 프랑스의 보르도 지방에서는 카베르네 소비뇽과 혼합하여 와인을 만든다. 최근에는 단일품종으로 만든 와인이 인기가 높다. 와인색은 진한 적색으로 숙성됨에 따라 벽돌색으로 변한다. 모든 요리와 잘 어울린다.

④ 쉬라/쉬라즈(Syrah/Shiraz)

이 품종은 척박한 땅에서 잘 자라며 포도 알이 약간 크고 송이도 길다. 타닌이 풍부하여 개성이 강한 와인을 생산한다. 기온이 높은 곳에 적합한 품종으로 검은빛의 진한 적색을 띠며 알코올 도수가 높다. 나무딸기, 블랙커런트향의 과일향기와 향신료, 가죽냄새로 표현되는 야성적인 향기가 특징이다. 향이 강한 음식과 매콤한 우리나라 음식에도 잘 어울린다.

⑤ 가메(Gamay)

포도껍질이 얇아 흠이 생기기 쉽고 과일향이 강하며, 타닌이 적은 편이다. 가벼운 레드와인 양조에 이용하는데, 햇와인으로 유명한 보졸레 누보에 쓰이는 품종이다. 오랫동안 보관하지 않고 단기간에 마셔야 깔끔하고 풍부한 과일향을 느낄 수 있다. 와인의 색은 자색을 띤 적색이다. 가벼운 모든 음식과 잘 어울린다.

⑥ 네비올로(Nebbiolo)

이탈리아의 적포도 품종 중 가장 많이 재배되는 품종으로 이탈리아의 카베르네 소비뇽이라 불린다. 당분함량이 많고 알코올 도수가 높으며, 산도가 비교적 높은 편이다. 장기 숙성 후 장미향과 체리향, 허브향, 초콜릿향 등의 풍미가 있다. 맛이 진하고 무게감 있는 와인을 만드는 데 사용된다. 와인의 색이 검은색에 가까운 진한 적색을 띤다. 붉은 살 육류의 소고기, 양고기에 잘 어울린다.

⑦ 진판델(Zinfandel)

미국 캘리포니아의 대표적인 포도 품종이다. 적포도 품종이지만 화이트와인, 로제와인, 레드와인에 이르기까지 다양하게 사용한다. 자두, 블랙베리, 향신료, 흙 내음 그리고 블러시와인(Blush Wine)[3]에서는 딸기향을 느낄 수 있다. 맛이 강하고 진하며, 타닌이 많다. 향신료와 블랙베리의 맛이 난다. 와인은 장밋빛에서 검붉은색까지 여러 가지 색을 띤다. 바비큐, 기름진 요리를 비롯한 대부분의 음식과도 잘 어울린다.

(2) 청포도 품종

청포도는 약간 서늘한 성장환경이 필요하다. 포도나무가 자라면서 적절히 신맛이 배합된 포도가 신선한 맛의 화이트와인을 만들 수 있기 때문이다. 대표적인 청포도 품종을 살펴보면 다음과 같다.

청포도 품종의 샤르도네

① 샤르도네(Chardonnay)

세계 각지에서 재배되며 청포도의 대표적인 품종이다. 시원한 기후를 좋아하며, 껍질과 과육의 분리가 잘 안 된다. 사과나 감귤류와 같은 과일의 향기를 느낄 수 있고, 오크통 속에서 숙성된 것은 바닐라향이 난다. 와인의 맛은 신맛과 깊은 맛이 조화를 이루고, 고급 와인일수록 숙성에 의해 깊은 맛이 더해진다. 와인의 색은 양조자와 생산지에 따라 다양하다. 흰 살 육류인 치킨, 오리고기를 비롯한 굴, 조개류와도 잘 어울린다.

---

3) 레드품종인 진판델을 화이트와인 양조법으로 만든 것이다. 즉 포도를 압착하여 주스를 짜는데 이때 흘러나온 과피의 붉은색이 남아 분홍빛을 띤 와인이다. 그래서 화이트 진판델을 블러시와인이라고도 한다.

② 리슬링(Riesling)

독일의 대표적인 화이트와인용 품종으로 추위에 강하고 수확이 늦다. 껍질이 얇고 연녹색을 띤 드라이한 맛부터 달콤한 아이스바인까지 다양한 맛의 와인을 생산한다. 현재는 세계 여러 나라에서 재배되고 있지만 기후조건에 따라 와인의 성격이 다르다. 산도와 당도가 매우 균형있게 조화를 이루어 최고의 드라이하고 상큼한 맛을 낸다. 사과향과 상큼한 라임(Lime)향이 일품이고, 숙성이 진행됨에 따라 벌꿀향과 더불어 복합적인 향기가 더해진다. 훈제한 생선, 게요리, 매콤한 우리나라 음식과도 잘 어울린다.

③ 소비뇽 블랑(Sauvignon Blanc)

세계 각지에서 재배되며 산도가 높아 신선하고 상쾌한 향기 그리고 향신료, 풀 향기의 풋풋함이 넘치는 독특한 개성을 갖고 있다. 또한 스모키(Smoky)라고 표현하는 연기향도 섞여 있다. 미국에서는 퓌메 블랑(Fume Blanc)이라 불리고 있다. 적당한 신맛의 과일향을 느낄 수 있으며, 드라이한 맛에서 단맛이 나는 것까지 그 종류가 다양하다. 푸른 빛을 띤 담황색의 와인이 많으며 생산요리, 해산물과 잘 어울린다.

④ 세미용(Semillon)

껍질이 얇아 귀부포도[4]가 되는 특이한 품종으로 와인을 만들면 매우 달콤하면서 벌꿀향, 바닐라향, 무화과향이 느껴진다. 드라이한 맛은 감귤계의 향기가 느껴지고 숙성되면서 황색이 황금색으로 바뀌지만 귀부와인은 갈색으로 변한다. 드라이한 와인은 생선구이, 닭고기요리로, 스위트와인은 디저트와인으로 적합하다.

⑤ 게뷔르츠트라미너(Gewürztraminer)

'게뷔르츠'는 장미와 같은 감미로운 꽃향기와 계피, 후추 등의 향신료향이 느껴진다. 황색을 띤 연한 녹색으로 드라이한 맛부터 스위트한 맛까지 다양한 와인이 만들어진다. 독일과 프랑스의 알자스 지역에서 주로 재배되며, 상당히 긴 일조량이 요구되어 알코올 도수가 높고, 장기 숙성이 가능하다. 향신료를 많이 사용하는 요리와도 잘 어울린다.

---

4) 곰팡이(Brytis Cinerea)에 의해 썩은 포도이다. 이 곰팡이는 포도의 표면에 부착되면 당을 분해하지 않고 과피를 보호하는 피막을 녹여 과즙의 수분증발을 촉진시킨다. 이에 따라 당분이 농축되어 매우 달고 독특한 풍미를 갖는 스위트한 와인이 된다.

2) 와인의 분류

와인은 분류하는 기준에 따라 다양하게 나눌 수 있다. 주로 제조방법이나 와인의
색, 당도, 무게, 식사코스 등에 따라 분류하고 있다. 구체적으로 살펴보면 다음과 같다.

(1) 제조법에 의한 구분

와인은 제조법에 따라 4종류가 있다. 탄산의 유무에 따라 비발포성(스틸) 와인과 발포
성(스파클링) 와인으로 나뉘고, 알코올 도수를 높인 주정강화와인과 향기를 더해준 가
향와인 등이 있다.

① 비발포성 와인(Still Wine)

비발포성 와인은 포도의 즙이 발효되는 과정에서 발생하는 탄산가스를 완전히 제거
한 와인이다. 포도의 품종과 양조방법에 따라 색이 달라지며 화이트, 레드, 로제와인이
있다.

② 발포성 와인(Sparkling Wine)

발포성 와인은 비발포성(스틸) 와인에 설탕과 효모를 첨가해 2차 발효시켜 탄산가스
를 생성, 거품이 나게 한 와인이다. 프랑스의 샴페인, 이탈리아의 스푸만테(Spumante), 스
페인의 카바(Cava), 독일의 젝트(Sekt) 등이 여기에 속한다.

③ 주정강화와인(Fortified Wine)

주정강화와인은 스틸와인에 브랜디를 첨가해 알코올 도수(16~20%)와 보존성을 높인
와인이다. 스페인의 쉐리(Sherry), 포르투갈의 포트(Port)와 마데이라(Madeira)가 있으며,
이것은 세계 3대 주정강화와인이다. 드라이한 맛과 단맛을 지닌 것 등 여러 종류가 있다.

④ 가향와인(Flavored Wine)

가향와인은 스틸와인에 약초, 과즙, 감미료 등을 첨가해 독특한 향기를 낸 와인이다.
이탈리아의 벌무스(Vermouth), 프랑스의 두보넷(Dubonnet) 등이 있다. 벌무스는 식전주
로서 스틸와인에 여러 가지 허브를 넣은 것으로 드라이 벌무스(Dry Vermouth, 드라이한
맛)와 스위트 벌무스(Sweet Vermouth, 단맛)가 있다.

(2) 색에 의한 구분

와인은 색에 따라 크게 3가지로 구분된다. 사용하는 포도 품종과 제조법에 따라 화이트(White), 레드(Red), 로제(Rose) 와인 등으로 나뉜다. 구체적으로 살펴보면 다음과 같다.

① 레드와인

레드와인은 적포도를 사용해 만든다. 적포도의 껍질과 씨를 통째로 발효시킴으로써 타닌과 색소가 추출되어 떫은맛을 내고 붉은색을 띠게 된다.

② 화이트와인

화이트와인은 적포도와 청포도를 사용해서 만든다. 포도를 압착한 후 껍질과 씨를 분리시켜 나온 과즙만으로 발효시킨다. 포도의 껍질과 씨를 사용하지 않고 만들기 때문에 떫은맛이 없고, 상큼한 신맛의 흐루티한 감촉이 매력이다.

③ 로제와인

핑크빛의 로제와인은 적포도를 사용해서 만든다. 적포도의 껍질과 씨를 모두 사용해 레드와인과 같은 방법으로 발효시킨다. 발효가 어느 정도 진행되고, 발효액이 원하는 색을 띠게 되면 껍질과 씨를 분리해 과즙만으로 발효시켜 만든다.

와인의 양조과정				
레드와인	화이트와인	로제와인	발포성 와인	주정강화와인
수확	수확	수확	수확	수확
파쇄	파쇄	파쇄	파쇄	파쇄
1차 발효	압착	1차 발효 (발효 중 껍질 제거)	압착	압착
압착 (껍질과 씨 제거)	포도주스	압착	1차 발효	발효
2차 발효	발효	2차 발효	병입 (효모, 당분 첨가)	통숙성
앙금 분리	앙금 분리	앙금 분리	2차 발효	브랜디 첨가
숙성	숙성	숙성	숙성	숙성
병입	병입	병입	앙금 분리	여과 혼합 숙성
병숙성	병숙성	병숙성	코르크 마개 밀봉 및 철사 두르기	병입
출하	출하	출하	출하	출하

(3) 당도에 의한 구분

와인은 당도에 따라 크게 4가지로 구분한다. 단맛이 거의 느껴지지 않는 드라이한 맛부터 오프 드라이, 세미 스위트, 스위트 등으로 구분한다. 이를 살펴보면 다음과 같다.

① 드라이(Dry)

드라이는 '달지 않다'는 뜻으로 와인에서 거의 단맛이 느껴지지 않는 상태를 말한다. 일반적으로 레드와인은 대부분 드라이한 경향이 있다. 화이트와인은 색이 옅을수록 드라이한 맛을 띤다. 프랑스의 보르도, 부르고뉴와 이탈리아의 토스카나, 피에몬테의 레드와인 등은 드라이한 편이다.

② 오프 드라이(Off Dry)

드라이한 맛의 와인에 속하지만, 과일향이 풍부하거나 부드러운 풍미로 인해 와인이 덜 드라이하게 느껴지는 경우이다. 대부분 캘리포니아, 호주에서 만들어지는 샤르도네 품종의 화이트와인과 메를로, 진판델, 쉬라즈 품종의 가벼운 레드와인이 해당된다.

③ 세미 스위트(Semi Sweet)

부드러운 단맛이 약간 느껴지지만 무겁거나 진하지 않은 정도의 감미가 있는 와인이다. 주로 가벼운 화이트, 로제, 스파클링 등에 많다. 독일의 카비네트, 슈페트레제, 이탈리아 모스카토 품종의 화이트나 스파클링, 프랑스의 로제당주, 미국의 화이트 진판델 등이 대표적이다.

④ 스위트(Sweet)

와인에서 매우 단맛이 나는 것으로, 레드보다는 화이트와인이 많다. 대개 짙은 노란 빛을 많이 띤다. 단맛은 포도즙 내 당분이 완전 발효되지 않고 남게 되는 잔당(殘糖)에 의해 느껴진다. 프랑스의 소테른, 독일과 캐나다의 아이스와인, 독일의 트로켄베렌-아우스레제, 헝가리의 토카이, 신세계와인의 레이트 하비스트(Late Harvest) 등이 있다.

(4) 무게에 의한 구분

입안에서 느껴지는 와인의 무게감이나 맛의 점성도, 농도 혹은 질감의 정도로 구분하는 것이다. 이러한 와인 전체 맛의 무게를 보디(Body)라고 한다. 보디가 있는 와인이란 당분이나 다른 여러 성분 및 알코올 모두를 충분히 함유하고 있다는 것을 의미하며, 이는 크게 3가지로 나뉜다.

와인의 품질(Wine's Quality)

① 라이트 보디와인(Light Bodied Wine)

와인이 입안에서 매우 가볍게 느껴지는 맛으로 생수보다 약간의 무게감이 있는 정도이다. 단기간 숙성시켜서 양조한 보졸레 누보의 햇와인이나 국산 포도 품종으로 만든 와인이 대표적이다.

② 미디엄 보디와인(Medium Bodied Wine)

산도나 타닌, 알코올, 당도 등의 요소가 어느 정도 입안에 무게감을 주는 것으로 진한 과일주스의 무게감 정도이다. 중간적인 무게감을 나타내는 표현이다.

③ 풀 보디와인(Full Bodied Wine)

전반적인 모든 맛의 요소가 풍부하고 강하게 느껴지며, 입안이 꽉 차는 듯한 풍만한 느낌과 묵직한 무게감에 해당된다. 일반적으로 알코올 도수가 높거나, 당분이 많은 경우 또는 타닌이 풍부할수록 묵직하게 느껴진다.

(5) 식사코스에 의한 구분

식사를 할 때 언제 와인을 마실 것인가에 따라 그 종류를 구분할 수 있다. 이는 식사 전과 후, 그리고 식사 도중에 마시는 와인으로 나눌 수 있다. 이와 같이 와인은 여러 가지 음식들과 궁합을 맞추고, 다양한 용도로 마실 수 있다.

① 식전주(Aperitif Wine)

식사 전에 식욕을 돋우기 위해 마시는 와인이다. 전채요리와 함께 마시거나 식전에 위를 자극, 위액을 분비시켜 입맛을 돋우기 위해 마시는 와인이다. 드라이 쉐리와인이나 벌무스 등이 적합하다.

② 식중주(Table Wine)

식사하면서 음식의 맛을 한층 더 돋보이게 하는 역할을 한다. 주요리에 맞추어 음식과 잘 조화를 이루는 와인을 선택해야 한다. 일반적으로 화이트와인은 생선, 레드와인은 육류요리가 잘 어울린다.

③ 식후주(Dessert Wine)

식후주로 적절한 와인은 대부분 당도가 높은 스위트 와인이다. 식사를 마친 후 케이크나 떡과 같은 디저트와 곁들이면 좋다. 비교적 알코올 도수가 높은 단맛의 포트와인(Port Wine)이 적합하다.

식사용도에 따른 와인의 분류

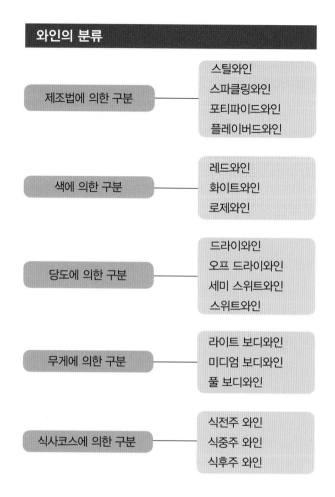

3) 와인서비스(Wine Service)

와인은 식사의 질을 높이고, 분위기를 살려주는 것으로 풍부한 상품지식과 최고의 서비스를 필요로 한다. 와인은 음식이 결정된 후에 주문을 받고 훌륭한 식사가 될 수 있도록 조화롭게 서비스한다. 먼저 주문한 와인을 저장고(Cellar)에서 가져와 와인 병의 상표를 호스트(Host)에게 보여드린다. 호스트는 라벨(Label)을 주의 깊게 살펴 주문한 와인이 맞는지 확인한다. 이 절차가 끝나면 코르크 마개를 뽑아 호스트에게 건네준다. 호스트는 코르크 마개가 젖었는지 확인하고 향을 맡는다. 와인의 보관상태를 확인하기 위한

와인서비스의 흐름도

와인 주문

⇩

와인 라벨 확인

⇩

와인 오픈

⇩

와인 테이스팅

⇩

여성 ⇨ 남성 ⇨ 호스트 순서

것이다. 와인 테이스팅(Wine Tasting)은 호스트가 초대한 고객에게 품질이 낮은 와인을 내놓지 않기 위해 와인의 맛을 확인하는 절차이지, 와인을 감정하고 평가하는 것이 목적이 아니다. 또한 와인 테이스팅은 여성보다 남성이 하는 것이 예의이다. 레스토랑에서 와인을 글라스에 가득 채우는 것을 흔히 볼 수 있는데, 와인은 공기와 충분히 접촉하여 더욱 깊어지는 풍미를 느낄 수 있어야 한다. 따라서 와인은 조금씩 자주 마시는 것을 원칙으로 하기 때문에 대체로 글라스의 반이 표준이다. 와인서비스는 시계방향으로 레이디 퍼스트(Ladies First)가 예의이다.

(1) 스틸와인

- 1단계

와인을 테이블 위에 올려놓고 호일커터를 이용하여 캡슐을 제거한다. 화이트와 로제 와인의 경우 와인 쿨러(Wine Cooler) 안에서 하기도 한다.

- 2단계

코르크스크루의 스핀들(Spindle) 끝을 코르크의 중앙에 수직으로 찔러 넣는다. 코르크스크루가 수직이 된 상태에서 코르크 끝부분 직전까지 들어가도록 돌린다.

- 3단계

코르크를 병목까지 가볍게 천천히 빼낸다. 코르크가 거의 다 나왔을 즈음에 코르크 스크루를 돌려서 먼저 빼낸 후, 손가락으로 코르크 마개를 잡고 천천히 돌리면서 빼낸다. 그리고 빼낸 코르크 마개는 호스트에게 드린다.

(2) 스파클링와인

- 1단계

캡슐의 절취선을 따라 잡아당기면서 캡슐을 제거한다.

- 2단계

스파클링와인의 병을 위쪽 안전한 곳으로 향하게 하여 45도 정도 기울인다. 그리고 엄

지손가락으로 코르크 마개를 누른 채 철사 줄을 풀어서 제거한다.

- 3단계

한 손은 병목을 잡고 다른 한 손은 코르크 마개를 가볍게 돌리면서 코르크 마개를 살짝 빼낸다. 이때 병 안은 탄산가스에 의해 압력상태에 있기 때문에 코르크 마개가 튀어나가지 않도록 조심스럽게 천천히 빼내야 한다. 특히 '펑' 소리가 나거나 거품이 병 밖으로 흘러나오지 않도록 주의한다.

(3) 와인 제공

와인을 안전하게 따르기 위해 가능한 한 와인 병의 무게 중심이 되는 곳을 잡고 천천히 따른다. 이때 와인 라벨은 항상 위쪽을 향하도록 한다. 단계별로 살펴보면 다음과 같다.

- 1단계

와인 병의 가운데를 잡고 잔 테두리의 1/3 되는 위치에서 살짝 기울인다.

- 2단계

와인 병을 잔 위로 1㎝ 정도 든 다음에 천천히 따른다. 잔의 1/3 정도까지 와인을 따르는 것이 좋다.

- 3단계

와인을 따른 후 와인이 테이블에 떨어지는 것을 방지하기 위하여 병을 살짝 돌리면서 천천히 들어 올린다.

① 잔의 선택

와인의 색, 향, 맛을 충분히 감상하기 위해서는 투명한 유리가 좋고, 향기가 잔 안에 오래 머물 수 있도록 잔의 테두리가 보디(Body)보다 좁은 튤립형태가 되어야 한다. 와인 잔을 들 때에는 손의 온기가 와인에 전달되지 않도록 줄기(Stem)가 있는 잔이 좋다.

② 적정온도

적정한 온도는 적절한 글라스를 선택하는 것과 마찬가지로 매우 중요하다. 와인도 최상의 맛을 내는 적정온도가 있는데 이를 살펴보면 다음과 같다.

와인 제공 시 적정온도			
드라이 화이트와인	8~12℃	스파클링와인	5~8℃
미디엄 드라이 화이트와인	5~10℃	조기 숙성한 레드와인	10~12℃
스위트 화이트와인	5~8℃	미디엄 보디 레드와인	13~15℃
로제와인	5~8℃	풀 보디 레드와인	15~18℃

　　레드와인은 낮은 온도에서 마시면 타닌의 떫은맛이 강하게 느껴지고, 높은 온도에서는 흐루티한 맛이 없어진다. 그래서 시원할 정도의 온도에서 마셔야 맛있게 느껴진다. 화이트와인은 차게 마셔야 신맛이 억제되고, 신선한 맛이 강조된다. 또한 스위트한 맛일수록 낮은 온도의 것이 맛있게 느껴진다. 로제와인과 스파클링와인도 화이트와인처럼 차게 마셔야 맛있게 느껴진다.

③ 디캔팅

　　디캔팅(Decanting)이란 병 속에 있는 와인을 바닥이 넓고 병목이 긴 투명한 유리나 크리스털 병으로 옮겨 담는 것을 말한다. 디캔팅하는 목적은 2가지이다. 먼저, 오랫동안 병 속에 갇혀 있던 와인을 공기와 접촉시켜 와인의 맛과 향을 증진시키기 위해서이다. 이러한 절차를 브리딩(Breathing)이라 한다.

디캔팅 서비스

브리딩이 모든 와인에 적용되는 것은 아니다. 타닌의 거친 맛이 강한 레드와인은 마시기 1시간 전이 가장 좋다. 그러나 풍부한 과일향을 가진 레드와인이나 섬세한 화이트와인은 신선한 맛이 줄어들 수 있으므로 마시기 직전에 오픈하여 브리딩한다. 또 다른 이유는 와인 병 내에 생긴 침전물을 분리시키기 위해서이다. 침전물은 와인 속의 타닌이나 색소성분 등이 결정화된 것으로 양조과정에서도 생기지만 병입한 후에도 천천히 나타난다. 주로 장기숙성된 고품질 레드와인에서 나타나며, 화이트와인은 침전물이 거의 없기 때문에 디캔팅을 하지 않아도 된다.

4) 와인 관리(Wine Storage)

와인은 병 속에서도 계속 숙성하므로 보관하는 환경이 좋지 않으면 맛의 균형을 잃게 된다. 와인이 좋아하는 환경은 온도 변화가 적고, 적당한 습기가 있으며, 빛이 들어오지 않는 어두운 장소이다. 진동과 냄새가 없는 곳도 좋은 환경의 조건이 된다. 마지막으로 와인은 수평으로 보관하는 것이 바람직하다. 와인을 눕혀서 보관하면 코르크가 팽창하여 미세한 호흡이 이루어지기 때문에 와인의 숙성에 도움이 된다. 그러나 와인을 세워두면 코르크 마개가 건조, 수축하여 틈이 생기고 외부의 많은 공기와 접촉하여 산화되며, 유해한 미생물이 침입하여 부패할 우려가 있다.

① 온도

와인은 온도변화가 크면 쉽게 변질된다. 와인의 보관에 적합한 온도는 10~15℃ 정도이다. 온도가 높으면 빨리 숙성되어 변질되기 쉽고, 온도가 너무 낮으면 숙성을 멈춘다.

와인숍(Wine Shop)

② 습도

와인에 적당한 습도는 70% 정도이다. 습도가 높으면 곰팡이가 생겨 와인의 외관에 문제가 생긴다. 습도가 낮으면 코르크가 건조해져 미생물이 침투하기 쉬워진다.

③ 빛

와인은 어두운 곳에 보관하는 것이 가장 좋다. 형광등 빛이나 햇빛은 와인의 질을 떨어뜨린다. 빛에 오랜 시간 노출되어 자외선을 많이 쪼이게 되면 와인 속에 있는 여러 성분이 화학반응을 일으킬 가능성이 높다. 또한 와인의 수면에 영향을 미쳐 와인 고유의 맛을 잃어버릴 수가 있다.

④ 진동 및 냄새

진동이나 냄새의 영향을 받지 않는 곳에 와인을 보관해야 한다. 병에 진동이 가해지면 숙성속도가 빨라져 질의 저하를 초래한다. 또 와인을 냄새나는 것과 함께 두면 와인이 냄새를 흡수해 와인의 독특한 향기가 사라진다.

5) 세계의 와인

세계 여러 나라의 각 지방에서는 수십만 가지의 와인이 생산되고 있다. 유럽은 여름에 건조하고 겨울은 춥지 않은 지중해성 기후로 포도 재배에 최적의 조건이다. 그래서 위도 가 높은 독일은 화이트와인을 주로 만들고, 프랑스, 이탈리아, 스페인 등은 레드와인의 품질이 좋다. 유럽 대륙에서 생산되는 와인을 구세계 와인이라 한다. 반면 미국이나 남 미, 호주 등에서 생산되는 와인을 신세계 와인이라 하여 구분을 한다. 와인의 주요 산지 를 국가별로 분류하여 지리적 위치와 전통, 특색, 품질기준 등을 살펴보면 다음과 같다.

(1) 프랑스 와인

프랑스는 세계 와인의 기준이 되는 국가이다. 프랑스의 각 지역은 서로 다른 기후와 토양조건에 따라 전통적인 생산방식을 이어오고 있다. 또한 사용하는 포도 품종이나 양 조방법이 정해져 있어서 상표에도 품종을 표시하지 않고 생산지명과 등급을 표시하는 경우가 많다.

프랑스 정부는 1935년에 와인의 품질을 유지, 발전시키기 위하여 AOC법을 제정하여 시행하고 있다. 이 법에 따라 프랑스 와인등급은 다음의 4가지로 구분된다.

AOC 〉 VDQS 〉 VdP 〉 VdT

프랑스의 주요 와인산지

프랑스 와인의 등급

최상급 와인/Appellation d'Origine Controlee/AOC

AOC와인은 법률로 규제된 원산지, 포도 품종, 포도 재배방법, 양조방법 등의 각종 기준을 모두 만족시킨 것이다. 라벨에 Appellation d'Origine Controlee(아펠라시옹 도리진 콩트롤레)라는 글자와 산지명이 적혀 있다. 프랑스 와인의 명칭은 대부분 생산지나 포도원의 이름을 사용하는데, 지역범위가 작아질수록 규제가 엄격하여 품질 좋은 와인이 생산된다(지방→지구→마을→포도밭).

상급 와인 / Vin Delimites de Qualite Superieure/ VDQS

VDQS는 AOC만큼 그 기준이 엄격하지는 않지만 역시 법률에 의한 기준을 통과한 와인이다. 보통 AOC로 승격하기 위한 단계의 상급와인이다.

지방 와인 / Vins de Pays(뱅 드 페이)/ VdP

프랑스 특정지역에서 생산되는 와인으로, 그 지역의 특색을 가장 잘 나타내준다. 따라서 다른 지역의 포도를 섞으면 안 된다. 생산지 명칭을 사용할 수 있는 지방와인이다.

테이블 와인 / Vins de Table(뱅 드 타블)/ VdT

일반 대중 소비용 와인으로 프랑스 여러 지방의 포도를 섞어 만든다. 이에 따라 와인 원산지와 수확연도를 표기하지 못한다.

프랑스는 주요 와인산지들이 전국에 고루 분포하고 있지만 주로 북쪽에서는 화이트와인과 발포성 와인이 생산되며, 남쪽에서는 레드와인이 생산되고 있다. 주요 와인산지는 보르도(Bordeaux), 부르고뉴(Bourgogne), 론(Rhone), 루아르(Loire), 알자스(Alsace), 샹파뉴(Champagne) 등이 있다.

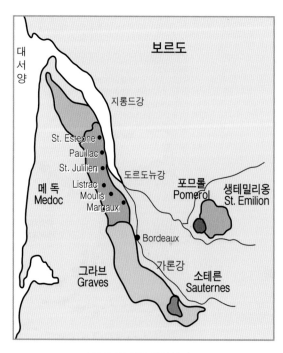

보르도의 주요 와인산지

프랑스의 주요 와인산지	
산지	와인
보르도(Bordeaux)	레드와인과 스위트 화이트와인
부르고뉴(Bourgogne)	레드와인과 드라이 화이트와인
론(Rhone)	레드와인
알자스(Alsace)	드라이 화이트와인
루아르(Loire)	드라이 화이트와인과 로제와인
샹파뉴(Champagne)	샴페인

① 보르도 지방

세계적인 와인의 도시 보르도는 프랑스의 남서부 대서양의 연안에 위치하고 있다. 지롱드강 하구와 가론강 그리고 도르도뉴강 유역을 중심으로 발달한 와인산지이다. 기후와 토양조건이 포도 재배에 적합하고, 항구를 끼고 있어 와인의 양조와 판매에 좋은 조건을 가지고 있다. 역사적으로는 8세기 때부터 영국과의 교역을 통해 이 지역의 와인이 세상에 알려지기 시작했다.

포도 재배 및 양조시설을 갖춘 포도원
(Chateau)의 전경

보르도 지방은 전통적으로 2종류 이상의 포도 품종을 적당한 비율로 섞어 와인을 만드는데 지역마다 주품종이 약간씩 다르다. 레드와인은 타닌이 풍부한 카베르네 소비뇽과 순한 맛의 메를로가 주로 사용된다. 보조 품종으로 카베르네 프랑, 프티 베르도, 말벡이 사용된다. 화이트와인은 소비뇽 블랑, 세미용이 주품종이며, 뮈스카델이 보조품종으로 사용된다. 묵직한 느낌의 풀 보디 레드와인의 맛은 카베르네 소비뇽 덕분이라 할 수 있다.

보르도 지방은 '샤토(Chateau)'라는 이름의 포도원이 많다. 원래 사전적 의미로는 중세기 때 지어진 '성(城)'을 뜻하지만, 와인과 관련해서는 포도밭과 양조시설 그리고 저장고 등의 '와인 생산설비를 갖춘 포도원'을 의미한다. 샤토에서 병입한 와인은 "Mis en Bouteilles au Chateau"라는 문장이 상표에 표기된다. 보르도 지방에는 수천 개의 샤토가 있다.

보르도 지방의 와인산지는 다시 몇 개의 작은 지구로 나누어지는데 여기에는 메독, 그라브, 소테른, 생테밀리옹, 포므롤 등이 있다. 이 지역 와인이 우리나라 수입와인 중 가장 많은 비중을 차지하고 있다. 보르도 와인의 특징을 살펴보면 다음과 같다.

보르도 와인의 특징			
지구	부지구	마을	와인의 특징
메독 (Medoc)	바메독		• 바메독(Bas Medoc, 지대가 낮은)지구는 일상적으로 마시는 평범한 와인이 주로 생산된다. 바메독은 보통 메독으로 표기한다.
	오메독		• 오메독(Haut Medoc, 지대가 높은)지구는 4개의 작은 마을(Commune)에서 양질의 와인이 생산되고 있다.
		생테스테프 (Saint- Estephe)	• 오메독의 가장 북쪽에 있으며, 토질은 다른 마을에 비해 점토질이 많다. 그래서 색상이 진하고 과일이 농축된 방향을 갖는 묵직한 보디와인이 탄생한다. • 대표와인 – 샤토 코스 데스투르넬(Chateau Cos d'Estournel)

		포야크
		(Pauillac)
			• 생테스테프와 생줄리앙 마을 사이의 언덕 지형에 위치하고 있다. 일조량이 많고 토양은 굵은 자갈이 많아 배수가 잘 된다.
			• 5대 샤토와인 중에 3개가 있어 '메독의 왕'이라 부른다.
			• 대표와인
			  – 샤토 라투르(Chateau Latour)
			  – 샤토 라피트 로칠드(Chateau Lafite-Rothschild)
			  – 샤토 무통 로칠드(Chateau Mouton Rothschild)

		생줄리앙
		(Saint
		Julien)
			• 포야크와 마고 사이에 있는 가장 작은 마을이다. 포야크 마을처럼 자갈이 많은 토질이다. 인근에 위치한 지롱드강은 포도나무가 수분과 필요성분을 흡수하는 데 최적의 조건이다.
			 대표와인
			  – 샤토 레오빌 바르통(Chateau Leoville Barton)
			  – 샤토 탈보(Chateau Talbot)

		마고 (Margaux)	• 오메독의 남쪽에 위치하고 있다. 석회를 포함한 자갈이 많아 포도나무가 수분을 흡수하고 배출하기에 용이하다. • 광활한 재배면적에서 부드러운 감촉과 섬세하고 우아한 와인이 탄생한다. • 대표와인 – 샤토 마고(Chateau Margaux)

그라브 (Graves)	• 보르도 시내 남쪽에 위치한다. 그라브(Graves)는 자갈이란 뜻을 가지고 있다. • 토질은 자갈뿐만 아니라 점토, 모래 그리고 석회질 등이 혼합되어 와인의 독특한 맛이 만들어진다. • 이 지구는 페삭레오냥(Pessac-Leognan), 탈랭스(Talence), 카도작(Cadaujac), 마르티약(Martillac) 등 4개의 주요 포도 재배마을이 있는데, 우량와인은 페삭레오냥에 집중되어 있다. • 대표와인 　- 샤토 오브리옹(Chateau Haut-Brion)
소테른 (Sauternes)	• 소테른지구는 가론강 왼쪽 연안의 그라브지구에 둘러싸여 있다. 소테른(Sauternes), 바르삭(Barsac), 프레냑(Preignac), 봄므(Bommes), 파르그(Fargues) 등의 5개 마을이 있다. • 귀부(貴腐)포도[5]로 만든 달콤한 화이트와인 산지로 유명한 곳이다. 포도 품종은 세미용(Semillon)을 주품종으로 하고 소비뇽 블랑을 혼합하여 만든다. • 대표와인 　- 샤토 디켐(Chateau d'Yquem) 귀부포도(Noble Rot)
생테밀리옹 (Saint Emilion)	• 생테밀리옹지구는 도르도뉴강의 북쪽 강변에 위치하고 있다. 몽타뉴(Montagne), 생조르쥐(Saint Georges), 퓌스캥(Puisequin), 루삭(Lussac) 등의 4개 마을이 있다. • 메독에 필적하는 양질의 레드와인을 생산하고 있다. 석회질, 자갈, 점토 등의 토질에서 재배되는 주품종은 메를로(60%)이며, 나머지는 카베르네 프랑, 카베르네 소비뇽, 말벡 등이다. • 대표와인 　- 샤토 오존(Chateau Ausone) 　- 샤토 슈발블랑(Chateau Cheval Blanc) 생테밀리옹지구의 포도밭
포므롤 (Pomerol)	• 1923년 생테밀리옹지구에서 독립한 작은 와인산지이다. 메독, 그라브, 생테밀리옹 등과 함께 양질의 레드와인을 생산하고 있다. • 포도 품종은 메를로가 주품종이고 나머지는 카베르네 프랑이다. 그래서 메독의 와인보다 타닌이 적고 향기가 풍부하며 매끄러운 맛이 만들어진다. • 대표와인 　- 샤토 페트뤼스(Chateau Petrus) 　- 샤토 르 팽(Chateau le Pin)

---

5) 귀부포도는 다습한 환경에서 '보트리티스 시네레아'(Botrytis Cinerea)라는 일종의 곰팡이가 포도의 표면에 활착하여 포도알 속에 있는 수분을 흡수하는데, 마치 건포도처럼 껍질이 쭈글쭈글해지고 당도가 농축되어 독특한 풍미를 나타낸다.

163

1855년 보르도 그랑크뤼 와인등급 분류

메독지구의 그랑크뤼 등급(Grand Cru Classe, 1855년)

그랑크뤼(Grand Cru)란 '특급 포도원'이란 뜻이다. 보르도 지방은 오래전부터 맛과 향이 뛰어난 특급와인을 생산하는 샤토를 선별해 '그랑크뤼'라는 칭호를 부여하고 있다. 1855년 프랑스 만국박람회(Expo) 개최시기에 당시 나폴레옹 3세는 칙령으로 보르도 지방 와인의 우수성을 세계 여러 나라에 알리기 위해 와인을 출품하도록 하여 위대한 포도원(Grand Cru) 87개가 선정되었다. 이때 메독 60개, 그라브 1개, 소테른지구에서 26개가 탄생하였다. 메독과 그라브지구 61개의 레드와인은 다시 품질수준에 따라 1등급에서 5등급으로 세분화되었다. 그리고 소테른지구 26개의 화이트와인은 특등급, 1등급, 2등급으로 세분화되어 가격의 기준이 되었다. 이 같은 샤토의 등급이 오늘날까지 변함이 없다. 벌써 162년 전 일이다.

샤토 마고(그랑크뤼 1등급)

그랑크뤼 1등급(Premiers Crus)

- 샤토 오브리옹(Chateau Haut-Brion)
- 샤토 라피트 로칠드
  (Chateau Lafite-Rothschild)
- 샤토 라투르(Chateau Latour)
- 샤토 마고(Chateau Margaux)
- 샤토 무통 로칠드
  (Chateau Mouton-Rothschild)

그랑크뤼 2등급(Deuxiemes Crus)

- 샤토 브란 캉트낙
  (Chateau Brane-Cantenac)
- 샤토 코스 데스투르넬
  (Chateau Cos d'Estournel)
- 샤토 뒤크뤼 보카유
  (Chateau Ducru-Beaucaillou)
- 샤토 뒤르포르 비방
  (Chateau Durfort-Vivens)
- 샤토 그뤼오 라로즈
  (Chateau Gruaud-Larose)
- 샤토 라스콩브(Chateau Lascombes)
- 샤토 레오빌 바르통
  (Chateau Leoville-Barton)
- 샤토 레오빌 라스카즈
  (Chateau Leoville-Las Cases)
- 샤토 레오빌 푸아프레
  (Chateau Leoville-Poyferre)
- 샤토 몽로즈(Chateau Montrose)
- 샤토 피숑 롱그빌 바롱
  (Chateau Pichon-Longueville Baron)
- 샤토 피숑 롱그빌 콩테스 드 랄랑드
  (Chateau Pichon-Longueville-Comtesse-
  de-Lalande)
- 샤토 로장 세글라(Chateau Rausan-Segla)
- 샤토 로장 가시(Chateau Rausan-Gassies)

그랑크뤼 3등급(Troisiemes Crus)

- 샤토 부아 캉트낙
  (Chateau Boyd-Cantenac)
- 샤토 칼롱 세귀르(Chateau Calon-Segur)
- 샤토 캉트낙 브라운
  (Chateau Cantenac-Brown)
- 샤토 마르키 달레슴 베케르
  (Chateau Marquis d'Alesme-Becker)

- 샤토 데스미라이(Chateau Desmirail)
- 샤토 디상(Chateau d'Issan)
- 샤토 페리에르(Chateau Ferriere)
- 샤토 지스크루(Chateau Giscours)
- 샤토 키르완(Chateau Kirwan)
- 샤토 라그랑주(Chateau Lagrange)
- 샤토 라라귄(Chateau la Lagune)
- 샤토 랑고아 바르통
  (Chateau Langoa-Barton)
- 샤토 말레스코 생텍쥐페리
  (Chateau Malescot St-Exupery)
- 샤토 팔메(Chateau Palmer)

그랑크뤼 4등급(Quatriemes Crus)

- 샤토 베슈벨(Chateau Beychevelle)
- 샤토 브라네르 뒤크뤼
  (Chateau Branaire-Ducru)
- 샤토 뒤아르 밀롱 로칠드
  (Chateau Duhart-Milon-Rothschild)
- 샤토 라퐁 로셰(Chateau Lafon-Rochet)
- 샤토 라투르 카르네
  (Chateau Latour-Carnet)
- 샤토 푸조(Chateau Pouget)
- 샤토 프리외레 리신
  (Chateau Prieure-Lichine)
- 샤토 생 피에르(Chateau St-Pierre)
- 샤토 탈보(Chateau Talbot)

그랑크뤼 5등급(Cinquiemes Crus)

- 샤토 바타이(Chateau Batailley)
- 샤토 벨그라브(Chateau Belgrave)
- 샤토 캉트메를(Chateau Cantemerle)
- 샤토 클레르 밀롱(Chateau Clerc-Milon)
- 샤토 코스 라보리(Chateau Cos Labory)
- 샤토 크로아제 바주
  (Chateau Croizet-Bages)
- 샤토 다마이약(Chateau d'Armailhac)

- 샤토 도작(Chateau Dauzac)
- 샤토 드 카망삭(Chateau de Camensac)
- 샤토 뒤 테르트르(Chateau du Tertre)
- 샤토 그랑 퓌 뒤카스
  (Chateau Grand-Puy-Ducasse)
- 샤토 그랑 퓌 라코스트
  (Chateau Grand-Puy-Lacoste)
- 샤토오바주 리베랄
  (Chateau Haut-Bages-Liberal)
- 샤토 오 바타이(Chateau Haut-Batailley)
- 샤토 린슈 바주(Chateau Lynch-Bages)
- 샤토 린슈 무사스(Chateau Lynch-Moussas)
- 샤토 페데스클로(Chateau Pedesclaux)
- 샤토 퐁테카네(Chateau Pontet-Carnet)

샤토 클레르 밀롱
(그랑크뤼 5등급)

그라브지구의 와인 등급분류

1855년 보르도와인 등급분류와는 별도로 그라브지구에서는 1959년에 자체 내 와인 등급분류가 이루어졌다. 가장 유명한 샤토 오브리옹은 1855년에 이미 그랑크뤼 1등급 와인으로 분류되었다.
그리고 최상품의 레드와인 13개, 화이트와인 8개가 지정되어 있는데 이것은 아래와 같다.

그라브지구의 포도밭

[레드와인]

그랑크뤼 1등급

샤토 오브리옹(Chateau Haut-Brion)

크뤼 클라세(Crus Classes)

- 샤토 부스코(Chateau Bouscaut)
- 샤토 카르보니외(Chateau Carbonnieux)
- 샤토 드 피외잘(Chateau de Fieuzal)
- 샤토 오바이(Chateau Haut-Bailly)
- 샤토 라 미시옹 오브리옹
  (Chateau la Mission-Haut-Bbrion)
- 샤토 라투르 오브리옹
  (Chateau Latour-Haut-Brion)
- 샤토 라투르 마르티약
  (Chateau Latour-Martillac)
- 샤토 말라르틱 라그라비에르
  (Chateau Malartic-Lagraviere)
- 샤토 올리비에(Chateau Olivier)
- 샤토 파프 클레망(Chateau Pape-Clement)
- 샤토 스미스 오 라피트
  (Chateau Smith Haut Lafitte)
- 도멘 드 슈발리에(Domaine de Chevalier)

[화이트와인]

크뤼 클라세(Crus Classes)

- 샤토 부스코(Chateau Bouscaut)

- 샤토 카르보니외(Chateau Carbonnieux)
- 샤토 쿠앵(Chateau Couhins)
- 샤토 쿠앵 뤼르통
  (Chateau Couhins-Lurton)
- 샤토 라투르 마르티약
  (Chateau Latour-Martillac)
- 샤토 라빌 오브리옹
  (Chateau Laville-Haut-Brion)
- 샤토 올리비에
  (Chateau Olivier)
- 도멘 드 슈발리에
  (Domaine de Chevalier)

샤토 오브리옹
(그랑크뤼 1등급)

소테른지구의 와인 등급분류

달콤한 화이트와인을 생산하는 소테른지구는 1855년에 26개의 그랑크뤼가 이미 선정되었다. 샤토 디켐이 유일하게 특등급이며 1등급은 11개, 2등급은 14개이다.
소테른 중에서 가장 훌륭한 와인은 샤토 디켐이다. 그 명성은 이미 수세기 전부터 알려지기 시작했다. 달지만 넘치는 당분 속에 숨어 있는 톡 쏘는 벌꿀 향취가 일품이다.

샤토 디켐_ 와이너리 전경

특등급(Premier Cru Superieur)

샤토 디켐(Chateau d'Yquem)

1등급(Premiers Crus)

- 샤토 클리망(Chateau Climens)
- 샤토 쿠테(Chateau Coutet)
- 샤토 드 렌 비뇨
  (Chateau de Rayne-Vigneau)
- 샤토 드 쉬뒤로(Chateau de Suduiraut)
- 샤토 기로(Chateau Guiraud)
- 샤토 라포리 페라게
  (Chateau Lafaurie-Peyraguey)
- 샤토 라투르 블랑슈
  (Chateau Latour-Blanche)
- 샤토 라보 프로미(Chateau Rabaud-Promis)
- 샤토 리외섹(Chateau Rieussec)
- 샤토 시갈라스 라보
  (Chateau Sigalas-Rabaud)
- 샤토 클로 오 페라게
  (Chateau Clos Haut-Peyraguey)

2등급(Deuxiemes Crus)

- 샤토 브루스테(Chateau Broustet)
- 샤토 카유(Chateau Caillou)
- 샤토 다르슈(Chateau d'Arche)
- 샤토 드 말(Chateau de Malle)
- 샤토 드 미라(Chateau de Myrat)

- 샤토 두아지 다엔
  (Chateau Doisy-Daene)
- 샤토 두아지 뒤브로카
  (Chateau Doisy-Dubroca)
- 샤토 두아지 베드린
  (Chateau Doisy-Vedrines)
- 샤토 필로(Chateau Filhot)
- 샤토 라모트(Chateau Lamothe)
- 샤토 라모트 기냐르
  (Chateau Lamothe-Guignard)
- 샤토 네락(Chateau Nairac : B)
- 샤토 로메 뒤 아요
  (Chateau Romer-du-Hayot)
- 샤토 쉬오(Chateau Suau)

샤토 디켐(특등급)

생테밀리옹지구의 와인 등급분류

메독지구는 1855년에 등급제를 만들었으나 생테밀리옹지구는 100년이 지난 1954년에 INAO의 승인을 얻어 등급제를 시행했다. 메독지구는 1등급에서 5등급의 등급으로 나눠지지만 생테밀리옹은 프리미에 그랑크뤼 클라세(Premiers Grands Crus Classes)와 그랑크뤼 클라세(Grands Crus Classes)로 나뉜다. 그리고 이 등급의 분류는 10년마다 각 샤토의 와인들을 시음한 후, 다시 등급을 매기므로 순위가 바뀔 수 있다.

프리미에 그랑크뤼 클라세(Premiers Grands Crus Classes)

- 샤토 오존(Chateau Ausone, A등급)
- 샤토 슈발블랑
  (Chateau Cheval-Blanc, A등급)
- 샤토 보세주르(뒤포 라가로스)
  Chateau Beausejour(Duffau Lagarrosse)
- 샤토 벨레르(Chateau Belair)
- 샤토 카농(Chateau Canon)
- 샤토 피작(Chateau Figeac)
- 샤토 라 가펠리에르
  (Chateau La Gaffeliere)
- 샤토 마들렌(Chateau Magdelaine)
- 샤토 파비(Chateau Pavie)
- 샤토 트로트비에유(Chateau Trottevielle)
- 샤토 보 세주르 베코
  (Chateau Beau-Sejour-Becot)
- 클로 포르테(Clos Fourtet)

그랑크뤼 클라세(Grands Crus Classes)

- 샤토 발레스타르 라 토넬
  (Cateau Balestard-la-Tonnelle)
- 샤토 벨뷔(Chateau Bellevue)
- 샤토 베르가(Chateau Bergat)
- 샤토 베를리케(Chateau Berliquet)
- 샤토 카데 피올라(Chateau Cadet-Piola)

- 샤토 카농 라 가펠리에르
  (Chateau Canon-la Gaffeliere)
- 샤토 캅 드 물랭
  (Chateau Cap de Mourlin)
- 샤토 샤를레(Chateau Charlet)
- 샤토 쇼뱅(Chateau Chauvin)
- 샤토 코르뱅(Chateau Corbin)
- 샤토 코르뱅 미쇼트
  (Chateau Corbin-Michotte)
- 샤토 쿠방 데 자코뱅
  (Chateau Couvent des Jacobins)
- 샤토 크로크 미쇼트
  (Chateau Croque-Michotte)
- 샤토 퀴레 봉라 마들렌
  (Chateau Cure-Bon-la-Madeleine)
- 샤토 다소(Chateau Dassault)
- 샤토 포리 드 수샤르
  (Chateau Faurie-de-Souchard)
- 샤토 퐁플레가드(Chateau Fonplegade)
- 샤토 퐁로크(Chateau Fonroque)
- 샤토 프랑멘(Chateau Franc-Mayne)
- 샤토 그랑 바레 라마르젤 피작
  (Chateau Grand-Barrail-Lamarzelle Figeac)
- 샤토 그랑 코르뱅(Chateau Grand-Corbin)
- 샤토 그랑 코르뱅 데스파뉴
  (Chateau Grand-Corbin-Despagne)

- 샤토 그랑 멘(Chateau Grand-Mayne)
- 샤토 그랑 퐁테(Chateau Grand-Pontet)
- 샤토 귀아데 생쥘리앵
  (Chateau Guadet-St-Julien)
- 샤토 오 코르뱅(Chateau Haut-Corbin)
- 샤토 오 사르프(Chateau Haut-Sarpe)
- 샤토 라 클로트(Chateau la Clotte)
- 샤토 라 클뤼지에르(Chateau la Clusiere)
- 샤토 라 도미니크
  (Chateau la Dominique)
- 샤토 라마르젤(Chateau Lamarzelle)
- 샤토 랑젤뤼스(Chateau l'Angelus)
- 샤토 라니오(Chateau Laniote)
- 샤토 라르망드(Chateau Larmande)
- 샤토 라로즈(Chateau Laroze)
- 샤토 라로제(Chateau l'Arrosee)
- 샤토 라 세르(Chateau la Serre)
- 샤토 라투르 피작
  (Chateau Latour-Figeac)
- 샤토 르 프리외레(Chateau le Prieure)
- 샤토 마트라스(Chateau Matras)
- 샤토 모브쟁(Chateau Mauvezin)
- 샤토 물랭 뒤 카데
  (Chateau Mouling-du-Cadet)
- 샤토 파비 드세스(Chateau Pavie-Decesse)
- 샤토 파비 마캥(Chateau Pavie-Macquin)
- 샤토 파비용 카데
  (Chateau Pavillon-Cadet)
- 샤토 프티 포리 드 수타르
  (Chateau Petit-Faurie-de-Soutard)
- 샤토 리포(Chateau Ripeau)
- 샤토 생 조르주 코트 파비
  (Chateau St-Georges-Cote-Pavie)

- 샤토 생 마르탱(Chateau St-Martin)
- 샤토 상소네(Chateau Sansonnet)
- 샤토 수타르(Chateau Soutard)
- 샤토 라투르 뒤 팽 피작
  (Chateau la Tour-du-Pin-Figeac)
- 샤토 트리물레(Chateau Trimoulet)
- 샤토 트로플롱 몽도
  (Chateau Troplong-Mondot)
- 샤토 빌모린(Chateau Villemaurine)
- 샤토 용 피작(Chateau Yon-Figeac)
- 클로 드 로라투아르(Clos de l'Oratoire)
- 클로 데 자코뱅(Clos des Jacobins)
- 클로 라 마들렌(Clos la Madeleine)

샤토 오존, 프리미에
(그랑크뤼 A)

포므롤지구의 와인 등급분류

1923년 생테밀리옹지구에서 독립한 작은 와인산지이다. 하지만 품질이 뛰어난 레드와인을 생산하고 있다. 공식적인 등급제는 없지만 최상품 레드와인을 생산하는 샤토가 10여 개에 달한다. 이 중 샤토 페트뤼스(Chateau Petrus)는 부르고뉴 지방의 '로마네 콩티(Romanee Conti)'와 함께 세계에서 가장 비싼 와인으로 잘 알려져 있다.

- 샤토 페트뤼스(Chateau Petrus)
- 샤토 프티 빌라주(Chateau Petit-Village)
- 샤토 레반질(Chateau L'Evangile)
- 샤토 라 플뢰 페트뤼스
  (Chateau la Fleurs Petrus)
- 샤토 라투르 아 포므롤
  (Chateau Latour a Pomerol)
- 샤토 라 콘세앙트
  (Chateau la Conseillante)
- 샤토 트로타노이(Chateau Trotanoy)
- 비유 샤토 세르탕(Vieu Chateau-Certan)
- 샤토 가쟁(Chateau Gazin)
- 샤토 르 팽(Chateau le Pin)
- 샤토 레글리즈 클리네
  (Chateau L'Eglise Clinet)

샤토 페트뤼스
(포므롤지구)

② 부르고뉴 지방

부르고뉴는 프랑스 중동부의 내륙지역에 위치하고 있다. 보르도와 함께 프랑스의 2대 와인산지 가운데 하나이다. 영어로는 버건디(Burgundy)라고 불린다. 부르고뉴에서는 단일 포도 품종으로만 와인을 만든다. 레드와인은 피노 누아(Pinot Noir)로, 화이트와인은 샤르도네(Chardonnay)로 만든다.

부르고뉴의 포도밭 전경

부르고뉴의 대표적인 포도 품종	
피노 누아(Pinot Noir)	타닌이 적고 매끄러운 감촉의 레드와인
샤르도네(Chardonnay)	산도가 높고 섬세한 맛의 화이트와인

부르고뉴 지방은 지반의 융기에 의해 만들어진 완만한 경사를 이룬 구릉지이다. 지각변동에 의해 언덕이 생기고 다양한 토양층이 형성된 것이다. 따라서 포도가 자란 밭에 따라 다른 맛의 와인이 만들어진다.

이 지역은 중세 때부터 귀족이나 수도원 소유의 포도원이 많았다. 프랑스 혁명 이후 정부가 몰수하여 소규모로 분할하여 개인에게 양도하였다. 이후 자식들에게 상속되면서 포도밭이 아주 작은 단위의 클리마(Climat)로 쪼개져 공동으로 소유하고 있는 곳이 많다. 그래서 소규모의 개인 영세 포도원들로부터 포도를 사들여 와인을 만드는 중간제조업자인 '네고시앙(Negociant)'에 의해 와인의 품질이 크게 좌우된다. 부르고뉴 전체 와인의 60%가 네고시앙 와인이라 할 수 있다. 그리고 보르도의 샤토(Chateau)와 같이 대규모의 밭을 소유하고 포도 재배 및 와인양조 시설까지 갖춘 도멘(Domaine)이 있다. 도멘 와인은 대체로 토양이 지닌 맛을 살린 와인이 많고, 네고시앙은 혼합기술의 차이에 따라 품질과 개성에 큰 차이가 있을 수 있다. 부르고뉴 와인 등급체계는 보르도와는 다르다. 지역을 세분화하여 4등급으로 나뉜다. 즉 부르고뉴 지역 전체, 부르고뉴 지방의 특정 마을, 그 마을의 특정 포도밭 등이다.

Grand Cru 〉 Premier Cru 〉 Village 〉 Regionales

부르고뉴 와인의 등급

그랑크뤼 (Grand cru)	포도밭의 위치와 토양의 성질 그리고 여러 조건을 갖춘 최상급 포도밭이다. 라벨에는 마을 명칭을 표기하지 않고, 포도밭 명칭만 기재한다. 부르고뉴 와인 중 가장 고급이다. 예) Corton, Montrachet, Chambertin- 포도밭
프리미에 크뤼 (Premier cru)	마을 내에서 좋은 평가를 받는 특정 포도밭에서 생산되는 와인이다. 라벨에 마을 이름과 포도밭 이름이 함께 기재된다. 예) Chambolle-Musigny(마을명), Les Amoureuses(1급 포도밭), Aloxe-Corton(마을 이름), Les Marechudes(1급 포도밭)
빌라주 (Village)	마을의 지정된 범위 내에서 수확한 포도로 만들며 라벨에 그 마을의 이름을 기재할 수 있다. 예) Gevrey-Chambertin, Mercurey, Pommard, Pouilly-Fuisse 등
레지오날 (Regionales)	부르고뉴 내에서 재배된 포도이기만 하면 이 등급의 와인을 만들 수 있다. 라벨에 'Bourgogne'라고 표기되며 지방단위의 가장 낮은 등급의 와인이다.

부르고뉴 지방의 와인산지는 북쪽에서부터 샤블리, 코트 도르, 코트 샬로네즈, 마코네, 보졸레지구로 이어진다. 지구마다 수많은 마을이 흩어져 있다.

이 중에서도 가장 유명한 와인산지가 코트 도르 지구(Cote d'Or)이다. 코트 도르는 북쪽의 코트 드 뉘(Cote de Nuits)와 남쪽의 코트 드 본(Cote de Beaune)으로 나뉜다. 이곳은 보르도 지방의 메독과 함께 세계에서 가장 뛰어난 품질의 와인이 생산되는 지구이다. 프랑스 와인의 명성은 메독과 코트 도르 지구에서 비롯되었다고 할 수 있다. 이와 같이 부르고뉴 와인을 이해하기 위해서는 지리적 이해가 우선이다. 병의 라벨에 포도 품종 대신 프랑스 지방의 지구, 마을, 포도밭의 이름이 적혀 있기 때문이다.

부르고뉴의 주요 와인산지

부르고뉴 와인산지

지구	부지구	마을 및 포도밭	유명 생산자 및 네고시앙
샤블리 (Chablis)		• 레 클로(Les Clos) • 보데지르(Vaudesir)	제이 모로(J Moreau)
코트 도르 (Cote d'Or)	코트 드 뉘 (Cote de Nuits)	• 주브레 샹베르탱(Gevrey–Chambertin) • 샹볼 뮈시니(Chambolle–Musigny) • 본 로마네(Vosne–Romanee) • 부조(Vougeot)	• 루이 자도(Louis Jadot) • 루이 라투르(Louis Latour) • 조셉 드루앙(Joseph Drouhin) • 부사르 페르 에 피스 (Bouchard Pere & Fils) • 알베르 비쇼 (Albert Bichot) • 앙트완 로데 (Antonin Rodet) • 도멘 드 라 로마네 콩티 (Domaine de la Romanee Conti)
	코트 드 본 (Cote de Beaune)	• 알록스 코르통(Aloxe Corton) • 포마르(Pommard) • 뫼르소(Meursault) • 풀리니 몽라쉐(Puligny–Montrachet)	
코트 샬로네즈 (Cote Chalonnaise)		• 머큐리(Mercurey) • 지브리(Givry) • 룰리(Rully) • 몽타뉘(Montagny)	
마코네 (Maconnais)		• 푸이퓌세(Pouilly–Fuisse) • 마콩(Macon)	
보졸레[6] (Beaujolais)		• 브루이(Brouilly) • 세나(Chenas) • 플뢰리(Fleurie) • 모르공(Morgon) • 레니에(Regnie) • 쉬루블(Chiroubles) • 줄리에나(Julienas) • 물랭아방(Moulin–a–Vent) • 생 타무르(Saint–Amour) • 코트 드 브루이(Cote de Brouilly)	• 조르주 뒤뵈프 (Georges du–Boeuf) • 몸메생(Mommessin)

---

6) 매년 11월 셋째 주 목요일 새벽 0시에 출시되는 '보졸레 누보(Beaujolais Nouveau)'는 영 와인(Young Wine)이다. 누보는 '새로운'이라는 뜻이다. 보졸레 누보는 보졸레 프리뫼르(Primeur, 첫 번째의)라고도 불린다. 보졸레 누보는 매년 9월에 첫 수확되는 적포도를 1주일 정도 발효시킨 후 4~6주간의 짧은 숙성기간을 거쳐 병입한다. 이 때문에 타닌성분 등의 추출이 적어 맛이 가볍고 신선한 과일향이 특징이다. 사용되는 포도 품종은 가메(Gamay)이다.

173

③ 론 지방

부르고뉴 지역 아래에 있는 론(Rhône) 지역은 리옹(Lyon)에서 아비뇽(Avignon)까지 약 200km의 론강을 끼고 펼쳐진 와인산지이다. 스위스 알프스 산맥에서 발원하는 론강의 강둑을 따라 형성된 비탈진 계곡 사이에 포도밭이 조성되어 있다.

론 지방은 크게 북부 론과 남부 론으로 나뉜다. '질의 북부, 양의 남부'라는 것이 일반적인 평가이다. 주로 레드와인이 생산되는데 쉬라와 그르나쉬 품종이 대부분이다.

북부 론에서는 주로 적포도의 쉬라 품종을 사용해 레드와인을 생산한다. 유명한 와인산지로 '코트 로티, 에르미타주, 크로즈 에르미타주' 등이 있다. 남부 론에서는 그르나쉬를 품종으로 레드와인을 생산한다. 유명한 와인산지는 '샤토 뇌프 뒤파프와 타벨' 등이 있다. 샤토 뇌프 뒤파프란 '교황의 새로운 성 (New Castle of the Pope)'이란 뜻이다. 14세기에 교황 클레멘스 5세가 아비뇽으로 교황청을 옮긴 후, 여름 별장으로 사용했던 곳이라서 붙여진 이름이다. 이 와인의 라벨에는 교황의 갑옷무늬가 새겨져 있다. 타벨은 그르나쉬 품종을 사용해 만드는 로제와인으로 유명하다.

론강 유역의 와인산지

북부 론	
와인산지	와인의 특징
코트 로티 (Cote Rotie)	쉬라 품종에 20% 미만의 청포도 비오니에 품종을 섞어 만든다. 에르미타주보다 매끈한 감촉이 특징이다.
에르미타주 (Hermitage)	쉬라를 주품종으로 한 레드와인 산지로 코트-로티에 비해 남성적이고 타닌이 강하며 진하다.
크로즈 에르미타주 (Crozes Hermitage)	쉬라를 주품종으로 한 레드와인 산지로 붉은 과일, 향신료, 바닐라, 감초향이 특징이다.

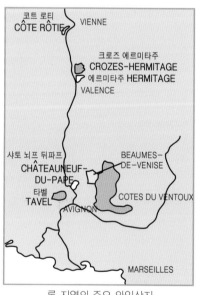

론 지역의 주요 와인산지

남부 론	
와인산지	와인의 특징
샤토 뇌프 뒤파프 (Chateau Neuf du Pape)	그르나쉬를 주품종으로 쉬라, 무르베드르, 생소 등 13개의 품종을 섞어 레드와인을 만든다. 남부 론의 대표와인이다.
타벨(Tavel)	그르나쉬를 주품종으로 사용해 만든 드라이한 맛의 로제와인이 유명하다.

④ 루아르 지방

프랑스에서 가장 긴 루아르강(Loire, 1,000㎞) 유역을 따라 포도밭이 조성되어 있다. 프랑스 중부를 거쳐 대서양으로 흘러들어가는 강이다. 특히 중세에 아름다운 자연 경관과 고성(古城)들이 흩어져 있어 프랑스의 정원이라 불린다.

화이트와인의 품종은 소비뇽 블랑, 슈냉 블랑, 샤르도네, 뮈스카데 등이 있으며, 레드와인의 품종은 카베르네 소비뇽, 카베르네 프랑, 피노 누아, 가메 등이 있다.

이곳의 와인산지는 루아르강 입구의 낭트, 앙주(Anjou)시를 중심으로 한 앙주·소뮈르, 상류에 있는 투렌 그리고 프랑스의 중앙부에 있는 상트르(Centre) 등 4개의 지역으로 크게 나뉜다. 강의 하류, 중류, 상류에 따라 기후와 토양이 매우 다르기 때문에 지역에 따라 와인의 맛도 다르다. 이곳은 로마시대부터 가볍게 마시는 와인으로 유명하다. 프랑스 다른 지방의 와인에 비해 값이 비싸지 않다. 그래서 대부분의 레스토랑에서는 루아르 와인을 기본적으로 갖춰놓고, 그 위에 보르도나 부르고뉴 지방의 고급 와인으로 구색을 맞추는 경우가 많다. 그리고 공통적으로 신선한 맛이 특징으로 여름용 와인으로 인기가 높다.

루아르강 유역의 와이너리

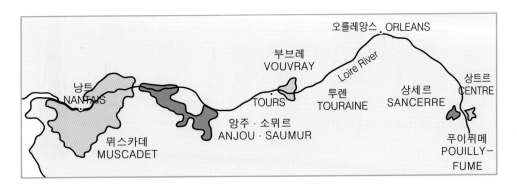

루아르 와인산지	
와인산지	**와인의 특징**
낭트(Nantais)	가볍고 드라이한 맛의 화이트와인 뮈스카데(Muscadet)가 유명하다.
앙주 · 소뮈르 (Anjou · Saumur)	전체 와인 생산량의 70%가 로제와인이다. 단맛의 로제 당주(Rose d'Anjou), 드라이한 맛의 카베르네 당주(Cabernet d'Anjou)가 유명하다.
투렌 (Touraine)	레드, 화이트, 로제, 스파클링 등 다양한 와인이 생산되고 있다.
상트르 (Centre)	소비뇽 블랑으로 만든 상세르(Sancerre), 푸이 퓌메(Pouilly Fume)가 유명하다. 루아르의 대표적인 화이트와인이다.

⑤ 알자스 지방

알자스 지방은 독일과 국경지역에 자리 잡은 곳이다. 알자스는 원래 독일 문화권이었다.

와인산지는 라인강을 따라 형성된 보주(Vosges) 산맥의 구릉지에 위치하고 있다. 그래서 와인의 스타일이 비슷하며, 포도 품종에는 독일의 영향이 깊게 배어 있다.

와인과 음식(Wine & Foods)

알자스는 단일 포도 품종으로 와인을 만들고 있으며, 과일향과 신선한 맛의 드라이 화이트와인을 주로 생산하고 있다. 독일의 화이트와인은 약간 단맛이 있는 데 비해 알자스는 드라이한 맛이 특징이다. 그리고 알코올 함유량은 11~12%로 독일에 비해 약간 높다. 병 모양도 프랑스의 다른 곳에는 없는 목이 가늘고 긴 병을 사용한다.

알자스 지방의 포도 재배업자들은 와인을 직접 만드는 경우가 드물다. 대부분 와인 중간 제조업자에게 수확한 포도를 넘기는 편이다. 트림바크(Trimbach), 휘겔 & 피스(Hugel &Fils), 다이스(Deiss) 등이 가장 널리 알려져 있다. 알자스는 다른 지방과는 달리 와인에 지역명을 붙이지 않고, 원료 포도의 품종명이 표기된다. 재배하는 포도 품종은 리슬링, 게뷔르츠트라미너, 피노 그리, 뮈스카 등이 가장 좋은 품종으로 인정받고 있다. 알자스의 그랑크뤼 와인은 다음과 같은 조건이 충족되어야 한다.

알자스 화이트와인

알자스의 Grand Cru 와인

- 리슬링, 게뷔르츠트라미너, 뮈스카 등 단일품종을 원료로 사용하는 경우

- 포도 품종 및 빈티지를 표시하는 경우

- 포도의 당도가 높고, 알코올 도수 11% 이상의 경우

⑥ 샹파뉴 지방

샹파뉴 지방은 프랑스의 최북단에 위치하고 있다. 프랑스에서 포도가 재배되는 지방 중 가장 추운 곳이다. 추운 기후조건에서 자란 포도는 당도가 적고, 신맛이 매우 강한 편이다.

그러나 이러한 기후조건 때문에 신맛이 강하고 세심하고 예리한 맛의 와인이 제조될 수 있게 되었다. 프랑스 샹파뉴 지방에서만 생산되는 발포성 와인 샴페인이다. 지명이 술 이름으로 영어식 발음이다. 모든 샴페인은 스파클링 와인이지만, 모든 스파클링 와인은 샴페인이 될 수 없다. 보통 스파클링 와인은 지역에 따라 명칭이 달라진다. 이탈리아는 스푸만테(Spumante), 스페인은 카바(Cava), 독일은 젝트(Sekt)라는 명칭을 사용한다.

같은 프랑스라도 샹파뉴 지방의 것이 아니면 샴페인이라는 명칭을 쓸 수 없고, 뱅 무스(Vin Mousseux) 또는 크레망(Cremant)이라고 한다. 샴페인은 스틸와인에 설탕과 효모를 첨가해 병 속에서 2차 발효를 일으켜 와인 속에 탄산가스를 갖도록 한 것이다. 그래서 샴페인은 마개가 빠질 때 나는 '펑' 하는 소리와 함께 이는 거품이 특징인 술로 각종 기념일에 빠지지 않는 축하주이다. 샴페인의 매력은 입안을 톡톡 쏘는 탄산가스에 의한 신선하고 자극적인 맛과 마시는 동안 계속 올라오는 거품에 있다. 거품의 크기가 작고, 거품이 올라오는 시간이 오래 지속되는 것이 고급 샴페인의 기준이 된다. 또 단맛의 정도에 따라 다음과 같이 구분한다.

샴페인 서비스

샴페인의 설탕농도에 의한 맛의 구분

브뤼	Brut	매우 드라이한 맛
엑스트라 섹	Extra Sec	드라이한 맛
섹	Sec	약간 드라이한 맛
드미 섹	Demi Sec	약간 단맛
두	Doux	단맛

샴페인은 모든 음식에 잘 어울린다. 식전주나 식중주로 마실 때에는 드라이한 맛의 브뤼나 엑스트라 섹이 적당하다. 반면에 디저트와 함께 식후주에는 단맛이 소화를 돕고 적당하다.

샴페인을 만드는 품종은 적포도의 피노 누아, 피노 뫼니에(Pinot Meunier)와 청포도의 샤르도네 등을 섞어 양조하고 있지만, 단일품종으로도 만든다.

샴페인 라벨에 표기되는 문구

블랑 드 블랑	Blanc de Blanc	청포도의 샤르도네로 만든 샴페인
블랑 드 누아	Blanc de Noir	적포도의 피노 누아, 피노 뫼니에로 만든 샴페인

청포도가 많이 들어갈수록 섬세한 맛이 되고, 적포도가 많을수록 깊은 맛이 된다. 샴페인은 서로 다른 여러 지역의 포도 품종이 혼합되므로, 생산지역보다는 샴페인 제조회사가 중요하다. 다음은 샴페인의 유명회사와 고급 샴페인(Cuvee Speciale, 쿠베 스페시알)이다.

고급 샴페인의 기준

- 1등급 포도밭에서 생산된 가장 좋은 품질의 포도를 사용
- 포도에서 즙을 짤 때 첫 번째 나오는 주스만 사용
- 장기간 병숙성한 샴페인, 빈티지가 표시된 샴페인
- 거품의 크기가 작고, 거품이 올라오는 시간이 오래 지속되는 샴페인
- 수정같이 맑고 광택이 있는 샴페인

샴페인의 창시자 동 페리뇽
(Dom Perignon)

샴페인 주요 제조회사와 고급 샴페인

샴페인 제조회사	쿠베 스페시알
모에 샹동(Moet Chandon)	동 페리뇽(Dom Perignon)
폴 로저(Pol Roger)	쿠베 서 윈스턴 처칠(Cuvee Sir Winston Churchill)
로렝 페리에(Laurent Perrier)	쿠베 그랑 시에클(Cuvee Grand Siecle)
제 아쉬 뭄(G · H Mumm)	르네 랄루(Rene Lalou)
크뤼그(Krug)	그랑드 쿠베(Grande Cuvee)
에드직 모노폴(Heidsieck Monopole)	디아망 블뢰(Diamant Bleu)
고세(Gosset)	그랑 밀레짐(Grand Millesime)
테탕저(Taittinger)	콩트 드 샹파뉴(Comtes de Champagne)

샴페인을 생산하는 대표적인 지역은 몽타뉴 드 랭스(Montagne de Reims), 발레 드 라 마른(Valee de la Marne), 코트 데 블랑(Cote des Blancs), 오브(Aube) 등이다.

프랑스 와인 라벨 읽기

① 와인명

② 그랑크뤼 등급

③ AOC등급

④ 수확연도, Vintage

⑤ 샤토에서 병입

⑥ 알코올 함량

⑦ 용량

(2) 이탈리아 와인

이탈리아는 남북방향으로 긴 국토에 걸쳐 포도밭이 조성되어 있다. 지중해의 영향으로 온화한 기후 덕분에 포도 재배에 아주 좋은 조건을 갖추고 있다. 레드와인 품종은 산조베세(Sangiovese), 네비올로(Nebbiolo), 바르베라(Barbera), 코르비나(Corvina), 화이트와인의 품종은 트레비아노(Trebbiano), 말바시아(Malvasia), 코르테세(Cortese) 등이다.

오랜 역사와 전통, 제반조건을 갖추고 있음에도 불구하고 전통적인 생산방식과 품질관리 소홀로 세계시장에서 주목받지 못하였다. 그러다가 1963년 이탈리아 정부가 와인산업의 발전을 위해 프랑스의 AOC법을 모방한 DOC법을 도입하면서 양질의 다양한 와인을 생산하기 시작하

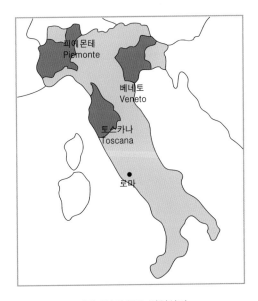

이탈리아의 주요 와인산지

였다. 오늘날에는 1992년에 개정된 DOC법을 바탕으로 더 완벽한 품질관리를 통해 이탈리아 와인산업은 지속적으로 발전하고 있다. 이탈리아 와인의 등급은 4가지로 분류하는데 이는 다음과 같다.

이탈리아의 와인등급

최상급 와인 / DOCG : Denominazione di Origine Controllata e Garantita
DOC법에서 요구하는 와인의 생산기준을 통과한 최상급와인으로 DOCG라고 불린다. 추가된 G는 가란티타(Garantita)의 약자로 '정부에서 품질을 보증'한다는 의미이다.

상급 와인 / DOC : Denominazione di Origine Controllata
특정한 지역에서 생산되어 DOC법에서 요구하는 포도 품종, 양조방법, 혼합비율, 알코올 도수 등 엄격한 생산규정과 통제하에 숙성되고 병입된 와인이다.

지방 와인 / IGT : Indicazione Geografica Tipica
프랑스의 뱅 드 페이에 해당하는 등급이다.

테이블 와인 / VdT : Vino da Tavola
프랑스의 뱅 드 타블과 같은 등급으로 이탈리아 전역에서 생산되는 와인이다.

세계적인 명성의 와인을 생산하는 이탈리아의 주요 와인산지는 프랑스와 접한 피에몬테, 중부의 토스카나, 동북부의 베네토 등이다.

① 피에몬테(Piemonte)주

피에몬테는 이탈리아 북서부에 위치하고 있다. 프랑스·스위스의 국경과 접하고 있으며, 알프스 산기슭에 위치하고 있다. 이곳에서 최상품 레드와인 바롤로(Barolo)와 바르바레스코(Barbaresco)를 생산한다. 바롤로는 타닌이 강하고 묵직한 질감으로 남성적이다. 바르바레스코는 좀 더 부드럽고 향이 풍부한 것이 특징이다. 모두 네비올로(Nebbiolo) 포도 품종으로 와인을 만든다. 이와 함께 단맛의 스파클링 와인으로 알려진 '스푸만테'가 있다. 그리고 피에몬테 남부의 아스티(Asti) 지역에서 생산되는 모스카토 다스티(Moscato d'Asti)가 있다. 디저트 와인으로 상큼한 향과 단맛이 매력이다.

이탈리아 북부 피에몬테의
바롤로 마을의 전경

피에몬테의 DOCG와인	
바롤로(Barolo)	피에몬테에서 가장 유명한 와인이다. 2년간 오크통에서의 숙성을 의무화하고 있다.
바르바레스코(Barbaresco)	바롤로보다 가볍고 섬세한 맛이 특징이다.
아스티(Asti)	스파클링와인 스푸만테(Spumante)가 유명하다.

피에몬테 DOCG _바롤로 와인

② 토스카나(Toscana)주

이탈리아 중부에 있는 주(州)이다. 세계적으로 널리 알려진 키안티(Chianti)와인을 생산하는 곳이다. 키안티의 명성은 피아스코(Fiasco, 호리병 모양의 병에 짚으로 둘러싼 특이한 형태)병 때문이다. 지금은 짚으로 둘러싸는데 수공비가 많이 들어, 일부만이 명맥을 유지하고 있다. 주품종은 산조베세(Sangiovese)이며, 카나이올로(Canaiolo), 말바시아(Malvasia) 등을 혼합하여 만든다. 키안티와인은 가벼운 맛부터 무거운 맛까지 폭이 넓다. 키안티 지역 내에서도 토양과 기후 조건이 특별히 좋은 곳이 있는데, 이를 키안티 클라시코(Classico)[7]라고 분류한다. 키안티 클라시코는 병목에 부착되는 넥 라벨(Neck Label)에 검은 수탉의 그림이 그려져 있다. 이는 키안티 클라시코 지역 와인생산자 조합의 상징으로 고품질임을 입증하고 있다. 클라시코급으로 3년 이상 숙성시킨 것은 리제르바(Riserva)라고 표기한다. 키안티와인의 최고품질이다. 일반적으로 '키안티 클라시코'는 '키안티'보다 풍미와 감칠맛이 풍부하다.

전통적인 키안티의 호리병,
피아스코(Fiasco)

> Chianti→Chianti Classico→Chianti Classico Riserva

이 밖에도 토스카나의 유명한 와인으로는 브루넬로 디 몬탈치노, 비노 노빌레 디 몬테풀차노, 카르미나노 등이 있다. 이들 마을명은 와인명으로도 사용된다.

---

7) 전통적으로 와인을 생산한 본원지를 가리킨다. 유명와인의 차별화를 위한 것으로 추가 숙성을 의미한다.

토스카나 DOCG와인

브루넬로 디 몬탈치노 (Brunello di Montalchino)	브루넬로는 산조베세의 교배종으로 타닌과 무게감이 있다.
비노 노빌레 디 몬테풀차노 (Vino Nobile di Montepulciano)	귀족마을 몬테풀차노에서 산조베세의 교배종 '프루놀로 젠틸레' 품종으로 만든다. 섬세한 맛과 스파이스한 향미가 특징이다.
카르미냐노(Carmignano)	산조베세와 카베르네 품종을 섞어서 양조한다. 과일향과 꽃향이 강하다.

마지막으로 토스카나에서 주목해야 할 '슈퍼 토스카나(Super To-scana)'라는 블렌딩 와인이 있다. 이 와인은 토스카나에서 생산되지만 카베르네 소비뇽, 메를로, 카베르네 프랑 등 보르도 포도 품종을 이용하고 프랑스 와인 제조방법을 도입하여 만들었다. 1968년 사시카이아(Sassicaia)를 시작으로 여러 와인들이 등장하였고, 세계적인 호평을 받는 명품 와인 대열에 이름을 올리게 되었다. 슈퍼 토스카나라는 말은 와인 애호가들이 붙여준 별칭이다. 이탈리아의 공식 와인등급은 고유 포도 품종을 우선하도록 되어 있어 품질은 뛰어나지만 와인등급은 높지 않기 때문이다.

슈퍼 토스카나 _사시카이야

슈퍼 토스카나(Super Toscana)

슈퍼 토스카나	와인의 특징
사시카이야(Sassicaia)	카베르네 소비뇽, 카베르네 프랑, 산조베세
티냐넬로(Tignanello)	산조베세, 카베르네 소비뇽, 카베르네 프랑
오르넬라이아(Ornenllaia)	산조베세, 카베르네 소비뇽, 메를로 카베르네 프랑
솔라이아(Solaia)	카베르네 소비뇽, 카베르네 프랑, 산조베세

③ 베네토(Veneto)주

이탈리아 북동부에 있는 주(州)이다. '로미오와 줄리엣'의 고장 베로나 주변에서 와인이 생산되고 있다. 베네토의 와인산지는 소아베, 발폴리첼라, 바르돌리노 등이 유명하다. 소아베는 베로나의 동쪽에 위치하고 있다. 포도 품종은 가르가네가(Garganega), 트레비아노(Trebbiano)이며 드라이 화이트와인을 만든다. 발폴리첼라는 코르비나(Corvina), 론디넬라(Rondinella), 몰리나라(Molinara) 등의 적포도를 섞어 만든다. 바르돌리노(Bardolino)는 발폴리첼라와 같은 품종의 포도를 혼합하여 만든다. 모두 가볍고 신선한 느낌의 와인으로 값이 싸 대중적인 인기를 누리고 있다. 그리고 포도를 건조시켜 만든 단맛의 레초토(Recioto)와 드라이한 맛의 아마로네(Amarone) 등이 있다.

이 밖에도 주정을 강화시켜 보존성을 높인 마르살라(Marsala)와인과 가향와인 벌무스(Vermouth)가 있다.

베네토 DOCG와인	
발폴리첼라(Valpolicella)	색상과 무게감이 밝고 가벼운 편이다.
바르돌리노(Bardolino)	바르돌리노 마을 주변에서 생산되는 가벼운 레드와인이다.
소아베(Soave)	소아베 마을의 이름을 딴 드라이한 맛의 화이트와인이다.
아마로네(Amarone)	포도를 건조시켜 만든 드라이한 맛의 레드와인이다.

Verona산(産) 화이트와인
_소아베

④ 라치오(Lazio)주

로마를 중심도시로 하는 이탈리아 서부에 있는 주(州)이다. 화산성 토양에 풍부한 일조량을 갖춘 곳이다. 주로 가볍고 신선한 맛의 드라이한 화이트와인이 생산된다. 포도 품종은 말바시아(Malvasia), 트레비아노(Trebbiano) 등이다. 주요 와인산지는 몬테피아스코네(Montefiascone), 프라스카티(Frascati), 마리노(Marino) 등이 유명하다. 모두 다 가볍고 신선한 맛의 화이트와인이다.

라치오 주요 와인	
몬테피아스코네(Montefiascone)	에스트! 에스트!! 에스트!!!라는 화이트와인이 유명하다.
프라스카티(Frascati)	가볍고 신선한 맛의 화이트와인이다.
마리노(Marino)	로마시대에 황제들이 즐겨 마신 화이트와인으로 유명하다.

183

이탈리아 와인 라벨 읽기

① 포도원명

② 숙성조건

③ 와인명(포도 품종명)

④ 와인등급(DOCG)

⑤ 병입지

⑥ 용량

⑦ 생산국

(3) 독일 와인

독일 와인은 고대 로마시대부터 2000년 이상 전승된 포도 재배의 전통과 노하우를 자랑한다. 유럽의 와인 생산국 가운데 가장 북쪽에 위치하고 있다. 프랑스에 비해 날씨가 춥고 일조량이 많지 않기 때문에 남부의 일부 지역을 빼고는 레드와인용 포도 재배가 적합하지 않다. 그래서 독일에서 생산되는 와인의 85% 이상이 화이트와인이고, 남은 15%가 레드와인과 로제와인이다. 화이트와인의 대표 품종은 리슬링(Riesling), 게뷔르츠트라미너(Gewurztraminer), 실바너(Silvaner), 뮐러투르가우(Muller-Thurgau)이고, 레드와인의 대표 품종은 슈페트버건더(Spatburgunder, 피노 누아), 포르투기저(Portugieser) 등이 유명하다. 일조량 부족으로 당분 함량이 적고, 대신 산도가 높은 것이 독일 와인의 특징이다. 이에 따라 독일은 추위에 강한 품종을 개발하고, 수확시기를 늦추거나 언 상태의 포도를 수확하여 포도의 당도를 올리는 연구를 지속해 왔다. 그 결과 포도의 신맛과 천연의 단맛이 서로 균형을 이루면서 어우러져 있다. 독일 와인은 4가지 등급으로 나뉜다.

독일의 주요 와인산지

독일 와인의 등급

최상급 와인 / QmP : Qualitatswein mit Pradikat

독일 와인의 등급은 포도 수확시기에 따라 와인의 품질이 정해진다. 포도 수확시기가 늦을수록 당도가 높아 좋은 품질의 와인이 생산된다. 최상급의 QmP는 포도 수확시기에 따라 6단계로 나뉜다.

QmP 와인의 품질 등급

품질 등급	와인의 특징
카비네트 (Kabinett)	정상적인 수확시기에 수확한 포도로 만든 와인이다. 가볍고 드라이한 맛의 대중적인 와인이다.
슈페트레제 (Spatlese)	Spat(늦은), Lese(수확)의 합성어로 늦게 수확한 포도로 만든 와인이다. 이는 정상적인 수확시기보다 1주일 정도 늦게 수확한 포도로 만든 와인이다.
아우스레제 (Auslese)	Aus(선별), Lese(수확)의 합성어로 과숙한 포도송이만을 선별적으로 수확하여 만든 와인이다. 맛과 향의 농도가 짙고 풍부하다.
베렌아우스레제 (Beerenauslese)	Beeren(포도알), Aus(선별), Lese(수확)의 합성어로 과숙한 포도 알만을 골라서 만든 와인이다. 특유한 꿀 향기를 가진 진한 맛의 와인이다.
트로켄베렌아우스레제 (Trocken-beerenauslese)	Trocken(수분이 없는), Beeren(포도알), Aus(선별), Lese(수확)의 합성어로 건포도에 가까운 상태의 포도로 만든 와인이다. 벌꿀과 같은 진한 풍미의 스위트 화이트와인이다.
아이스바인 (Eiswein)	겨울에 포도가 얼 때까지 기다려 수확하여 만든 와인이다. 추운 겨울에 포도 속의 얼음이 된 수분을 제거한 다음 액체상태의 당분만으로 와인을 만든다. 액체의 빙점을 이용한 와인으로 당도가 매우 높다.

상급 와인 / QbA : Qualitatswein bestimmter Anbaugebiete

지역의 특성과 전통적인 맛을 보증하기 위하여 포도원의 토질, 포도 품종, 재배방법, 양조과정을 검사받아 와인의 품질이 우수한 와인이다.

지방 와인 / Landwein, 란트바인

프랑스의 뱅 드 페이급 와인으로 산지와 포도 품종이 표기된다.

테이블 와인 / Tafelwein, 타펠바인

여러 종류의 포도를 섞어 양조되며, 산지명이 표기되지 않는 와인이다.

언 포도

독일의 와인산지는 하천을 따라 펼쳐져 있다. 그중에도 라인강 유역에 라인가우(Rheingau)와 라인헤센(Rheinhessen), 라인팔츠(Rhein-Pfalz) 그리고 모젤강 유역에 모젤-자르-루버(Mosel-Saar-Ruwer)가 있다.

① 라인가우(Rheingau)

라인강변에 위치한 독일 최고의 와인산지이다. 대부분의 포도밭이 모두 햇빛을 잘 받을 수 있는 남향으로 되어 있는 언덕 지형에 위치하고 있다. 독일에서 가장 작은 규모의 와인산지이지만 귀부포도로 만드는 트로켄베렌-아우스레제와 아이스바인 등 최상품 디저트와인을 생산하고 있다. 라인강에서 피어오르는 안개가 귀부 균의 발생을 촉진시켜 향이 풍부하고, 벌꿀과 같은 짙은 맛의 화이트와인을 생산할 수 있다. 포도 품종은 리슬링(Riesling)을 중심으로 슈페트버건더(Spatburgunder), 뮐러투르가우(Muller-Thurgau) 등이다. 리슬링은 매우 드라이하고 단단한 와인에서부터 꿀처럼 달콤한 귀부와인이나 발포성 와인에 이르기까지 다양한 스타일로 양조된다. 와인산지는 요하니스베르그(Johannisberg)와 호흐하임(Hochheim)이 유명하다.

라인가우의 포도밭 전경

② 라인헤센(Rheinhessen)

라인헤센은 라인강 좌측 연안에 위치하고 있다. 독일에서 가장 넓은 포도 재배지역이다. 이 지역의 토질은 점판암, 모래, 자갈 등으로 이루어져 있다. 그래서 이곳에서 자란 리슬링은 수분이 많다. 리슬링 이외에도 뮐러투르가우, 실바너 등이 와인 생산에 사용되고 있다.

라인헤센 지역에서 유명한 와인은 립후라우밀히(Liebfraumilch, 성모의 젖)이다. 성모 교회의 이름을 딴 와인으로 독일 수출 와인의 절반을 차지하고 있다. 이 와인은 발음하기 쉽게 블루넌(Blue Nun, 푸른 옷의 수녀)이라고도 불린다. 가볍고 신선한 맛의 화이트와인이다.

립후라우밀히(Liebfraumilch)
와인

③ 모젤-자르-루버(Mosel-Saar-Ruwer)

모젤강과 그 지류인 자르강, 루버강의 협곡에 위치하고 있다. 포도밭의 경사가 매우 가파른 곳으로 유명하다. 일조량이 부족하기 때문에 강물에 반사되는 햇살을 더 받을 수 있도록 한 것이다. 이 지역의 토질은 점판암이 많다. 이 암석은 햇볕이나 열을 잘 반사해서 포도 숙성에 일조를 한다. 포도는 리슬링, 뮐러투르가우(Muller-Thurrgau)품종이 사용된다.

주요 와인산지로 모젤강 중류의 베른카스텔(Bernkastel), 피스포르트(Piesport) 등이 유명하다. 그리고 모젤-자르-루버(Mosel-Saar-Ruwer)를 줄여서 모젤와인(Mosel Wine)이라 부른다. 강 유역에 따라 맛의 차이가 있는데, 모젤강 유역은 부드럽고 섬세한 맛이다. 자르강 유역은 구조가 튼튼한 보디가 있고, 루버강 유역은 향이 풍부하고 풋풋한 신맛이 특징이다. 모젤강 유역의 첼(Zell)마을에서 생산되는 슈바르체 카츠(Schwarze Katz)와인이 널리 알려져 있다. 산뜻하고 달콤한 맛의 와인으로 리슬링 품종이 사용되며, 라벨에 검은 고양이가 그려져 있다.

리슬링 품종의
슈페트레제 모젤와인

④ 아르(Ahr)

독일의 가장 북쪽에 위치하고 있다. 라인강으로 합류하는 아르강 유역을 따라 가파른 경사면에 포도밭이 조성되어 있다. 이곳은 레드와인의 포도 품종이 약 90%를 차지하고 있다. 그래서 독일에서는 '레드와인의 천국'이라 불린다. 가장 북쪽에 위치하고 있지만 포도밭이 남향에 위치하고 있어 일조량이 풍부하다. 그리고 계곡이 좁아서 온실효과의 영

포도밭이 가파른 경사면에 위치한
아르(Ahr)

향을 받으며, 토양은 열을 잘 전달해 주는 점판암으로 이루어졌다. 레드와인은 슈페트버건더(Spatburgunder, 피노 누아), 포르투기저(Portugieser)품종이 사용된다. 화이트와인은 리슬링(Riesling), 뮐러 투르가우(Muller-Thurgau)품종이 사용된다.

독일 와인 라벨 읽기

① 포도원명
② 수확연도, Vintage
③ 마을명
④ 포도 품종
⑤ 와인등급
⑥ 품질등급
⑦ 생산국
⑧ 병입지
⑨ 생산지
⑩ 알코올 함량
⑪ 용량
⑫ 포도밭명

---

① SELBACH-OSTER

② 2005

③ BERNKASTELER BADSTUBE ⑫
④ RIESLING AUSLESE ⑥

⑤ QUALITÄTSWEIN MIT PRÄDIKAT · PRODUCE OF GERMANY ⑦
GUTSABFÜLLUNG WEINGUT SELBACH-OSTER · D-54492 ZELTINGEN
L.-A.P. NR. 2 606 319 010 06 ⑧
Enthält Sulfite
⑨ MOSEL · SAAR · RUWER
⑩ alc. 8 % vol · 750ml e ⑪

---

(4) 스페인 와인

스페인은 유럽에서 오래된 와인의 역사와 가장 넓은 포도 경작지를 가진 국가이다. 그러나 단위면적당 연평균 생산량은 세계 3위이다. 스페인의 와인산업이 비약적인 발전을 이루게 된 것은 19세기 중엽이다. 이 시기에 유럽 전역의 포도밭 대부분이 '필록세라(Phylloxera, 진딧물)'라는 해충에 의해 황폐화되었다. 이를 계기로 프랑스 보르도의 와인 생산자들이 피레네 산맥을 넘어 스페인의 리오하(Rioja) 지역에 포도밭을 조성하게 되었다. 이들로부터 프랑스의 포도 재배와 양조기술을 전수받게 된 것이다. 이때부터 스페인의 와인품질이 크게 향상되었다. 레드와인 품종은 템프라니요(Tempranillo, 피노 누아와 비슷), 가르나차(Garnacha, 그르나쉬와 비슷)이고, 화이트와인 품종은 비우라(Viura), 팔로미노(Palomino) 등이다.

1930년에 스페인 역시 프랑스의 AOC법을 모방한 DO(Denominacione de Origen, 원산지 지정)제도를 도입해 와인에 대한 품질관리를 하고 있다. 이후 1970년에 4단계로 제정되었고, 2003년 INDO(Instituto Nacional Denominacione de Origen, 전국원산지명칭통제협의회)에 의해 6단계로 분류되었다.

스페인의 와인등급

와인등급	와인의 특징
Vino de Pago/ VdP	특별한 국지 기후와 뛰어난 와인을 생산한 실적이 있거나 DOC 지역 안에 위치한 단일 포도밭에 지정된다. 독립된 포도밭에서 나온 포도만 사용해야 한다.
Denominacion de Origen Calificada/ DOC	DO제도의 규정에 적합하고, DO 와인으로 10년 동안 인정된 것이라야 한다. 이 등급을 받은 지역은 리오하, 프리오라트, 리베라 델 두에로 등이다.
Denominacion de Origen/ DO	DO제도의 각종 규정을 충족시킨 와인이다. 이 와인은 지정된 지방, 지역, 포도밭에서 생산된 것이어야 한다.
Indicacion Geografica Protegida/ IGP	와인의 품질과 명성이 있는 와인 생산지역에 부여된다. 프랑스 뱅드페이(Vin de Pays)와 유사하다.
Vino de la Tierra/ VdT	넓은 범위의 지명이 붙는 테이블와인이다. 지역적 특성을 담고 있는 지방와인이 해당된다.
Vino de Mesa/ VdM	스페인 여러 지방의 포도나 와인을 섞어 만드는 테이블와인이다. 산지와 수확연도를 표기할 수 없다.

주요 와인산지는 리오하(Rioja), 리베라 델 두에로(Ribera del Duero), 프리오라트(Priorat), 페네데스(Penedes), 라만차(La Mancha), 헤레스(Jerez) 등이 있다.

① 리오하(Rioja)

스페인을 대표하는 와인산지이다. 로마인들이 이 지역에서 와인을 제조하기 시작했다. 이후에는 프랑스 와인 생산자들에 의해 많은 영향을 받았다. 리오하 와인산지는 에브로(Ebro)강을 따라 펼쳐져 있다. 레드와인과 화이트와인, 로제와인을 생산하지만 명성을 얻고 있는 것은 레드와인이

스페인의 주요 와인산지

다. 리오하의 주요 포도 품종은 템프라니요(Tempranillo)이다. 이외에도 가르나차(Garna-cha), 비우라(Viura) 등도 재배되고 있다. 주요 와인산지는 알타(Alta), 알라베사(Alavesa), 바하(Baja) 등의 3지역으로 분류할 수 있다. 이 중에서 알타 지역은 최상품 레드와인을 생산하고 있다. 그리고 와인 숙성의 조건을 규정하여 라벨에 표기되는데 이는 다음과 같다.

구분	와인의 특징
호벤(Joven)	숙성을 거치지 않고 바로 마시는 와인
크리안사(Crianza)	2년 숙성/ 오크통숙성 1년, 병숙성 1년
레세르바(Reserva)	3년 숙성/ 오크통숙성 1년, 병숙성 2년
그랑 레세르바(Gran Reserva)	5년 숙성/ 오크통숙성 2년, 병숙성 3년

리오하(DOC와인)

② 리베라 델 두에로(Ribera del Duero)

마드리드(Madrid) 북쪽의 리베라 델 두에로는 동서로 흐르는 두에로(Duero)강을 경계로 남북으로 포도 재배지가 형성되어 있다. 두에로강은 포르투갈의 유명한 포트 와인 산지인 오포르투(Oporto)항을 통해 대서양으로 흘러들어간다. 이 지역의 토질은 석회암, 모래, 점토, 백악질 등으로 이루어져 있다.

1980년대 초반만 해도 거의 무명에 불과했던 이곳은 리오하와 경쟁하고 있다. 그것은 이 지역의 토착품종인 틴토 피노(Tinto Fino, 템프라니요의 변종)의 재발견 덕분이었다. 새로운 포도 재배법과 장기 숙성기술을 통해 명품 와인을 만드는 품종으로 다시 태어났기 때문이다. 이 중에서 베가 시칠리아 유니코(Vega Sicilia Unico)와 핑구스(Pingus)는 스페인에서 가장 값비싼 와인으로 알려져 있다. 베가 시칠리아의 모든 와인들은 최소 5년에서 20년 이상 숙성 후 시장에 출시된다. 그리고 토착품종인 틴토 피노를 주품종으로 외래 품종인 카베르네 소비뇽, 메를로, 말벡 등을 블렌딩하여 만든다.

베가 시칠리아 유니코
(Vega Sicilia Unico)

③ 프리오라트(Priorat)

스페인 카탈루냐 북동쪽에 위치하고 있다. 남동쪽의 바다로 향하는 경사면을 제외하고 사방이 깎아지른 듯한 산맥으로 둘러싸여 있다. 13세기에 세워진 카르투지오(Carthusians)수도원에서 와인을 생산하기 시작했다. 스페인에서 가장 작은 규모의 와인산지이 지만 스페인에서 두 번째로 DOC등급을 받은 곳이다. 포도 품종은 가르나차(Garnacha, 그르나쉬)와 함께 카리네나(Carinyena, 카리냥), 카 베르네 소비뇽을 섞어 레드와인을 만든다. 프리오라 트의 레르미타(L'Ermita)와인은 리베라 델 두에로 의 베가 시칠리아 유니코(Vega Sicilia Unico), 핑구 스(Pingus)와인과 함께 스페인의 3大 와인 중 하나 이다.

프리오라트의 포도밭 전경

④ 페네데스(Penedes)

스페인 동북부의 지중해 연안에 위치하고 있다. 로마시대부터 와인 생산지로 주목받 아 왔던 곳이다. 지중해성 기후와 햇볕의 영향으로 온화하고 따뜻한 기후이며 토질은 석 회암, 점토, 모래로 이루어져 있다. 페네데스는 스페인 최고의 스파클링와인 카바(Cava) 생산지로 유명하다. 카바 전체 생산량의 85%가 이곳에서 나온다. 카바는 프랑스의 샴페 인 양조방식과 동일한 과정으로 제조한다(병 안에서 2차 발효가 일어나 기포가 형성되 는 방식). 토착 청포도 품종인 마카베오(Macabeo), 사렐로(Xarello), 파레 야다(Parellada) 등이 카바 양조에 사용되며, 단독으로 혹은 다른 품종과 섞어서 만든다.

세계에서 가장 긴 인공 동굴(30km)에 최대의 저장시설을 갖춘 코도르니 우(Codorniu)가 유명하다. 그리고 토레스(Torres)가에서 생산하고 있는 검 은색 라벨의 그란 코로나스(Gran Coronas)는 수출용 레드와인으로 인기 가 있다. 카베르네 소비뇽 포도를 사용하여 만들고 있다.

스페인의 스파클링 와인, 카바(Cava)

⑤ 라만차(La Mancha)

스페인의 중부 마드리드(Madrid) 남쪽에 위치하고 있다. 지금부터 400년 전, 소설 돈 키호테의 주 배경이 된 풍차마을로도 유명하다. 스페인에서 가장 넓은 와인산지인데, 주 로 벌크와인(Bulk Wine)[8]을 생산했다. 그러나 꾸준한 품질관리로 와인의 품질이 계속 해서 개선되고 있다. 토질은 붉은 석회암 토양이 특징이다. 적포도는 센시벨(Cencibel) 이고, 청포도는 아이렌(Airen)품종을 사용한다. 대륙성 기후로 큰 일교차 덕분에 다양

---

8) 병에 담기지 않은 포도주이다. 음료나 제품의 원료로 사용되고, 병에 담긴 제품과는 구별된다.

한 아로마가 생성된다. 주요 와인산지는 알바세테(Albacete), 시우다드레알(Ciudad Real), 쿠엔카(Cuenca), 톨레도(Toledo) 등이 있다. 현재 9개의 DO가 있고, 4개의 비노 데 파고 (Vino de Pago)가 있다.

⑥ 헤레스(Jerez)

스페인 남부에 위치한 쉐리와인의 발상지이다. 헤레스(Jerez)가 변형되어, 프랑스어의 세레스(Xerez), 영어의 쉐리(Sherry)가 되었다. 스페인에서는 3개의 명칭인 Jerez-Xerez-Sherry를 모두 표기하고 있다. 대부분의 쉐리와인은 청포도의 팔로미노(Palomino)품종 으로 만들며 화이트와인이다. 발효를 마친 화이트와인에 브랜디를 첨가하여 주정을 강화시켜 만든다. 쉐리와인은 2가지 유형이 있는 데 피노(Fino)와 올로로소(Oloroso)이다. 피노는 좀 더 가벼운 스타일 로 알코올 농도 15% 정도이다. 그리고 오크통에 담긴 채 플로(Flor)라 는 효모 밑에서 숙성된다. 그래서 와인의 산소 접촉이 차단되어 와인 의 성분을 미세하게 변화시킨다. 이에 따라 와인에 옅은 색상과 드라 이하고 톡 쏘는 짜릿한 향미를 더한다. 올로로소는 알코올 농도 17% 정도로 강화된 와인이다. 오크통에서 공기와의 접촉이 있는 산화 숙 성을 거쳐 만든다. 그 결과 오크 요소들이 더해져 피노(Fino)보다 짙 고 어두운 색상을 띤다.

쉐리와인,
(티오페페 _
피노타입)

쉐리는 솔레라(Solera)시스템이라는 독특한 방식에 의해 항상 신선함을 유지하면서 깊고 복잡한 향미를 얻게 된다. 이 시스템은 오크통을 3, 4단으로 쌓고, 서로 연결하여 위에서 아래로 흐를 수 있게 한다. 상단은 새로운 와인이 들어 있는 통이고, 하단은 오래 된 와인을 넣은 통이다. 일정기간 숙성이 끝나면 하단에서부터 병입하는데, 그만큼의 새 로운 와인을 상단의 통에 보충시켜 준다. 이렇게 해서 항상 같은 맛의 쉐리와인을 생산 하는 것이다. 이런 방식을 솔레라(Solera)시스템이라 한다. 전체 숙성과정이 끝나려면 적 어도 4~5년이 걸린다. 유명제품으로 크로프트(Croft), 곤잘레스 비아스(Conzalez Byass), 산데만(Sandeman), 하베이스(Harveys) 등이 있다. 쉐리와인은 제조방법에 따라 다음과 같이 4가지로 나뉜다.

쉐리와인의 종류

종류	와인의 특징
피노(Fino)	오크통에서 효모 숙성으로 인해 플로르(Flor)향을 갖고 있다. 주로 식전주로 이용되며, 알코올 농도는 15~17% 정도이다. 쉐리와인의 80% 이상이 드라이한 맛의 피노(Fino) 타입이다.
아몬틸라도 (Amontillado)	피노(Fino) 타입의 쉐리를 오크통에서 장기간 숙성시킨 것이다. 색상이 짙고, 부드러운 맛이 특징이다. 알코올 도수는 16~20% 정도이다.
올로로소 (Oloroso)	오크통에서 공기와의 접촉이 있는 산화 숙성을 거쳐 만든다. 따라서 오크 요소들이 더해져 피노(Fino)보다 더 어두운 색을 띠고, 견과류 향이 좋아진다. 알코올 농도는 17~22% 정도이다.
크림(Cream)	올로로소에 단맛을 첨가한 것이다. 부드럽고 달콤한 맛으로 식후주로 쓰인다.

스페인 와인용어

- Anejo(아네호) : 숙성시킨
- Cepa(세파) : 포도 품종
- Joven(호벤) : 영와인
- Reserva(레세르바) : 3년 숙성
- Dulce(둘세): 단맛
- Seco(세코): 드라이
- Vendimia(벤디미아) : 수확
- Espumoso(에스푸모소) : 스파클링와인, 샴페인 방식은 Cava

- Bodega(보데가) : 와인 저장고 혹은 와인제조회사
- Cosecha(코세차) : 빈티지
- Crianza(크리안사) : 2년 숙성
- Gran Reserva(그란 레세르바) : 5년 숙성
- Rosado(로사도): 로제
- Tindo(틴토): 붉은 = Red
- Vino Corriente(비노 코리엔테) : 테이블와인

스페인 와인 라벨 읽기

① 포도원명
② 숙성조건
③ 수확연도, Vintage
④ 생산지
⑤ 와인등급
⑥ 병입지
⑦ 생산국
⑧ 알코올 함량
⑨ 용량

(5) 포르투갈 와인

포르투갈은 이베리아 반도 서쪽 끝에 위치하고 있다. 오른쪽은 지중해, 왼쪽은 대서양을 끼고 있다. 12세기 스페인으로부터 독립한 포르투갈은 와인산업도 스페인과 같은 역사를 갖고 있다. 포르투갈은 작은 국토에 비해 다양한 스타일의 와인을 생산하고 있다. 그것은 대서양과 지중해성 그리고 대륙성 기후의 영향을 받고 있기 때문이다. 토질은 주로 화강암과 편암으로 이루어져 있다. 포르투갈 와인은 거의 대부분이 토착품종으로 빚어진다. 레드와인 품종은 토리가 나시오날(Touriga Nacional), 바가(Baga), 틴타 로리츠(Tinta Roriz, 템프라니요)이며, 화이트와인 품종은 알바리노(Alvarinho), 아린토(Arinto), 엔크루사도(Encruzado) 등이 있다. 포르투갈은 원산지 품질 관리법을 세계 최초(1907년)로 시행할 정도로 와인의 품질 관리를 위해 노력하고 있다. 와인의 등급은 4단계로 나뉜다.

포르투갈의 주요 와인산지

포르투갈 와인의 등급

와인등급	특징
최상급 와인 DOC : Denominacao de Origen Controlada	프랑스 AOC에 해당되는 최상급 와인이다. 오랜 전통이 있는 지역에 부여된다. Douro, Madeira, Vinho Verde, Dao 지역 등이 여기에 해당된다.
상급 와인 IPR : Indicacao de Proveniencia Regulmentada	프랑스 VDQS등급에 해당되는 와인이다. 최근에 특산지로 지정된 지역의 와인에 부여된다.
지방 와인(Vinho de Regional : VdR)	테이블와인 중에서 원산지가 인정되고 있는 와인에 부여된다.
테이블 와인(Vinho de Mesa : VdM)	원산지명을 표기할 수 없는 일반적인 테이블와인이다.

와인은 전 국토에서 생산되고 있으나 지명도가 높은 산지는 북쪽의 도우로(Douro)강 유역에 몰려 있다. 주요 와인산지는 포르토(Porto), 마데이라(Madeira), 비뇨 베르드(Vinho Verde), 다웅(Dao) 등이 있다.

① 포르토(Porto)

대서양으로 흘러드는 도우로(Douro)강 하구에 위치하며, 오래전부터 항구도시로 번성했다. 현재 수도인 리스본에 버금가는 포르투갈 제2의 도시이다. 이곳에서 생산되는 포르토 와인은 '포트와인(Port Wine)'이라 부른다. 와인이 출하되는 항구의 이름이 포르토(Porto)라서 포트와인이라 부르게 되었다. 쉐리(Sherry)와인과 함께 세계 2대 주정강화 와인으로 꼽힌다.

포트와인은 대부분 레드와인으로 제조되나 드물게 화이트와인으로도 만들어지며, 알코올 함량은 18~20% 정도이다. 포도 품종은 토리가 나시오날(Touriga Nacional)이며, 발효가 진행 중인 와인에 브랜디를 첨가해 만든다. 포트와인의 단맛은 아직 발효가 끝나지 않은 포도의 당분이 그대로 남기 때문이다. 포트와인은 포도와 숙성 정도에 따라 다음과 같이 나뉜다.

포르토의 전경

포트와인의 종류

종류	와인의 특징
화이트 포트 (White Port)	청포도로 만든 황금색의 드라이한 맛이다. 2~3년간 오크통숙성을 거친다. 주로 차게 해서 식전주로 마신다. 스위트한 맛도 있다.
루비 포트 (Ruby Port)	적포도로 만들며 2~3년간 오크통에 숙성시키기 때문에 루비색을 띤다. 가장 대중적인 포트와인이다.
토니 포트 (Tawny Port)	화이트 포트와 루비 포트를 혼합시킨 것과 루비 포트를 10~20년간 장기 숙성한 올드 토니(Old Tawny)가 있다. 토니(Tawny)는 황갈색을 의미한다.
빈티지 포트 (Vintage Port)	작황이 좋은 해의 포도만 골라서 만든 최상품의 포트와인이다. '수확연도'가 표기된다. 2년 통숙성 후 10~50년까지 병숙성을 시킨다. 병에서 장기간 숙성되는 것에는 침전물이 많다. 따라서 마시기 전에 디캔팅을 해야 한다.
레이트 보틀드 빈티지 포트 (Late Bottled Vintage Port)	작황이 괜찮은 해의 포도만 사용해서 만든다. 오크통에서 4~6년간 숙성 후 병입되어 바로 소비된다. 품질도 좋으면서 빈티지만큼 비싸지 않아 포트의 풍미를 즐기는 데 적당하다. 수확연도가 표기된다.

토니(Tawny) 포트와인

② 마데이라(Madeira)

마데이라는 대서양에 떠 있는 포르투갈의 작은 섬이다. 이곳의 주정강화 와인 마데이라(Madeira)는 섬 이름이다. 쉐리와인, 포트와인과 함께 세계 3대 주정강화 와인으로 꼽는다. 발효가 끝난 와인에 브랜디를 첨가해서 만든다. 이에 따라 알코올 농도는 18~20% 정도로 높은 편이다. 마데이라를 만드는 품종은 세르시알(Sercial), 버델로(Verdelho), 보알(Boal), 말바시아(Malvasia, 영어로 Malmsey) 등의 청포도이다. 최소 3년 동안 숙성시키는데, 기간에 따라 Reserve(5년 이상), Special Reserve(10년 이상), Extra Reserve(15년 이상), Vintage(20년 이상) 등으로 구분한다. 또 마데이라는 드라이한 맛부터 단맛까지 4종류가 있는데, 품종명을 그대로 사용한다.

마데이라 와인, 세르시알

마데이라 와인의 종류	
종류	와인의 특징
세르시알(Sercial)	드라이한 맛(당분 2~3%)
버델로(Verdelho)	중간 드라이한 맛(당분 5~6%)
보알(Boal)	단맛(당분 8~10%)
말바시아(Malvasia)	매우 단맛(당분 10~14%)

③ 비뉴 베르드(Vinho Verde)

포르투갈 북서부 해안지방에 위치하고 있다. 비뉴 베르드(Vinho Verde)란 그린 와인(Green Wine)이라는 뜻이다. 와인이 녹색이 아니라 어린 포도로 만들기 때문에 붙여진 이름이다. 덜 익은 상태에서 숙성시켜 신맛이 나는 와인이다. 스페인과 국경을 이루는 미뉴(Minho)강 유역에서 생산된다. 그린 와인에는 레드, 화이트와인이 있는데, 알코올 함량이 9~11%로 낮은 편이다. 가볍고 신선한 맛으로 여름용 와인으로 마시기에 좋다.

④ 다웅(Dao)

포르투갈의 중북부에 위치하고 있다. 이곳은 해발고도가 높은 지형적 특성 때문에 포도는 천천히 익어 향과 산도가 좋은 편이다. 토질은 화강암과 편암으로 이루어져 있다. 레드와인 품종은 토리가 나시오날(Touriga Nacional), 알프로체이로(Alfrocheiro), 틴타 로리츠(Tinta Roriz, 템프라니요)이며, 화이트와인 품종은 엔크루사두(Encruzado)이다. 유명한 와인산지인 비세우(Viseu)마을과 동부에서 양질의 와인이 생산되고 있다.

(6) 미국 와인

미국 와인의 대부분은 캘리포니아에서 생산된다. 태평양 연안에 자리 잡은 캘리포니아는 이상적인 기후조건에 풍부한 자본과 우수한 기술을 적용하여, 세계적인 품질의 와인을 생산하고 있다. 유럽은 전통적으로 포도밭에 등급이 있고, 양조방법 또한 법으로 규제하고 있어 새로운 시도가 불가능하다. 하지만 미국은 현대적인 포도 재배 및 양조기술을 최대한 활용, 다양한 실험을 통해서 양질의 와인을 생산하고 있다.

미국 와인의 특징은 포도 생산지와 품종을 중요시하는 것이다. 1983년 AVA(American Viticulture Area, 미국 포도 재배지역)제도를 도입하였다. 이에 따라 라벨에 포도 품종을 표기하려면 해당 품종이 75% 이상 사용되어야 한다. 그리고 산지를 표기하기 위해서는 85%, 빈티지를 표기하기 위해서는 95% 이상을 그해에 수확한 포도를 사용해야 한다. 프랑스의 AOC와 비슷한 시스템이다. 레드와인의 품종은 카베르네 소비뇽, 메를로, 피노 누아, 진판델 등이고, 화이트와인의 품종은 샤르도네, 소비뇽 블랑, 리슬링, 세미용 등이다.

미국 와인의 등급은 단일품종의 포도를 사용하여 만드는 버라이어틀(Varietal), 여러 종류의 포도를 혼합하여 만드는 프로프라이어터리(Proprietary) 그리고 일반적인 테이블와인의 제너릭(Generic) 등이 있다. 구체적으로 살펴보면 다음과 같다.

캘리포니아의 주요 와인산지

미국 와인의 등급	
와인 등급	**와인의 특징**
버라이어틀(Varietal)	단일품종의 포도를 75% 이상 사용한 상급와인이다. 라벨에 포도 품종을 표기한다. 예) Cabernet Sauvignon, Chardonnay
프로프라이어터리 (Proprietary)	여러 종류의 포도를 혼합하여 만드는 와인이다. 보르도 타입의 고급품도 있다. 양조장의 독자적인 상표를 라벨에 표기한다.
제너릭(Generic)	라벨에 포도 품종을 기재하지 않는 일반적인 와인이다.

프로프라이어터리는 최상품의 와인으로 메리티지(Meritage)가 있다. 이 와인은 카베르네 소비뇽이나 메를로와 같은 프랑스 보르도의 포도를 적당한 비율로 섞어 만든다. 보르도 지방의 그랑크뤼에 도전하기 위해 만들기 시작했다. 주품종의 사용비율이 75%를 넘지 않기 때문에 포도 품종은 라벨에 표기할 수 없다. 일부 회사의 경우 리저브(Reserve)라는 단어를 라벨에 표기하는데, 법적 구속력은 없지만 오랜 숙성을 거친 프리미엄급 와인을 뜻한다. 캘리포니아의 주요 와인산지를 살펴보면 다음과 같다.

① 캘리포니아(California)

미국 전체 와인 생산량의 약 90%는 캘리포니아에서 생산하고 있다. 유명한 와인산지는 샌프란시스코의 북쪽에 위치한 나파 밸리(Napa Valley)와 소노마(Sonoma) 카운티가 있다.

ⓐ 나파 밸리(Napa Valley)

미국에서 가장 유명한 와인산지로 샌프란시스코 북쪽에 위치하고 있다. 나파 밸리 산악지대는 태평양에서부터 계곡을 따라 산으로 올라가는 형태의 지형이기 때문에 곳곳에 안개가 끼는 정도나 토양의 질, 평균기온 등이 모두 다르다. 이에 따라 다양한 맛을 느끼게 해주는 복합미(complexity)가 있다. 유명 와이너리는 로버트 몬다비(Robert Mondavi), 오퍼스 원(Opus One)[9], 베린저(Beringer), 클로 뒤 발(Clos du Val) 등이

로버트 몬다비의 화이트와인과
레드와인

---

9) 미국의 로버트 몬다비(Robert Mondavi)가 프랑스의 1등급 와인 중 하나인 샤토 무통 로칠드(Chateau Mouton-Rothschild)와 제휴하여 만든 프리미엄급 와인이다.

있다. 대규모 와인회사들이 이곳에 자리 잡고 최상품의 와인을 생산하고 있다.

ⓑ 소노마(Sonoma) 카운터

소노마는 샌프란시스코와 나파 밸리 사이에 위치하고 있다. 이곳은 태평양 해안에 가까워 온화한 기후조건으로 포도 재배에 적합하다. 소노마에서는 포도 재배지역(AVA)을 와인 라벨에 표기하는데 알렉산더 밸리(Alexander Valley), 드라이 크릭 밸리(Dry Creek Valley), 러시안 리버 밸리(Russian River Valley), 초크 힐(Chalk Hill) 등으로 양질의 와인이 생산된다. 유명 와이너리는 세바스찬(Sebastian), 켄우드(Kenwood), 갤로(Gallo) 등이 있다.

소노마 지역의 포도밭 전경

② **뉴욕(New York)**

뉴욕주는 미 동부에 위치하고 있으며, 캘리포니아 다음으로 와인을 많이 생산한다. 유명 와인산지는 단맛의 화이트와인을 생산하는 핑거 레이크(Finger Lake) 지역이다. 추운 날씨에 독일의 리슬링 포도를 늦게 수확하여 아이스 와인을 생산하고 있다. 롱 아일랜드(Long Island) 지역은 카베르네 소비뇽과 메를로를 주품종으로 보르도 타입의 레드와인을 생산하고 있다. 이 밖에 미국 북서부에 위치한 워싱턴주는 와인의 역사는 비교적 짧지만, 양질의 와인으로 큰 명성을 얻고 있다. 초기에는 리슬링과 샤르도네 등 화이트와인용 포도를 재배하였으나 최근에는 카베르네 소비뇽과 메를로의 품종으로 레드와인을 생산하면서 인정받고 있다.

와인과 요리

> **블러시 와인(Blush wine)**
> 블러시 와인은 로제와 화이트의 중간색인 옅은 핑크색으로 만들어 레드, 로제, 화이트에 이어 제4의 와인으로 불린다. 적포도의 진판델 품종으로 만든 것으로, 가벼운 단맛과 풍부한 과일향이 특징이다. 캘리포니아의 화이트 진판델이 인기가 있다.

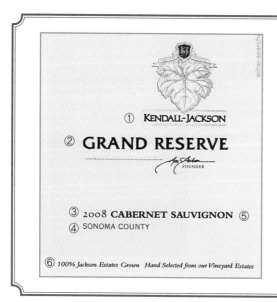

캘리포니아 와인 라벨 읽기

① 포도원명

② 숙성조건

③ 수확연도, Vintage

④ 생산지

⑤ 포도 품종명

⑥ 품질보증(100% 자사 포도)

(7) 칠레 와인

칠레는 남북방향으로 길게 뻗은 지형이다. 서쪽으로 태평양, 동쪽으로 거대한 안데스 산맥이 있다. 낮에는 태평양에서 시원한 바람이 불고, 밤에는 높은 산에서 찬바람이 포도밭 쪽으로 불어 포도의 당도가 높고, 산도가 많아서 와인의 맛이 조화를 이룬다. 특히, 안데스 산맥에서 흘러 내려오는 깨끗한 물과 오염되지 않은 토양 덕분에 고품질의 포도가 생산된다. 이런 환경을 갖춘 칠레 와인은 계속 수요가 증가하고 있다. 토질은 위치에 따라 점토, 모래, 자갈, 석회암, 충적토 등으로 다양하다. 레드와인의 품종은 카르미네르(Carmenere), 카베르네 소비뇽, 카베르네 프랑, 말벡, 프티 베르도, 메를로, 피노 누아 종이 재배된다. 화이트와인의 품종은 세미용, 소비뇽 블랑, 리슬링을 주로 재배하고 있다.

칠레는 포도의 품질이 뛰어나지만

칠레의 와인산지

양조기술은 이에 미치지 못하였다. 설비는 노후화되었고, 과학적 양조기술도 폭넓게 수용되지 못했다. 따라서 미국과 프랑스를 비롯한 많은 외국 대기업이 칠레의 포도산업에 투자하면서 품질수준이 크게 향상되었다. 칠레는 공식적인 와인등급은 없지만 1995년 원산지 명칭 DO(Denominacionde Origen)제도를 시행하고 있으며 이는 원산지 표기에 따라 2가지로 나뉜다.

칠레 와인의 등급

와인의 등급	와인의 특징
Denominacion de Origen/ DO	원산지와 빈티지를 라벨에 표기할 수 있는 와인
Vino de Mesa/ VdM	포도 품종과 빈티지를 라벨에 표기할 수 없는 와인

와인 라벨에 포도 품종, 포도 생산지, 빈티지를 표기하기 위해서는 각각 75% 이상의 당해연도에 생산된 포도를 사용해야 한다. 여러 가지 품종을 혼합한 와인은 비율 순으로 3개의 포도 품종을 표기할 수 있다. 그리고 숙성 정도에 따라 3가지 품질등급으로 나뉜다.

숙성에 따른 품질등급

Reserva Especial(리제르바 에스페셜)	2년 이상 숙성
Reserva(리제르바)	4년 이상 숙성
Gran Vino(그란비노)	6년 이상 숙성

이외에도 돈(Don), 도나(Dona)라는 표기가 있는데, 오랜 역사와 전통을 간직한 양조장에서 생산된 고급와인을 의미한다. 피나스(Finas)는 정부가 인정하는 포도 품종으로 양조된 와인을 나타낸다. 주요 와인산지는 4개의 권역 > 13개의 지역 > 소지역 > 마을단위로 점차 세분화되어 있다. 구체적으로 살펴보면 다음의 표와 같다.

콘차이토로(Conchay Toro)의
레드와인

칠레의 와인산지

Regions	Subregions	Zone	Areas
Atacama (아타카마)	Valle de Coquimbo Valle de Huasco		
Coquimbo (코퀸보)	Valle del Elqui		Vicuna, Paihuano
	Valle de Limari		Ovalle, Punitaqui, Rio Hurtado
	Valle del Choapa		Salamanca, Illapel
Aconcaqua (아콩카쿠아)	Valle del Aconcaqua		Panquehue
	Valle de Casablanca		
Valle Central (발레 센트럴)	Valle del Maipo		Santiago, Pirque, Puente, Alto, Buin, Isla de Maipo
	Valle de Rapel	Valle del Cachapoal	Rengo, Requinoa, Puemo
		Valle de Colchaqua	San Femando, Chimbarongo, Nancaqua, Palmilla, Santa Cura, Peralillo
	Valle de Curico	Valle del Teno	Rauco, Romeral
		Valle del Lontue	
	Valle del Maule	Valle del Claro	Talca, Pencahue
		Valle de Loncomilla	San Javier, Parral, Villa Alegre, Linares
		Valle del Tutuven	Cauquenes
Sur (수르)	Valle del Itata		Chillan, Quillon
	Valle del Bio-Bio		Portezuelo, Coelemu, Yumbel, Mulchen

주요 와인 생산자는 바론 필립 로칠드와 제휴해서 알마비바(Almaviva)를 생산하고 있는 콘차이토로(Conchay Toro)를 비롯해 에라주리즈(Errazuriz), 몬테스(Montes), 카르멘(Carmen) 등이 있다.

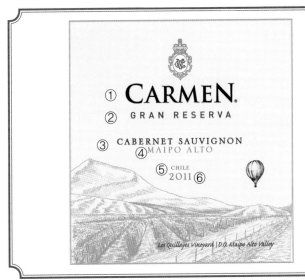

칠레 와인 라벨 읽기

① 와인명

② 숙성조건

③ 포도 품종

④ 생산지

⑤ 생산국

⑥ 수확연도, Vintage

2. 맥주(beer)

세계적으로 가장 널리 마시는 술이 맥주이다. 맥주의 주원료는 보리맥아, 홉(Hop, 뽕나무과의 덩굴성 다년생 식물)에 물을 첨가하고 효모로 발효시켜 만든다. 맥주의 독특한 쓴맛과 향은 원료인 홉 때문이다. 맥주의 성분은 일반적으로 물이 90%로 대부분을 차지하며, 그 외 알코올과 탄수화물, 유기산 등이 함유되어 있다.

맥주의 원료

맥주의 맛은 쓴맛, 단맛, 신맛 등이 잘 조화되어 있으며 탄산가스를 함유하고 있어, 상큼하고 시원한 맛을 낸다. 거품은 맥주에 녹아 있던 탄산가스가 방출될 때 일어나는 현상으로 탄산가스의 유출을 막아주고 맥주의 산화를 억제하는 보호막의 역할을 한다. 따라서 맥주는 거품의 형상과 지속성이 유지되어야 제맛을 느낄 수 있다. 대표적인 맥주 생산국은 독일, 영국, 체코, 미국, 벨기에 등이다. 우리나라의 경우 최초의 맥주는 1876년 일본에서 들어온 삿포로 맥주 이후, 1900년에 선보인 기린맥주였고 1980년대에 대중화되었다.

> ### 홉(Hop)의 작용
>
> * 맥주의 독특한 맛과 향을 낸다.
> * 맥주의 부패를 방지하고 맑고 깨끗하게 하는 역할을 한다.
> * 맥주는 신경을 진정시키고 이뇨(利尿)작용에 도움을 준다.
> * 맥주 거품에 지속성과 항균성을 부여한다.
>
> 홉(Hop)

1) 맥주의 분류

맥주를 분류하는 기준은 발효에 사용되는 효모로 결정하는데, 하면발효 맥주와 상면발효 맥주로 나뉜다. 그리고 맥주의 색은 맥아의 건조방법에 따라 농색맥주와 담색맥주가 있다. 일반적으로 하면발효 맥주를 라거(Lager)계, 상면발효 맥주를 에일(Ale Beer)계로 부른다.

(1) 효모에 의한 분류

① 하면발효 맥주

하면발효 맥주는 발효가 끝나면서 바닥에 가라앉는 효모를 사용하여 만드는 맥주이다. 비교적 저온(5~10℃)에서 발효되며 알코올 도수가 낮고, 쓴맛이 적은 산뜻한 맛의 맥주이다. 우리나라를 비롯하여 전 세계적으로 하면발효 맥주가 대부분을 차지한다. 네덜란드의 하이네켄, 버드와이저, 하이트, 카스 맥주 등이 있다.

② 상면발효 맥주

상면발효 맥주는 사용한 효모가 발효 중 표면에 뜨는 성질을 가진 효모를 사용하여 만드는 맥주이다. 상온(10~20℃)에서 발효되며 알코올 도수가 높고, 쓴맛이 강한 깊은 맛이 특징이다. 영국의 기네스, 호가든 맥주 등이 있다.

영국의 기네스 맥주

라거와 에일 맥주의 차이		
구분	라거(Lager)	에일(Ale)
맛	산뜻한 맛	깊은 맛
발효온도	저온, 5~10℃	상온, 10~20℃
효모	하면발효	상면발효
글로벌 시장점유율	70%	30%
주요 브랜드	하이네켄, 버드와이저	기네스, 호가든

(2) 색에 의한 분류

① 담색맥주

맥아를 저온에서 건조시켜 엷은 색의 맥아를 사용하면 담색맥주가 된다. 짙은 색의 맥주에 비하여 깨끗한 맛이 있다. 전 세계적으로 산뜻한 맛의 담색맥주 소비량이 깊이 있는 맛의 농색맥주에 비해 많다. 우리나라의 맥주는 대부분 담색맥주이다.

담색맥주와 농색맥주

② 농색맥주

맥아를 고온에서 건조시켜 짙은 색의 맥아(또는 흑맥아)를 사용하면 농색맥주가 만들어진다. 영국과 아일랜드에서 인기 있는 에일 맥주로 홉의 향이 강하고 쓴맛이 특징이다. 검게 구운 맥아를 사용하며 알코올 도수도 4~11%로 다양하고 맛도 진하다.

이 밖에도 맥주는 살균처리의 유, 무에 따라 병맥주와 생맥주로 구분한다. 병맥주는 발효가 끝난 상태에서 가열 살균단계를 거쳐 맥주에 남아 있는 효모를 비롯한 미생물을 살균하여 보존성을 높인 맥주이다. 맛과 향이 일부 파괴되는 단점이 있다. 국내에서 유통되는 병맥주와 캔맥주가 이에 해당된다. 생맥주는 살균하지 않은 것으로 효모나 미생물이 살아 있는 상태이며 신선한 풍미가 있다. 살균하지 않은 것이므로 저온에서 운반, 저장해야 하며 빨리 소비해야 한다. 오래 보존하면 미생물 혼탁이 생기고 맛이 변하게 된다.

2) 맥주의 서비스 및 관리

맥주의 적정온도는 생맥주 2~3℃, 병맥주 6~8℃(여름), 10~12℃(겨울)에서 맛있게 느껴진다. 맥주의 거품은 탄산가스가 새는 것을 막아주고, 산화를 억제하는 뚜껑과 같은 역할을 하므로 맛에 크게 영향을 준다. 적당한 거품이 있을 때 마시는 맥주가 가장 맛있다. 맥주 잔 2~3부 정도의 거품이 생기도록 따른다. 또 맥주의 맛은 깨끗하고 시원한 잔 그리고 청결도가 중요하다. 맥주를 너무 차갑게 보관하거나 잔에 기름기가 묻은 경우에는 거품이 잘 생기지 않게 된다. 맥주와 잘 조합되는 음식으로 소시지, 치킨, 꼬치구이, 야외의 바비큐 등이 있다. 맥주의 관리는 선입선출(FIFO)의 원칙을 준수하고 병맥주는 3개월, 영업장 내의 생맥주는 1개월 이내에 소비하도록 한다. 장기간의 저장과 직사광선에 노출되는 것은 피하고, 통풍이 잘 되는 시원한 곳에 보관한다. 또 진동이나 충격을 주지 않고 얼지 않도록 한다.

3) 세계의 맥주

맥주는 세계 여러 나라에 다양한 종류가 있다. 최근 맥주의 맛과 향에서 단순한 시원함보다 다양한 개성을 찾는 사람이 증가하는 추세에 있다. 전 세계의 유명제품을 살펴보면 다음과 같다.

세계의 맥주

(1) 독일

독일은 맥주의 종주국이다. 하면발효에 의한 산뜻한 맛의 맥주 양조법을 세계에 널리 전파하였다. 현재 독일의 각 지방에서는 그 고장 특유의 브랜드가 있는데, 그중에서 도르트문트와 뮌헨맥주가 대표적이다. 유명 맥주에는 벡스(Beck's), 뢰벤브로이(lowenbrau) 등이 있다.

치킨과 맥주

(2) 영국

하면발효 맥주를 독일식이라고 한다면 상면발효 맥주는 영국식이라고 할 수 있다. 영국식 상면발효 맥주는 에일, 스타우트, 포터, 기네스 맥주가 대표적이다. 영국 맥주는 너무 차지 않은 상온에서 마셔야 맛과 향을 느낄 수 있다.

(3) 네덜란드

대표적인 맥주회사로 1864년에 창립된 하이네켄(Heineken)이 있다. 암스테르담에 본부를 두고 있으며, 창립자의 이름이 하이네켄이다. 세계에서 두 번째로 큰 맥주회사로 세계 여러 나라에 잘 알려져 있다.

(4) 미국

초기의 미국 맥주는 영국식 상면발효 맥주가 생산되었는데, 독일인들의 이민이 증가하면서 현재는 하면발효 맥주가 주를 이루고 있다. 독일계 제조회사가 중심이며 시장점유율 세계 1위이다. 버드와이저(Budweiser), 쿠어(Coors), 밀러(Miller) 맥주 등이 있다. 세계 각국의 유명맥주를 살펴보면 다음과 같다.

세계 각국의 유명맥주			
독일	Beck's	**영국**	Ale, Guiness, Stout
체코	Pilsner Urquel	네덜란드	Heineken
덴마크	Carlsberg	미국	Budweiser, Miller
일본	Kirin, Sapporo, Asahi	중국	Tsingtao

제2절_ 증류주

우리의 소주를 비롯하여 중국의 고량주 그리고 서양의 진, 보드카, 럼, 테킬라, 위스키, 브랜디 등 알코올 농도가 높은 술은 모두 증류주에 속한다. 증류주는 발효과정을 거쳐서 만든 술을 증류(distill)라는 과학적인 조작으로 알코올을 분리해 만든 고농도 알코올을 함유한 술을 말한다.

1. 진(Gin)

진은 옥수수, 보리맥아, 호밀 등의 곡류를 발효한 후에 주니퍼베리(Juniper Berry, 두송나무 열매)를 넣고 증류시켜 만든다. 17세기 중엽 네덜란드 라이덴대학의 의사인 실비우스(Dr. Sylvius) 박사가 이뇨작용과 해열제를 위해 개발하였다. 이후 주니퍼베리의 산뜻한 향이 인기를 끌어 일반 술로도 마시기 시작하였다. 17세기 후반 영국으로 넘어갔고 그 당시 와인과 브랜디 등의 외국 술에 높은 세금을 부과하자 값이 싼 진이 유명해졌다. 그 후 미국에서 칵테일의 기본주로 활용되면서 전 세계로 퍼져 나갔다. 이에 따라 진은 네덜란드에서 만들었고 영국에서 발전시켰으며 미국에서 꽃피게 되었다. 통숙성을 하지 않아 무색투명하고 산뜻한 허브향과 드라이한 맛이 특징이다. 진(Gin)의 어원은 주니퍼베리의 네덜란드어 발음인 주네바(Genever)를 영국에서 짧게 줄여서 진(Gin)이 되었다. 지금도 네덜란드에서는 진을 '주네바'라고 부른다.

1) 진의 종류

진은 산뜻한 맛의 영국 런던 '드라이 진'과 전통적인 제법으로 만들고 있는 중후한 맛의 네덜란드 '주네바' 등의 2종류로 나뉜다.

주니퍼베리(Juniper Berry, 두송나무 열매)

(1) 런던 드라이 진(London Dry Gin)

산뜻한 맛의 드라이 진은 영국 런던을 중심으로 발달하여 붙여진 이름이다. 주원료는 맥아에 옥수수 등을 당화시켜 발효한 다음 연속식 증류기로 90% 정도의 주정을 만든다. 여기에 물을 타서 60%로 희석한다. 그리고 주니퍼베리, 코리앤더, 안젤리카의 뿌리, 레몬껍질 같은 방향성 물질을 넣고 다시 증류하여 제품을 만든다. 런던 드라이 진은 칵테일용 술로 계속 소비가 증가하고 있다.

(2) 네덜란드 주네바(Dutch Genever)

중후한 맛의 네덜란드 주네바(Genever)는 맥아에 옥수수, 호밀 등을 당화시켜 발효한 다음 단식증류기로 50% 정도의 주정을 얻는다. 여기에 주니퍼베리를 넣고 다시 증류하므로 향미가 짙고 맥아의 향이 강해 칵테일용으로 사용하지 않는다.

2) 진의 유명제품

일반적으로 유명한 진은 대부분 영국의 제품으로 알려져 있다. 독특한 향과 맛의 유명한 제품을 살펴보면 다음과 같다.

(1) 탱커레이(Tanqueray)

1830년 런던시 핀즈베리의 맑은 자연수를 이용하여 만들어졌다. 탱커레이 진은 상쾌한 허브향과 드라이한 맛이 특징이다. 현재까지의 드라이 진으로는 품질이 가장 우수한 것으로 알려지고 있다.

(2) 비휘터(Beefeater)

전통 복장을 입고 있는 런던탑의 경비병을 뜻한다. 1820년 런던에 설립된 제임스 버로(James Burrough)사의 제품이다. 산뜻한 향과 매끄러운 풍미가 특징이다. 칵테일 드라이 마티니의 기본주(Base)로 보편화되었다.

(3) 길베이(Gilbey)

1857년 길베이가의 월터 알프레드 형제에 의하여 창업되었다. 현재 길베이 진은 네모난 병으로 유명한데, 이것은 주요 수출국인 미국에서 금주법 시대에 위조하지 못하도록 디자인되었기 때문이다. 레드 라벨은 37도, 그린 라벨은 47.5도로 생산되고 있다.

(4) 고든(Gordon's)

고든 진은 주니퍼베리, 코리앤더, 감귤류의 과피 등으로 향미를 낸 런던 진의 정통파이다. 올드톰(Old Tom Gin)진은 가당하여 당도를 2% 정도 함유한 것으로 단맛의 진이다. 1898년 탱커레이 진과 합병하여 톱 브랜드의 메이커가 되었다.

(5) 봄베이(Bombay)

1781년에 탄생한 런던 드라이 진으로 곡류만을 사용하여 만들고 있다. 봄베이는 지금까지도 전통적인 방법으로 생산하고 있는데, 각지에서 수집한 약초를 증기로 만들어 향기를 준다. 드라이한 풍미의 제품이다. 이 제품은 독특한 디자인의 술병으로 귀족적인 이미지를 가진 것으로 유명하다.

| 탱커레이 | 비휘터 드라이 | 길베이 | 고든 | 봄베이 |

(6) 주네바(Genever)

진의 탄생지 네덜란드에서 만들어지는 진이다. 볼스(Bols)사는 네덜란드 스키담 (Schiedam)에서 1575년에 창업하여 오랜 역사를 갖고 있다. 전통적인 중후한 풍미의 주네바를 생산하고 있다.

2. 보드카(Vodka)

러시아의 국민주(酒)이다. 14세기부터 러시아와 북유럽 국가에서 애용되고 있다. 보드카(Vodka)의 어원은 생명의 물(Zhiezenniz Voda)이란 단어에서 나왔다. 주원료는 보리, 옥수수, 감자, 호밀 등의 곡류를 발효, 증류해서 주정을 만들고 물로 희석한 다음 자작나무 숯으로 여과한다. 위스키처럼 오크통에 숙성시키지 않아 독특한 색이나 향이 없다. 이와 같이 독특한 제조법 때문에 무색, 무취, 무미의 순수 알코올의 특성을 가진다. 이로써 보드카는 주스나 청량음료 등 어떤 재료와도 잘 혼합되어 진과 함께 칵테일의 기본주로 각광받고 있다. 러시아에서 보드카는 철갑상어의 알(Caviar)과 함께 식전주나 식후주로 마시는 것이 보통이다. 보드카는 러시아, 폴란드, 핀란드, 스웨덴, 미국 등에서 생산되고 있다.

보드카와 철갑상어 알(Caviar)

1) 보드카의 종류

보드카는 크게 무미, 무취에 가까운 중성(Neutral)보드카와 향을 첨가한 플레이버드 (Flavored)보드카 등이 있다.

(1) 뉴트럴 보드카(Neutral Vodka)

일반적으로 무색, 무미, 무취의 순수한 보드카를 말한다. 곡물을 발효, 증류시켜 자작나무 숯으로 여과하여 만든 보드카를 총칭한다. 보드카의 90% 이상이 이에 속한다.

중성보드카(Neutral Vodka)

(2) 플레이버드 보드카(Flavored Vodka)

일반적인 보드카에 여러 가지 약초와 향초, 과일, 씨앗 등을 넣어 향과 맛을 낸 것이다. 허브 추출액이 포함된 주브로브카(Zubrowka)가 대표적이다.

2) 보드카의 유명제품

보드카는 러시아에서 전통적으로 마셔 온 국민주이다. 우리나라에서 판매하고 있는 보드카의 유명한 제품을 살펴보면 다음과 같다.

(1) 스톨리치나야(Stolichnaya)

1970년대 이후에 알려지기 시작한 러시아산(産) 보드카의 대명사이다. 스톨리치나야란 러시아어로 '수도(首都)'라는 뜻이다. 알코올 농도 40%의 부드럽고 산뜻한 풍미의 정통 러시아 보드카이다.

스톨리치나야

(2) 앱솔루트(Absolute)

스웨덴산 앱솔루트 보드카는 병원의 링거 병처럼 느껴지는 짧은 목의 투명한 병이 특이하다. 제품명과 제품 설명을 종이 라벨에 적지 않고 병에 직접 박아 놓아 투명도를 높임으로써 무색, 무취의 제품 특성을 효과적으로 드러냈다.

앱솔루트

(3) 스미노프(Smirnoff)

세계 최대의 판매량을 자랑하는 제품이다. 1933년에 러시아 출생의 미국 이민자인 루돌프 쿠네트(R. Kunett)가 블라디미르로부터 스미노프의 북미 사업권을 인수했다. 이를 다시 휴블레인(Heublein)사가 매수해서 1939년부터 미국産 스미노프 보드카를 발매하기 시작했다. 이것이 서구에 보드카가 알려진 계기이다.

스미노프 보드카

(4) 주브로브카(Zubrowka)

폴란드산의 향이 강한 주브로브카 풀(草)의 향기를 첨가한 보드카  이다. 독특한 맛과 향이 나는 연한 황녹색의 보드카로 병 속에 풀잎이 들어 있다. 노란 빛깔과 진한 향기, 은은한 쓴맛을 갖고 있다.

(5) 스피리투스(Spirytus)

폴란드산의 알코올 농도 96%의 강렬한 보드카이다. 병 라벨에 '화기 주의'라고 표기되어 있다. 입술에 닿는 순간 윗입술이 저릴 정도로 그 농도가 강하여 주스나 탄산음료를 혼합하여 마신다. 알코올 도수가 높은 술은 제과나 칵테일에 살짝 떨어뜨리면 흡수가 잘 되어 재료 본래의 향이 강하게 살아나는 특성이 있다.

주브로브카

3. 럼(Rum)

럼은 설탕의 원료인 사탕수수로 만든 술이다. 사탕수수를 짠 즙에서 사탕의 결정을 분리하고, 나머지 당밀[10]을 물로 희석해서 발효 후 증류시킨다. 럼은 사탕수수의 보고 (寶庫)인 카리브 해의 서인도제도에서 탄생했다. 17세기 이곳에서 해적과 노예무역을 벌였던 영국인들이 처음 만든 것으로 전해진다. 이로 인해 '해적의 술'이란 별명이 있다. 현재 사탕수수는 열대지방에서 널리 재배되어 그 고장마다 독특한 럼을 만들고 있다. 럼을 색으로 분류하면 화이트와 골드, 다크 등의 세 가지 유형으로 나눌 수 있다. 풍미(風味, 맛)로 분류하면 가벼운 맛의 라이트 럼, 중후한 맛의 헤비 럼 그리고 중간 맛의 미디엄 럼 등이 있다. 이 밖에도 빈티지 럼이 있다. 사탕수수의 원료는 당분이 많아 브랜디나 와인같이 30~50년의 장기간 숙성이 가능하다. 양질의 빈티지 럼은 브랜디와 같이 깊이 있는 향과 맛을 즐길 수 있다. 럼의 어원은 사탕수수의 라틴어 사카럼(Saccharum)에서 파생되었다.

1) 럼의 종류

럼은 풍미와 색으로 분류한다. 풍미가 가벼운 라이트 럼, 무거운 헤비 럼, 중간인 미디엄 럼이 있다. 색으로 나누면 화이트 럼, 다크 럼, 골드 럼이 있다. 대체적으로 화이트는 라이트 럼, 다크는 헤비 럼, 골드는 미디엄 럼이다.

---

10) 사탕수수에서 설탕을 뽑아내고 남은 검은빛의 즙액

(1) 라이트 럼(Light Rum)

당밀을 발효시킨 후 연속식 증류방법으로 생산되므로 풍미가 가볍고 부드럽다. 열대 과일과 잘 혼합되어 칵테일 기본주로 많이 사용된다. 가벼운 풍미의 라이트 럼은 쿠바, 푸에르토리코가 원산지이다.

(2) 헤비 럼(Heavy Rum)

당밀을 자연 발효시켜 단식증류기로 증류한 후 최소 3년 이상 통 숙성시킨다. 색상이 짙고 향미가 풍부하다. 비교적 무거운 느낌의 헤비 럼은 자메이카(Jamaica)산이 유명하다.

바카디 라이트와
미디엄 럼

(3) 미디엄 럼(Medium Rum)

색과 풍미가 헤비와 화이트의 중간에 위치하는 럼이다. 라이트 럼과 헤비 럼을 혼합하거나 통숙성 등의 다양한 방법으로 만들어지고 있다. 중간 타입의 미디엄 럼은 아이티(Haiti)산이 유명하다.

2) 럼의 유명제품

사탕수수가 재배되는 곳에서는 대부분 럼을 생산한다. 서인도제도의 쿠바, 자메이카를 비롯하여 세계 각지의 유명한 제품들을 살펴보면 다음과 같다.

(1) 바카디(Bacardi)

세계적으로 가장 지명도가 높은 제품의 하나로 꼽히고 있다. 가벼운 맛의 라이트 럼과 순한 풍미의 골드 럼 그리고 헤비 럼의 아네호(Anejo)는 6년 숙성의 고급품이다. 아네호란 스페인어로 'old'를 뜻하며 감칠맛이 있는 풍미가 특징이다. 쿠바에서 박쥐는 부와 건강, 화합을 상징하기 때문에 마크가 사용되었다.

바카디 화이트 럼

(2) 마이어스(Myers's)

자메이카에서 양조한 후 오크통에 담아 영국의 리버풀(Liverpool)에서 8년간 숙성한다. 온난한 기후가 럼의 숙성에 영향을 주기 때문이다. 화려한 풍미와 향을 가진 제품으로 다크 럼의 프리미엄급이다.

자메이카의 다크 럼 _마이어스

213

(3) 하바나 클럽(Havana Club)

하바나 클럽(Havana Club)은 쿠바에서 생산되는 럼이다. 작가 헤밍웨이가 즐겨 마신 '다이키리' 칵테일에 사용된 술로 유명하다. 가볍고 드라이한 맛의 라이트 럼과 7년 숙성된 엑스트라(Extra)는 풍미가 일품이다.

화이트 럼의
하바나 클럽

(4) 론리코(Ronrico)

푸에르토리코산의 럼이다. 스페인어의 론(ron)과 리치라는 뜻의 리코(rico)가 합성된 것이다. 론리코 화이트는 부드럽고 산뜻한 풍미의 라이트 럼이고, 론리코 151proof(75.5%)는 강렬한 맛의 헤비 럼이다.

4. 테킬라(Tequila)

멕시코에서 탄생한 술, 테킬라는 멕시코의 국민주로 우리의 소주와 같이 대중화되어 있다. 16세기 중엽 멕시코에 온 스페인 정복자들이 멕시코의 원주민들이 마시던 풀케(Pulque)[11]주를 증류해서 만들었다. 테킬라의 원료는 용설란(Agave)이다. 멕시코에서는 용설란을 아가베 또는 마게이(Maguey)라고 부른다. 멕시코의 하리스코(Jalisco)주 테킬라라는 마을 주변이 특산지로 유명하다. 용설란은 자라는 데 8~10년이 걸리는데, 다 자라면 잎을 베어내고 줄기를 수확한다. 이것을 쪄서 단 즙액을 짠 다음 발효, 증류하여 테킬라를 만든다. 증류할 때는 단식증류기(Pot Still)를 사용하므로 원료에서 생기는 고유의 독특한 풍미가 있다. 멕시코에서는 손등에 라임이나 레몬즙을 바르고 거기에 소금을 뿌린 다음 핥은 후 입안이 상쾌해지면 테킬라를 단숨에 들이켠다. 입안에서 칵테일을 만드는 셈이다. 독특한 음주법은 국내에도 많이 알려져 있다. 1968년 멕시코 올림픽을 계기로 세계 여러 나라에 알려지게 되었다.

용설란을 수확하는 광경

---

11) 용설란을 발효해서 만든 술을 풀케(Pulque)주라고 한다. 우리의 탁주와 같은 술이다. 이것을 증류시켜 테킬라가 만들어진다.

1) 테킬라의 종류

테킬라는 숙성하지 않은 화이트 테킬라와 오크통에서 숙성한 골드 테킬라로 구분된다. 1년 이상 통숙성시킨 것은 아네호(Anejo)라고 한다.

테킬라, 라임, 소금

(1) 화이트 테킬라(White Tequila)

화이트 테킬라는 통숙성하지 않은 것으로 샤프한 향미가 있다. 무색투명하며 칵테일의 기본주로 쓰인다. 다른 말로 블랑코(Blanco), 실버(Silver), 플라타(Plata)라고도 한다.

(2) 골드 테킬라(Gold Tequila)

골드 테킬라는 오크통에 숙성한 것으로 통의 향과 감칠맛이 특징이다. 2개월 이상 숙성시킨 것을 레포사도(Reposado), 1년 이상 통에서 숙성시키면 테킬라 아네호(Anejo)라고 부른다.

테킬라의 '화이트와 골드'

2) 테킬라의 유명제품

세계적인 2대 테킬라 상표로 멕시코의 쿠엘보(Cuervo)와 사우자(Sauza)가 있다. 멕시코의 전통을 담은 테킬라의 유명한 제품을 살펴보면 다음과 같다.

(1) 쿠엘보(Cuervo)

쿠엘보 화이트는 통숙성을 하지 않은 화이트 테킬라, 2년 이상 통숙성시킨 골드 테킬라, 그리고 골드의 최상품인 센테나리오(Centenario) 등이 있다. 쿠엘보 1800은 풍미가 좋은 테킬라 아네호이다.

쿠엘보 골드

(2) 사우자(Sauza)

사우자는 쿠엘보사와 함께 멕시코의 2대 테킬라 메이커이다. 사우자 실버(Silver)는 통숙성을 하지 않은 신선한 향미의 화이트 테킬라, 그리고 통숙성한 사우자 엑스트라(Extra), 콘메모라티보 등이 유명하다.

사우자 실버

(3) 올메카(Olmeca)

멕시코의 고대문명 중에서 가장 오랜 올메카 문명의 이름을 주명(酒名)으로 하였다. 라벨에 그려진 사람의 머리그림은 올메카 문명의 유물에서 묘사한 것이다. 통숙성 3년 이상의 최상품 테킬라이다.

올메카 골드

(4) 판초빌라(Pancho Villa)

판초빌라는 테킬라 최량(最良)의 산지인 하리스코산(産)이다. 알코올 도수 55도로 증류하여 스테인리스 탱크에 저장한 후, 물을 희석하여 40도로 병입한다. 테킬라 본래의 샤프한 향미를 갖고 있다. 멕시코와 미국에서 높이 평가되는 제품이다.

5. 위스키(Whisky)

위스키는 증류주(Distilled liquor)이다. 증류기술이 유럽에 전파된 것은 12세기 동양과 서양문명이 충돌한 십자군전쟁 때이다. 십자군전쟁에 참여했던 가톨릭 수사들이 아랍의 연금술사로부터 증류기술을 전수받아 상처를 소독하는 소독제를 만들었다. 이후 아일랜드와 스코틀랜드로 돌아간 수사들이 에일 맥주를 증류해 위스키로 발전한 것이다. 위스키의 어원은 '생명의 물'이라는 스코틀랜드의 게릭어 '우스게바(Us-que_baugh)'에서 파생되었다. 이후 음이 변형되어 우스키(Usky)로 불리다가 오늘날 위스키(Whisky)가 되었다. 이것은 라틴어의 아쿠아 비테(Aqua-vitae, 생명의 물)와 같은 의미이다.

위스키의 원료는 보리를 비롯한 옥수수, 호밀, 귀리 등의 곡류이다. 곡류가 발효, 증류, 통숙성이라는 세 가지 조건을 갖추어야 비로소 위스키가 된다. 숙성은 위스키의 완성에 결정적인 영향을 준다. 증류기로부터 얻어진 무색투명한 알코올을 양질의 참나무(Oak)통에 수년 또는 수십 년 숙성하는 동안 나무성분이 우러나와 호박색을 띤다. 장기 저장·보관이 가능하며 숙성기간에 따라 상품의 맛과 품질, 가격차이가 있다. 위스키는 세계 여러 나라에서 생산되지만 주요 산지는 스코틀랜드, 아일랜드, 미국, 캐나다 등이다. 이것을 세계 4대 위스키라고 한다.

위스키의 등급

구분		숙성
스탠더드(Standard)	3년 숙성	
세미 프리미엄(Semi-Premium)	8년 숙성	
프리미엄(Premium)	12년 숙성	
디럭스(Deluxe)	15년 이상 숙성	

위스키 숙성 저장고

1) 스카치 위스키(Scotch Whisky)

영국 북부의 스코틀랜드 지방에서 생산되는 위스키를 말한다. 중세에 아일랜드에서 위스키 제법이 전해지면서 탄생하였다. 스카치 위스키의 특징은 깊이 있는 맛과 피트향에 있다. 이는 맥아를 건조시킬 때 피트 탄(peat)[12]을 연료로 사용하는데, 이 피트를 태울 때의 연기가 술에 스며들어 보리를 태운 듯한 독특한 향이 생기는 것이다. 그리고 통숙성은 쉐리와인을 담았던 스페인산 오크통이나 아메리칸 오크통을 사용한다. 이때 오크통의 성분이 위스키에 녹아들어 호박색의 깊이 있는 맛이 된다.

스코틀랜드의 증류소

(1) 스카치 위스키의 종류

스카치 위스키는 원료나 제조법의 차이에 따라 3종류가 있으며 이는 몰트(Malt), 그레인(Grain), 블렌디드(Blended)로 구분된다.

① 몰트 위스키

몰트 위스키는 보리의 맥아만을 원료로 사용하는 위스키이다. 일반적으로 단식증류기로 2회 증류해서 오크통에 최소 3년 이상 숙성시킨다. 이 중 한 증류소에서 만든 몰트 위스키로 제조한 것을 싱글

맥캘란 몰트 위스키

---

12) 식물이 퇴적해서 오랜 기간에 걸쳐 이탄으로 변한 것을 피트(peat)라고 한다.

몰트(Single Malt)라 하고, 여러 증류소에서 만든 몰트 위스키를 혼합하여 제조한 것을 배티드 몰트(Vatted Malt, 혼합몰트)라고 한다. 몰트 위스키의 제조원가는 그레인 위스키의 두 배 정도 되므로 몰트 위스키가 많이 들어갈수록 값이 비싸다. 몰트 위스키의 주요 산지를 살펴보면 다음과 같다.

스카치 몰트 위스키의 주요 산지	
하이랜드(Highland)	피트향이 상쾌하다.
로랜드(Lowland)	피트향이 부드럽다.
아일레이(Islay)	피트향이 강렬하고 중후하다.
캠벨타운(Campbelltown)	피트향이 가볍고 부드럽다.

② 그레인 위스키

그레인 위스키는 약 80%의 옥수수를 원료로 하고, 피트향을 주지 않은 보리맥아 약 20%를 섞어 당화, 발효시킨 후 연속식 증류기로 증류한 것이다. 피트향이 없는 부드럽고 순한 맛이 특징이다. 그레인 위스키로 판매되는 것은 거의 없고, 몰트 위스키와 혼합하여 블렌디드 위스키를 만드는 데 주로 사용된다.

싱글 몰트 위스키, 글렌피딕 18년산

③ 블렌디드 위스키

우리가 마시는 스카치 위스키의 대부분이 블렌디드 위스키이다. 몰트 위스키와 그레인 위스키를 적당한 비율로 혼합하여 만든 것이다. 몰트 위스키의 묵직한 향은 매우 독특해서 일부 사람들에게 거부감을 주는 경우가 있으나, 상대적으로 가벼운 그레인 위스키와 혼합하면 풍미가 순하고 부드러운 맛이 완성된다. 블렌디드 위스키의 고급품은 몰트 위스키의 배합비율이 높다.

(2) 스카치 위스키의 유명제품

세계적으로 약 4천 종의 상표가 알려져 있으나 우리나라에 비교적 널리 알려진 스카치 몰트 위스키와 블렌디드 위스키의 유명제품을 살펴보면 다음과 같다.

① 글렌피딕(Glenfiddich)

글렌피딕이란 게릭어로 '사슴이 있는 골짜기'라는 뜻이다. 이 위스키는 하이랜드산의 싱글 몰트 위스키로 산뜻한 맛의 드라이 타입이다. 남성적인 풍미의 순한 맛도 있다. 프리미엄급의 12년, 디럭스급의 15년, 18년, 21년, 30년산 등이 있다.

② 맥캘란(Macallan)

맥캘란은 하이랜드산 싱글 몰트 위스키로 쉐리(Sherry, 주정강화 와인)통에 숙성시켜, 풍미가 중후한 맛이 특징이다. 피노 쉐리, 아몬틸라도, 크림 쉐리통에 이르기까지 폭넓게 쓰고 있다. 세미 프리미엄급의 맥캘란 8년, 10년 그리고 프리미엄급의 12년, 디럭스급의 15년, 18년, 25년산 등이 있다.

③ 발렌타인(Ballantine's)

발렌타인 위스키는 1827년 농부인 조지 발렌타인이 개발한 술이다. 블렌디드 위스키로 숙성연수에 따라 맛과 향의 차이가 두드러진 것이 특징이다. 스탠더드급의 파이니스트(Finest), 프리미엄급의 12년(Gold Seal), 디럭스급의 17년, 21년, 30년 등이 있다. 발렌타인 30년산은 스카치 위스키 예술의 극치를 자랑하는 명품이다.

발렌타인 21년산

④ 조니워커(Johnnie Walkers)

조니워커는 1820년 스코틀랜드 남서부에 위치한 킬마낙에서 존 워커가 브랜드 고유의 독특한 맛과 향을 지닌 위스키를 만들었다. 스탠더드급의 레드(Red)라벨, 프리미엄급의 블랙(Black, 12년)라벨, 디럭스급의 스윙(Swing, 15년)라벨, 골드(Gold, 18년)라벨, 블루(Blue, 30년산)라벨 등이 있다. 블루라벨은 최상의 품질을 유지하기 위해 생산되며, 모든 병에 고유번호를 부여하고 있다.

⑤ 시바스 리갈(Chivas Regal)

시바스 리갈이란 '시바스 집안의 왕자'라는 뜻이다. 라벨에는 두 개의 칼과 방패가 그려져 있다. 이는 위스키의 왕자라는 위엄과 자부심을 나타낸다. 1843년에 빅토리아 여왕의 궁정 납품을 인정받은 위스키로 프리

시바스 리갈 12년산

미엄급의 12년, 디럭스급의 18년산 등이 있다.

⑥ 제이앤비(J&B)

제이앤비 위스키는 창업자 저스테리니(Justerini)와 블룩스(Blooks)의 이니셜(initial)을 딴 것으로 몰트의 풍미가 강한 블렌디드 위스키이다. 스탠더드급의 제이앤비, 레어(J&B rare), 프리미엄급의 제이앤비 제트 12년(J&B, jet), 디럭스급의 J&B 리저브 15년(J&B, Reserve)산 등이 있다.

J&B rare 스탠더드급 위스키

⑦ 딤플(Dimple)

딤플은 국내 맥주 3사 중 위스키 브랜드가 없는 조선맥주가 그 대안으로 직수입 판매하면서 국내에 알려졌다. 딤플은 12년 숙성의 몰트를 사용한 프리미엄급으로 독특한 병 모양이 영국에서 '보조개(dimple)'라는 애칭을 얻어, 그것이 상표명이 되었다.

⑧ 로얄 살루트(Royal Salute)

로얄 살루트(왕의 예포)는 영국 여왕 엘리자베스 2세의 즉위식(1952년)에 맞추어 오크통에서 21년간 숙성시켜 만든 위스키이다. 국왕의 즉위식 때 21발의 축포를 쏘는 데서 기인하여 만든 위스키로 '여왕의 술'이라는 별칭이 있다. 아울러 영국 군주의 왕관을 장식하는 보석의 컬러인 사파이어, 루비, 에메랄드의 3가지 색상으로 출시된다.

로얄 살루트 21년산

⑨ 커티샥(Cutty Sark)

커티샥은 게릭어로 '짧은 셔츠'라는 뜻인데, 1923년 빠르기로 이름을 날렸던 영국 신예 범선의 이름을 따서 만든 위스키이다. 부드러운 맛과 신선한 향이 특징이다. 스탠더드급과 프리미엄급의 12년(Cutty Sark, Smerald), 디럭스급의 18년(Cutty Sark, Discovery)산 등이 있다.

스카치 위스키 '커티샥'

2) 아이리쉬 위스키(Irish Whisky)

아일랜드에서 만들어지는 위스키이다. 영국의 서쪽에 위치한 아일랜드는 위스키의 발상지로 알려져 있다. 1171년 잉글랜드 헨리 2세의 군대가 아일랜드 섬을 정복했을 때 위스키의 원형인 보리로 만든 증류주, 즉 아스키보(생명의 물)가 있었다는 기록이 있다. 위스키란 말도 이 아스키보에서 유래한 것으로 알려져 있다. 아일랜드 위스키는 묵직하고 진한 전통적인 맛을 가지고 있다. 원료도 주로 맥아와 보리만 사용하고 전통적인 증류방법을 고집하고 있다. 아일랜드에서는 지금도 맥

아를 건조시킬 때 피트가 아니라 석탄을 사용한다. 또 증류횟수도 다른 위스키처럼 2회가 아니라 3회로 전통적인 방법을 계승하고 있다. 이에 따라 아이리쉬 위스키는 스카치 위스키와 같은 피트향이 없어 혀에 닿는 감촉이 가볍고 매끄럽다.

제임슨 양조장의 내부

(1) 아이리쉬 위스키의 종류

아이리쉬 위스키는 원료나 제조법의 차이에 따라 스트레이트(Straight), 그레인(Grain), 블렌디드(Blended) 등의 3종류로 나뉜다.

① 스트레이트 위스키(Straight Whisky)

보리를 원료로 발효시킨 다음 대형 단식증류기로 3회 증류하여 최소 3년 이상 오크통에 숙성시킨 위스키이다. 기본적으로 피트탄을 쓰지 않고 석탄으로 맥아를 건조시킨다. 피트향은 없으나 보리 맥아의 강한 향미가 특징이다. 주로 현지에서 소비되는 위스키이다.

단식증류기

② 그레인 위스키(Grain Whisky)

옥수수를 주원료로 발효시킨 다음 연속식 증류기로 증류하여 만든 위스키이다. 가볍고 경쾌한 맛이 특징이다. 대부분 아이리쉬 블렌디드 위스키를 만들 때 사용된다.

③ 블렌디드 위스키(Blended Whisky)

아이리쉬 스트레이트 위스키와 그레인 위스키를 혼합하여 만든 위스키이다. 1970년대부터 대량생산이 시작되어 현재는 아이리쉬 위스키의 대부분을 차지하고 있다.

(2) 아이리쉬 위스키의 유명제품

스카치 위스키에 비해 상대적으로 소비가 적은 편이나 우리나라에서 비교적 널리 알려진 아이리쉬 위스키의 유명제품을 살펴보면 다음과 같다.

① 존 제임슨(John Jameson)

아이리쉬 위스키의 톱 브랜드이다. 1780년 아일랜드의 수도 더블린에서 존 제임슨이 설립한 증류소의 위스키이다. 1970년대 이후부터 그레인 위스키를 블렌딩하여, 가볍고 부드러운 맛의 위스키로 인정받고 있다. 스탠더드급과 프리미엄급의 12년산 등이 있다.

존 제임슨

② 부시밀스(Bushmills)

1743년 밀주로 출발한 영국령 북아일랜드의 유일한 제품이다. 현존하는 아이리쉬 위스키 중 가장 오랜 역사를 가지고 있다. 부시밀스는 이 지역의 도시 이름으로 '숲속의 물레방앗간'이라는 뜻이다. 그곳에서 만들어진 데서 붙여진 이름이다. 중후하고 강렬한 향과 맛의 전통적인 아이리쉬 위스키이다. 스탠더드급 올드 부시밀스(Old Bushmills)와 프리미엄급의 블랙부시 12년산(Black Bush) 등이 있다.

부시밀스

3) 아메리칸 위스키(American Whisky)

미국에서 생산되는 위스키이다. 신대륙에 이주한 영국계 이민에 의해 시작되었다. 1770년 피츠버그에서 라이보리로 증류주를 만들었다는 내용의 기록이 있다. 이후 1789년 켄터키주의 버번카운티의 옥수수로 만든 콘 위스키가 본격적인 미국 위스키의 시초이다. 19세기 초반에 이르

버번 위스키 양조장

러 양조장이 번성하면서 다양한 미국 위스키가 생산되었다. 그러나 1920년부터 시작된 금주법 시대의 위스키 산업은 침체기를 겪다가 1933년에 해금되면서 미국 위스키는 근대기술을 이용하여 급속하게 성장하기 시작했다. 이를 계기로 미국 위스키는 독자적인 스타일의 증류법과 숙성법이 확립되어 새로운 위스키를 탄생시켰다. 현재 미국에서는 위스키 원료나 제조법도 연방법으로 세밀하게 규정하고 있다. "위스키는 곡물을 발효시켜 만든 양조주를 증류하여 95% 이하의 알코올을 만든 다음 오크통에서 2년 이상 숙성시켜 알코올 농도 40% 이상으로 병입한 것"으로 정의하고 있다. 기타 중성 알코올(Neutral Spirits)[13]을 섞은 것도 포함하고 있다.

(1) 아메리칸 위스키의 종류

아메리칸 위스키는 원료의 함량과 만드는 방법에 따라 크게 스트레이트(Straight), 블렌디드(Blended), 라이트(Light) 위스키로 구분하고 있다.

① 스트레이트 위스키(Straight Whisky)

스트레이트 위스키는 "한 가지 곡물이 51% 이상 함유되게 섞은 후 발효, 증류하여 80% 이하의 알코올을 만든 다음 오크통 안쪽을 불로 그을린 새 통에서 2년 이상 숙성시켜 알코올 농도 40% 이상으로 병입한 위스키"이다. 주원료는 옥수수이며 이외에도 호밀(Rye), 밀(Wheat)도 사용된다. 원료에 따라 다음과 같이 분류된다.

스트레이트 위스키의 분류	
스트레이트 버번 위스키(Bourbon Whisky)	원료의 옥수수 함량이 51% 이상(단 80% 미만)
스트레이트 라이 위스키(Rye Whisky)	원료의 호밀 함량이 51% 이상
스트레이트 콘 위스키(Corn Whisky)	원료의 옥수수 함량이 80% 이상

※콘 위스키는 통숙성을 하지 않거나, 한 번 사용한 헌 오크통을 사용해도 된다.

② 블렌디드 위스키(Blended Whisky)

블렌디드 위스키는 스트레이트 위스키를 20% 이상 사용하고 여기에 기타 중성 알코

---

13) 알코올 농도 85% 이상인 순수 알코올로서, 위스키나 기타 혼성주의 블렌딩에 사용된다. 우리나라 주정의 개념이다.

올을 섞어서 마시기 좋게 만든 위스키이다. 이는 다음과 같이 분류된다.

블렌디드 위스키의 분류	
버번 위스키(Bourbon Whisky)	스트레이트 버번 위스키 20%에 기타 중성 알코올 80% 혼합
라이 위스키(Rye Whisky)	스트레이트 라이 위스키 20%에 기타 중성 알코올 80% 혼합
콘 위스키(Corn Whisky)	스트레이트 콘 위스키 20%에 기타 중성 알코올 80% 혼합

③ 라이트 위스키(Light Whisky)

라이트 위스키는 알코올 도수 80~95% 미만으로 증류하여 안쪽을 태우지 않은 통에 담아 저장한 위스키이다. 가볍고 부드러운 맛이 특징이다.

(2) 아메리칸 위스키의 유명제품

우리나라에서 비교적 널리 알려진 아메리칸 위스키는 대부분 스트레이트 버번 위스키이다. 아메리칸 위스키의 유명제품을 살펴보면 다음과 같다.

① 짐빔(Jim Beam)

1795년 제이콥 빔이 버번카운티에 위스키 증류소를 건립하면서 시작되었다. 현재 미국의 증류회사 중 가장 오랜 역사를 가지고 있다. 맛이 부드러워 소프트 버번의 대명사로 인정받고 있다. 스탠더드급의 화이트(white, 4년)라벨, 세미 프리미엄급의 블랙(black, 8년)라벨 등이 있다. 잭 다니엘(Jack Daniel)과 더불어 아메리칸 위스키를 선두에서 이끌고 있다.

스탠더드급의 _짐빔

② 아이 더블유 하퍼(I·W Harper)

1877년 공동 창업자 아이작(I), 울프(W), 번하임과 버나드 하퍼의 이름을 합쳐서 붙인 것이다. 현재까지도 대맥, 라이보리의 사용비율이 높아 감칠맛과 강한 풍미가 특징이다. 스탠더드급의 4년, 프리미엄급의 12년산 등이 있다.

③ 와일드 터키(Wild Turkey)

1855년 사우스캐롤라이나주에서 열리는 야생의 칠면조(Wild Turkey)사냥에 모이는 사람들을 위해 제조되었다. 켄터키주에 있는 오스틴 니콜스사의 제품으로 알코올 농도는 101proof(우리나라의 50.5% 해당)이다. 세미 프리미엄급의 8년, 디럭스급의 15년, 18년산 등이 있다.

프리미엄급의 _와일드 터키

④ 잭 다니엘(Jack Daniel)

1846년 테네시주 링컨카운티 린치버그 마을에서 창업하였다. 테네시산의 사탕단풍나무로 만든 목탄으로 여과하여 숙성하는 독특한 방법을 사용하며, 맛이 부드럽고 향이 좋아 미국을 대표하는 위스키로 널리 알려져 있다. 세미 프리미엄급의 8년, 디럭스급의 싱글배럴(Single Barrel, 17년) 등이 있다.

프리미엄급의 _잭다니엘

⑤ 올드 그랜대드(Old Grand Dad)

올드 그랜대드(Old Grandpa, 할아버지)는 창업자 하이든 대령의 애칭이다. 스탠더드급의 4년산은 품질이 매우 순한 맛이나, 프리미엄급 12년산의 스페셜 셀렉션(Special Selection)은 순한 맛의 풍미와 함께 알코올 도수 57로 버번에서 가장 강한 위스키이다.

4) 캐나디안 위스키

캐나다에서 생산되는 위스키이다. 1920년대 미국에서 시행된 금주법으로 캐나다 위스키가 급격히 발전하기 시작했다. 미국에서 위스키를 생산할 수 없게 되자 캐나다에서 만들어진 위스키가 미국으로 몰래 들어온 것이다. 해금 후에는 미국의 위스키 생산시설이 재가동될 때까지 캐나다 위스키가 크게 증가하면서 오늘날 세계 4대 위스키 생산국이 되었다. 캐나다는 호밀, 옥수수, 보리가 많이 생산되며, 깨끗한 하천이 많아 위스키 생산에 좋은 조건을 갖추고 있다. 캐나다의 위스키는 독특한 제법을 유지하고 있다. 먼저, 호밀을 주원료로 한 향미가 있는 플레이버링 위스키를

증류기

만든 후, 옥수수를 주원료로 한 풍미가 가벼운 맛의 베이스 위스키를 만든다. 그리고 각각 3년 이상 오크통에 숙성시킨 다음 블렌딩하여, 캐나다 특유의 가볍고 부드러운 맛의 위스키를 만든다. 그중에서도 호밀을 51% 이상 사용하면 라이 위스키(Rye Whisky)라는 표기가 인정된다. 이와 같이 캐나디안 위스키는 라이 위스키와 콘 위스키를 혼합한 블렌디드(blended) 위스키이다. 가볍고 부드러운 맛이 현대인의 기호에 맞아 많은 인기를 얻고 있다. 4대 위스키 중에서 가장 순하며 부드러운 향미를 가진 것으로 평가받는다.

(1) 캐나디안 위스키의 종류

캐나디안 위스키는 옥수수로 만든 콘 위스키와 호밀로 만든 라이 위스키가 있다. 이 2가지의 위스키를 혼합하여 캐나다 특유의 부드럽고 경쾌한 위스키가 만들어진다.

① 콘 위스키(Corn Whisky)

옥수수를 주원료로 해서 연속식 증류기로 증류한 후 오크통에 최소 3년 이상 숙성시켜 만든다. 향미가 가볍고 부드러운 맛의 위스키이다. 블렌딩의 베이스로 사용된다.

② 라이 위스키(Rye Whisky)

호밀을 주원료로 해서 연속식 증류기로 증류한 후 오크통에 최소 3년 이상 숙성시켜 만든다. 향이 강하지만 목으로 넘어가는 느낌이 부드럽다.

(2) 캐나디안 위스키의 유명제품

캐나디안 위스키는 다른 위스키에 비해 향미가 가벼운 것이 특징이다. 가볍고 부드러운 맛이 현대인의 기호에 맞아 많은 인기를 얻고 있다. 유명제품을 살펴보면 다음과 같다.

① 캐나디안 클럽(Canadian Club)

1858년에 창업한 하이럼 워커(Hiram Walker)사의 주력 제품이다. C·C라는 애칭으로 전 세계에 알려져 있다. 빅토리아 여왕시대인 1898년 이래로 영국 왕실에 납품되고 있으며, 라벨에 영국 왕실의 문장을 표시하고 있다. 스탠더드급과 프리미엄급의 12년산이 있다. 칵테일 C·C 7up의 칵테일 기주로 많이 사용되고 있다.

스탠더드급의
캐나디안 클럽(C·C)

② 크라운 로얄(Crown Royal)

1939년 영국 국왕 조지 6세 내외가 캐나다를 방문했을 때, 시그램사가 심혈을 기울여 만든 진상품이다. 왕관의 모양을 본뜬 위스키로 12년 숙성한 프리미엄급의 위스키이다.

프리미엄급의 크라운 로얄 12년산

③ 시그램스 V·O

1924년 캐나다의 퀘벡주의 몬트리올에서 창업하여 초기부터 옥수수와 호밀로 위스키를 만들었다. 최소 6년 이상 숙성한 원주를 섞은 것으로 'Light & Smooth' 풍미가 그 특징이다.

4대 위스키

6. 브랜디(Brandy)

과일을 원료로 한 증류주를 총칭하여 브랜디라고 한다. 그러나 일반적으로 브랜디라고 하면 포도로 만든 와인을 증류[14], 숙성시킨 것을 가리킨다. 브랜디의 어원은 포도를 와인으로 만들어 증류한 것을 네덜란드 무역상이 '브란데 웨인'(Brande-Wijn, 태운 와인)이라 불렀고, 이후 영국인들이 줄여서 '브랜디'가 되었다. 프랑스어로는 오 드 비(Eau-de-Vie, 생명의 물)라고 한다. 현재

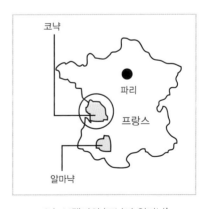

2大 브랜디의 '코냑과 알마냑'

---

14) 보통 8병 정도의 와인을 증류하면 1병의 브랜디를 얻는다.

브랜디는 세계 여러 나라에서 생산되고 있지만 프랑스의 코냑(Cognac)과 알마냑(Arma-gnac) 지역에서 생산하는 것을 2대 브랜디라고 한다. 코냑과 알마냑 등은 다른 지방이나 다른 나라에서 그 명칭을 사용할 수 없도록 규제를 받고 있다. 이것은 프랑스가 품질관리의 중요성을 일찍이 인식하고 명주가 생산되는 지방의 명성을 널리 알리고 유지, 보호하려는 노력의 결과라고 할 수 있다. 프랑스에서도 코냑과 알마냑 외의 지역에서 만들어진 포도 브랜디는 프렌치 브랜디로 분류된다. 그리고 사과나 배, 나무딸기, 체리 등 포도 이외의 과실로 만든 것은 프루츠 브랜디(Fruits Brandy)라고 한다. 브랜디는 주로 식사를 마치고 난 후의 식후주로 보통 한 잔 정도 마신다. 브랜디 글라스는 입구가 좁고 몸통 부분이 넓다. 이는 향이 밖으로 나가지 못하고 글라스 안에서 서서히 휘감기게 만들기 때문이다. 마실 때는 양손으로 감싸 온도를 올려 향기가 퍼질 때 천천히 마신다.

1) 코냑(Cognac)

코냑 지방은 와인의 명산지 보르도의 북쪽에 위치하고 있다. 보르도와는 달리 코냑 지방에서 생산되는 포도는 산도가 높고, 당분이 낮아 양질의 와인을 생산할 수 없었다. 그런데 이것을 증류하면 결점이 장점으로 바뀐다. 와인의 산 성분이 브랜디의 방향성분으로 변화하는 것이다. 그리고 알코올 농도가 낮은

식후주의 대명사 _코냑

와인은 다량의 와인이 사용되므로, 와인의 향이 농축되어 좋은 품질의 브랜디를 만들 수 있다. 보통 코냑 한 병을 만드는 데 약 8병의 화이트와인이 필요하며, 와인은 법에 의해 규정된 청포도 위니 블랑(Ugni Blanc)이 주품종이다. 그리고 포도 재배지구는 토질에 따라 품질순위 6개 지역으로 구분하여 AOC법으로 엄격하게 규제하고 있다.

1. Grande Champagne	2. Petite Champagne
3. Borderies	4. Fins Bois
5. Bons Bois	6. Bois Ordinaires

(1) 코냑과 알마냑의 등급

코냑은 숙성연한에 따라 별 또는 문자로 구분하여 표기하고 있다. 법으로 규정되어 있지 않아 회사별로 그 의미가 같지 않으며, 숙성기간의 표기는 다음과 같다.

코냑과 알마냑의 등급	
3 star	★★★(별 셋), 3년 이상
V·S·O·P	very 매우, superior 뛰어난, old 오래된, pale 색이 맑은, 10년 이상
Napoleon	15년 이상
X·O, Cordon Bleu	xtra 별격(別格)의, old 오래된, 20년 이상
Extra, Paradise	30년 이상

(2) 코냑의 유명제품

All brandy is not Cognac, but all cognac is brandy.(모든 브랜디가 코냑은 아니지만 코냑은 모두 브랜디이다.) 코냑은 프랑스 코냑 지방에서 만드는 브랜디를 말한다. 우리나라에서 널리 알려진 5大 코냑의 유명제품은 다음과 같다.

① 헤네시(Hennessy)

헤네시 코냑은 1765년 아일랜드 출신의 리차드 헤네시에 의하여 설립되었다. 헤네시의 특징은 리무진산의 떡갈나무로 자사에서 만든 새 오크통에 숙성한다. 오크통에서의 용출성분을 많이 배게 한 다음 묵은 통으로 숙성시킨다. 따라서 헤네시는 다른 제품 중에서도 주질이 중후하다. 헤네시 제품으로는 V·S·O·P, Napoleon, X·O, Paradise급 등이 있다. 파라다이스급은 숙성의 중후한 맛을 살린 최상품이다.

헤네시 코냑 X·O등급

② 레미마틴(Remy Martin)

레미마틴 코냑은 별 셋 등급의 제품은 생산하지 않고, 전 제품이 V·S·O·P급 이상의 브랜디를 생산한다. 그랜드 샹파뉴와 프티 샹파뉴지구에서 생산된 원주만을 혼합하여 'Fine Champagne' 칭호를 갖는다. 레미마틴 제품으로는 V·S·O·P, Napoleon, X·O, Extra 그리고 루이 13세는 레미마틴사 제품 가운데 유일한 그랜드 샹파뉴의 것으로 루이 왕조를 상징하는 백합모양의 병에 담아 판매하고 있다.

레미마틴 코냑 VSOP등급

③ 쿠르브아제(Courvoisier)

쿠르브아제 코냑은 헤네시, 마텔 등과 함께 3대 메이커이다. 1790년 파리의 와인상인 쿠르브아제가 설립하였다. 별 셋(3star) 등급은 쿠르브아제의 주력제품으로 전 생산량의 80%를 차지하고 있다. V·S·O·P급은 핀 샹파뉴 규격품으로 약간의 단맛을 가진 미디엄 타입이다. Napoleon급은 감칠맛이 있고, X·O급은 20년 이상 숙성한 최상품으로 강렬한 향과 맛이 특징이다. Extra급은 장기 숙성한 후 정선된 원주를 블렌딩한 것이다.

④ 카뮈(Camus)

카뮈 코냑은 1969년 나폴레옹 탄생 2백 주년을 기념하며, 나폴레옹급 코냑을 생산하면서 널리 알려지게 되었다. 그랜드 샹파뉴, 프티 샹파뉴, 보르드리 세 지구의 15년 이상 된 원주를 사용하는데, 부드러우면서도 감칠맛이 있는 것이 특징이다. 이 밖에도 V·S·O·P, X·O급 등이 있다.

⑤ 마텔(Martell)

1715년 장 마텔이 코냑에서 창업하였다. 마텔 코냑은 흐루티한 맛과 향이 특징이다. 별셋 등급, V·S·O·P, Napoleon, Cordon Bleu급이 있다. X·O급의 코르동 블루(Cordon Bleu)는 중후한 풍미와 구조를 갖춘 상급의 코냑이다. 엑스트라(Extra)는 60년 숙성한 것으로 연간 400병의 한정 생산품으로 최고급이다. 풍요로운 향기는 숙성의 극치를 보여준다.

2) 알마냑(Armagnac)

코냑과 함께 쌍벽을 이루는 알마냑은 피레네 산맥에 가까운 프랑스 남부에 위치하고 있다. 알마냑 생산지역은 남쪽의 오알마냑(Haut-Armagnac)과 북쪽의 테나레즈(Tenarez), 바알마냑(Bas-Armagnac) 등 3개 지역으로 나뉜다. 이 지역에서 생산되는 포도는 코냑과 같은 청포도 위니 블랑(Ugni Blanc)이 주품종이다. 그러나 알마냑은 제조방법이 코냑과 다르다. 알마냑은 반연속식 증류기로 한 번 증류하는 데 비해 코냑은 단식증류기로 두 번 증류한다. 그리고 알마냑은 블랙 오크통, 코냑은 화이트 오크통에 숙성한다. 이와 같은 차이가 코냑산(産)은 전반적으로 기품 있고 그윽한 향기가 매력이며, 알마냑 산(産)은 남성적이며 신선한 향미가 특징이다. 알마냑의 숙성표기는 코냑에 준하고 있다.

(1) 알마냑의 유명제품

세계에 널리 알려진 2大 브랜디가 코냑과 알마냑이다. 이에 따라 코냑은 '킹', 알마냑은 '퀸'이란 별칭이 붙는다. 알마냑의 유명제품을 살펴보면 다음과 같다.

① 샤보(Chabot)

이 회사의 창립자는 샤보(Chabot)라는 해군제독 출신이다. 16세기 프랑수아 1세 때 프랑스 최초의 해군 원수 필립 드 샤보는 긴 항해에 와인이 변질되는 것을 방지하기 위해 증류해서 선적하였다. 오크통 속에서 세월이 경과할수록 타닌성분과 방향성분이 가미되어 양질의 브랜디가 되는 것을 발견하였다. 이후 알마냑은 전통적인 증류기로 한 번만 증류하여, 블랙 오크통에서 숙성된다. 이에 따라 원주의 주질은 중후하지만, 숙성에 의하여 순한 풍미가 되는 것이 특징이다.

② 자뉴(Janneau)

1851년 테나레즈지구에서 설립되어 6대째 가업으로 계승되고 있다. 자뉴의 증류는 알마냑 전통의 증류법으로 1회만 하며, 숙성은 블랙 오크의 새 통에 2년 동안 저장하여 통의 향기를 배게 하고 있다. 이어서 묵은 통에 옮겨져 숙성하는 것이 특징이며, 이로 인해 중후한 감칠맛과 짙은 향기가 특징이다.

3) 프루츠 브랜디(Fruits Brandy)

포도브랜디는 코냑과 알마냑이 유명하지만 이외에도 사과나 배, 나무딸기, 체리 등 포도 이외의 과일로 만든 양질의 프루츠 브랜디가 있다. 이 브랜디는 프랑스와 독일에서 많이 생산하고 있다. 프랑스에서는 오드비(Eau de Vie : ~과일의 이름)라고 부르며, ~에 원료인 과일의 이름을 넣는다. 독일에서는 ~밧서, ~가이스트라고 부른다. 밧서(Wasser)는 원료인 과일의 즙을 발효, 증류한 것에 사용하고, 가이스트(Geist)는 과일을 알코올에 담가서 함께 증류한 것을 말한다.

과일을 증류한 프루츠 브랜디

(1) 프루츠 브랜디의 유명제품

프루츠 브랜디(Fruits Brandy)는 포도 이외의 과일을 증류한 것이다. 우리나라에서 비교적 널리 알려진 프루츠 브랜디의 유명제품을 살펴보면 다음과 같다.

① 칼바도스(Calvados)

사과를 발효, 증류, 숙성과정을 거쳐 만든 브랜디로 프랑스 노르망디 지방의 특산주이다. 코냑과 함께 A·O·C법에 의해서 원산지, 양조방법, 명칭 등이 엄격히 규제되어 있다. 기타 지역에서는 Eau de Vie de Cidre(사과 브랜디)라고 한다.

칼바도스

② 포아르 윌리암(Poire Williams)

서양배로 만든 브랜디이다. 부드럽고 상쾌한 향미를 지니고 있다. 잘 익은 배 한 쪽을 병 속에 넣은 것도 있으며, 일정기간 통숙성한 제품도 있다. 사과 브랜디인 칼바도스와 쌍벽을 이룬다.

배 브랜디, 포아르 윌리암

③ 오드 비드 마르(Eau de Vie de Marc)

포도로 와인을 만들고 난 찌꺼기를 재발효한 후 증류한 브랜디이다. 정식 명칭은 오드 비드 마르이다. 이탈리아에서는 그라파(Grappa, 찌꺼기 브랜디)라고 한다. 마르나 그라파는 깔끔한 풍미의 식후주로 널리 알려져 있다.

프랑스, 독일의 오드비 이름		
구분	프랑스	독일
체리(Cherry)	Kirsch	Kirschwasser
나무딸기(Raspberry)	Framboise	Himbeergeist
배(Pear)	Poire Williams	Birngeist

제3절_ 혼성주(Compound Liquor)

혼성주는 증류주에 식물성 향미성분을 배합하고 다시 감미료, 착색료 등을 첨가하여 만든 술의 총칭이다. 세계 여러 나라에서 생산되는 식물들을 원료로 사용하기 때문에 맛과 향이 다양하며 그 종류는 헤아릴 수 없이 많다. 사용되는 원료에 따라 약초·향초 계, 과실계, 종자계, 특수계로 나뉜다.

약초 · 향초계(Herbs & Spices)	아니스, 캄파리, 갈리아노 등
과실계(Fruits)	그랑마니에, 체리브랜디, 카시스 등
종자계(Beans & Kernels)	아마레토, 칼루아, 카카오 등
특수계(Specialities)	아드보카트, 베일리스 아이리쉬 크림 등

주로 프랑스, 이탈리아, 독일 등에서 생산되며 리큐르(Liqueur)라고 불린다. 리큐르의 어 원은 증류할 때 각종 약초, 향초(香草)를 넣어서 그 성분이 녹아들어 있으므로, 라틴어의 리케파세레(Liquefacere, 녹아들게 했다)에서 유래하였다. 의학이 발달하지 않았던 중세시 대, 연금술사와 수도사들은 다양한 약초와 향초성분을 알코올과 섞어 약주 만들기에 몰 두하였다. 이것이 리큐르의 시초이다. 이후 의학이 발달하면서 과일 향미를 주체로 한 맛 과 아름다움에 중점을 두게 되었다. 이로 인해 향미성분에 다양한 원료와 착색법을 연구 해 여러 가지 색의 리큐르가 탄생하게 되었다. 이것이 리큐르가 '액체의 보석'이라는 별칭 을 얻게 하였다. 영어권에서는 코디얼(Cordial)이라 한다. 한편 프랑스에서는 알코올 농도 15%, 당분 20% 이상인 술을 리큐르라고 한다. 당분이 많더라도 알코올 농도가 15% 미만 이면 리큐르가 아니라 아페리티프(Aperitif, 식전주)로 구분한다. 그리고 리큐르의 요건을 갖춘 술 가운데 당분이 40%로 매우 단것은 크렘 드(Creme de~)라는 명칭이 붙는다.

혼성주(리큐르)

1. 약초·향초계(Herbs & Spices)

중세시대에 약으로 마시던 초기의 리큐르로 가장 역사가 깊다. 당시 수도원에서 만들어진 리큐르 중에는 수십 종의 약초나 향초를 배합했기 때문에 강장건위, 소화불량에 효능이 있는 것으로 알려져 있다. 프랑스와 이탈리아의 리큐르는 맛을 추구하는 것이 대부분이고, 독일은 약용효과를 추구하는 것으로 오늘날 최상품의 리큐르를 생산하고 있다.

약초·향초계 리큐르

① 샤르트뢰즈(Chartreuse)

약초·향초계를 대표하는 리큐르의 여왕으로 인정받고 있다. 1764년 프랑스 샤르트뢰즈수도원의 수도사가 리큐르의 원형을 제조하였으며, 100종류 이상의 약초가 배합되어 있다. 현재까지도 약초 원료의 배합은 수도사가 직접 행하고 있으며, 강한 약초향이 균형 있게 스며 있다.

② 베네딕틴 디오엠(Benedictine D·O·M)

1510년 프랑스 북부의 베네딕트파 수도원에서 성직자가 만든 술로, 샤르트뢰즈와 함께 명성을 이분해 온 약주이다. 27종의 약초와 향초를 배합하여 양조한 후 통숙성시킨 제품이다. 라틴어 'Deo Optimo Maximo'의 D·O·M이란 '최대 최고로 좋은 것을 신에게 바친다'라는 기도의 말이 이름의 유래가 되었다. 샤르트뢰즈는 약초의 맛을 강조하고 있으나 베네딕틴은 무게 있는 감미가 특징이다.

27종의 약초와 향초가 배합된
베네딕틴 D·O·M

③ 갈리아노(Galliano)

이탈리아에서 생산하는 리큐르로 에티오피아 전쟁의 용장 갈리아노 소령의 이름을 주명으로 하였다. 아니스, 바닐라 등 40여 종의 주된 성분의 식물이 조화를 이루고 있다. 미국에서 인기가 높으며 칵테일에 널리 쓰이고 있다.

④ 페퍼민트(Peppermint)

페퍼민트는 유럽산의 박하를 물과 함께 증류하여 시럽을 첨가한 것이다. 박하향의 청량감뿐만 아니라 향미가 신선하고, 소화를 촉진하는 작용도 한다. 화이트, 그린, 블루 등 세 가지의 색이 있다.

박하 리큐르 _화이트와 그린

⑤ 바이올렛(Violets)

전 세계 수백 종의 제비꽃 중에서 리큐르가 되는 것은 스위트 바이올렛(Sweet Violet)뿐이다. 바이올렛의 리큐르에는 파르페 아무르(Parfait Amour, 완전한 사랑), 크렘 드 바이올렛(Creme de Violet) 등이 있다. 엷은 보랏빛이 나며 달콤한 향미가 특징이다.

⑥ 아니제트(Anisette)

아니스(Anise, 미나리과 1년초)를 중심으로 하는 허브에 오렌지, 레몬 등의 과피를 주정에 첨가하여 증류시킨 것이다. 아니스의 풍미와 레몬이나 오렌지의 과피향이 특징이다. 이외에도 아니스의 리큐르에는 Pernod, Ricard, Sambuca 등의 유명제품이 있다. 삼부카는 이탈리아의 리큐르로 글라스에 볶은 커피콩을 세 알 띄워서 제공하는 것이 전통적인 방식이다. 커피콩은 자유, 평화, 사랑을 뜻한다.

아니스, 바닐라, 계피 등

⑦ 캄파리(Campari)

1860년 이탈리아 밀라노에서 탄생한 비터(bitter, 쓴맛의 약초 풍미)계의 리큐르이다. 주원료는 오렌지 과피, 여기에 캐러웨이, 코리앤더의 씨, 용담뿌리 등이 배합되어 있다. 주홍빛의 캄파리는 쌉쌀한 쓴맛과 상쾌한 감미가 특징으로 식전주의 캄파리 소다, 오렌지 등으로 혼합해 마신다.

쓴맛의 약초 풍미_ 캄파리

⑧ 아메르 피콘(Amer Picon)

'아메르'는 프랑스어로 '쓰다'는 의미이다. 피콘은 아메르 피콘의 창시자 이름으로, 아프리카의 약초를 원료로 리큐르를 만들었다. 증류주에 오렌지 과피, 용담뿌리, 설탕을 배합하여 만든다. 캄파리와 같이 식전주로 생수나 소다수를 혼합해 마신다.

⑨ 운더베르그(Underberg)

독일산 비터의 일종으로 20㎖ 용량에 알코올 도수 49%이다. 세계 43개국에서 수입한 30여 종의 약초 추출액을 주정에 배합하여 숙성시킨 드라이한 맛의 리큐르이다. 주로 술 마시기 전에 숙취 예방이나 소화촉진을 위해 식후주로 마신다.

⑩ 드람부이(Drambuie)

1745년 스코틀랜드 왕가의 비주(秘酒)를 전수하여 맥킨논사(社)가 제조한 리큐르이다. 15년 이상 통숙성된 하일랜드산 몰트 위스키에 각종 식물의 향기와 벌꿀을 배합한 것이다. 드람부이란 게릭어로 '만족할 만한 음료'라는 뜻이다. 드람부이와 비슷한 것으로 '아일랜드의 짙은 안개'란 뜻의 아이리쉬 미스트가 있다. 아이리쉬 위스키에 벌꿀, 오렌지, 아몬드 등의 향기를 배합시켜 은은한 향기가 일품이다.

⑪ 예거마이스터(Jägermeister)

원래는 식후주이자 기침약으로 개발되었다. 주원료는 아니스, 민트, 용담 뿌리, 키니네, 벌꿀 등을 혼합해 만든다. 미국에서는 젊은 층에서 파티용 술로 각광받고 있다. 독일 제품으로 순록과 십자가가 그려져 있다.

순록과 십자가가 그려진 식후주의 리큐르

⑫ 벌무스(Vermouth)

와인에 향쑥, 키니네, 고수나물, 두송(Juniper) 등을 혼합해서 만들었다. 이탈리아의 친자노(Cinzano), 프랑스의 마티니(Martini), 노일리 프랏(Noilly Prat) 등이 유명한 제품이다. 식전주(Aperitif)나 칵테일 부재료로 사용된다. 다음과 같이 2종류가 있다.

드라이 벌무스 (Dry Vermouth)	화이트와인에 여러 가지 약초와 향초를 첨가하여 만든다. 무색에 가까운 황색을 띤다.
스위트 벌무스 (Sweet Vermouth)	레드와인과 캐러멜이 첨가되어 감미가 있고 암적색을 띤다.

드라이 벌무스와 스위트 벌무스

⑬ **앙고스투라 비터스(Angostura Bitters)**

럼에 쓴맛을 내는 용담의 뿌리, 키니네, 쓴 귤껍질 등의 추출물질을 첨가해 만든 것이다. 아페리티프(Apéritif : 식사 전에 식욕을 돋우기 위해 마시는 술), 건위 강장제, 칵테일용 향미제 등으로 쓰인다.

2. 과실계(Fruits)

과실계는 식후의 입가심으로 좋은 리큐르이다. 오렌지나 체리, 베리 등이 대표적인 과일이며, 근대의 미식학적 요청에 의하여 탄생된 술이다. 리큐르 본래의 약용효과보다 향기나 맛에 중점을 두고 있다. 이것은 단일의 과실만으로 만들어지는 것이 아니라 식물의 향미성분과 배합하여 단조로운 맛을 피하고 균형과 조화를 이루고 있다.

여러 가지 과실계 리큐르

① 코인트로(Cointreau)

1849년 프랑스의 루아르 지방에서 탄생한 화이트 큐라소의 대표적인 제품이다. 브랜디의 주정에 오렌지 과피를 침지한 후 증류하여 시럽 등을 첨가해서 만든다. 오렌지의 감미와 꽃향기가 조화를 이루고 있다. 이외에도 화이트 큐라소에는 트리플 섹(Triple Sec), 오렌지 헤링(Orange Heering) 등의 유명제품이 있다. 그리고 화이트 큐라소(White Curaçao)에 착색을 한 Blue, Red, Green Curaçao 등이 있다.

② 그랑마니에(Grand Marnier)

코냑과 오렌지의 향이 조화롭게 어우러진 오렌지 큐라소의 대표적인 리큐르이다. 3년 이상 숙성된 코냑에 오렌지 과피를 배합한 후 오크통에 숙성한 호박색의 제품이다. 통숙성으로 인한 오렌지 과피와 코냑의 향기를 갖는 것이 특징이다. Cordon Rouge란 '빨간 리본'이라는 뜻이다.

코냑과 오렌지향이 풍부한
_그랑마니에

③ 체리 브랜디(Cherry Brandy)

체리 리큐르는 오렌지 다음으로 인기가 높다. 체리를 주정에 침지해 체리 고유의 색과 향미를 살린 적색의 체리 리큐르이다. 다양한 이름의 제품이 있는데 체리 헤링(Cherry Heering), 체리 마니에(Cherry Marnier) 등이다.

체리 향미의 적색 리큐르

④ 마라스키노(Maraschino)

이탈리아 북동부의 슬로베니아에서 재배되는 마라스카 품종의 스위트 체리를 원료로 한다. 제법은 체리를 으깨어 발효시킨 후 3회 증류하여 3년간 숙성시킨다. 여기에 물과 시럽을 첨가해 무색으로 만든다.

⑤ 카시스(Cassis)

베리(Berry)로 만든 리큐르 중에서 가장 인기가 높은 것이 카시스(Black Currant)이다. 제법은 파쇄한 카시스를 주정에 담갔다가 설탕을 첨가한 후 여과하여 만든다. 유럽에서는 비타민 C가 많이 함유된 카시스의 약효에 착안하여 리큐르를 만들었다.

⑥ 라즈베리(Raspberry)

라즈베리는 한국어 나무딸기, 프랑스어 프람보아즈(Framboise)라고 한다. 제조법은 파쇄한 과일을 주정에 침지하여 증류한 다음 숙성한 것으로 적색과 무색의 두 종류가 있다.

⑦ 슬로진(Sloe Gin)

유럽에서 야생하는 서양자두(Sloe Berry)를 진에 배합하여 만든 적색의 리큐르이다. 그 밖의 베리계 리큐르로 아름다운 색과 상큼한 향기의 블랙베리(Blackberry, 검은 딸기), 블루베리(Blueberry, 월귤) 등이 있다.

⑧ 살구 브랜디(Apricot Brandy)

주원료인 살구를 주정에 침지하여 시럽을 첨가해 만든 것으로, 에프리코트 브랜디 또는 에프리코트 리큐르라 불린다. 깊은 감미와 향기가 특징이다. 살구 외의 과일이나 허브를 사용하기도 한다.

살구의 감미와 향기가 가득한 리큐르

⑨ 복숭아 브랜디(Peach Brandy)

복숭아는 여성에게 인기가 높은 과일 중 하나로 리큐르 분야에서도 각광받고 있다. 제법은 주정에 복숭아의 향미성분을 넣고 증류하여 만든다. 오렌지주스와 잘 조합되며 신선한 감미가 특징이다.

⑩ 애플 퍼커(Apple Pucker)

주원료는 신맛이 강한 파란 사과로 만든 것이다. 보드카 마티니를 만들 때 벌무스 대신 이것을 넣으면 애플 마티니가 된다. 주정에 설탕과 과일을 첨가하여 숙성한 것으로, 한국의 과실주와 거의 비슷한 과정을 거쳐서 만든다. 알코올 도수는 15% 정도이다.

파란 사과로 만들어 신맛이
강한 애플 퍼커

⑪ 멜론 리큐르(Melon Liqueur)

진한 멜론의 맛과 향이 나는 초록색 리큐르이다. 일본 산토리(Suntory)사에서 생산하는 미도리(Midori)제품도 있다. 미도리는 일본말로 '초록'이라는 뜻이다. 일본에서 자란 최상급 품질의 멜론을 사용해서 만든다.

⑫ 크렘 드 바나나(Creme de Banana)

양질의 바나나를 엄선하여 만든 농축액을 순수한 증류주와 혼합하여 만든 부드러운 취향의 리큐르이다. 바나나는 부드러운 맛과 향으로 칵테일에 널리 사용된다. 크렘 드 (Creme de~)라는 명칭은 당분이 40%로 매우 단맛의 리큐르이다.

3. 종자계(Beans & Kernels)

과일의 씨에 함유되어 있는 방향성분이나 커피, 카카오, 바닐라콩 등의 성분을 추출하여 향과 맛을 낸 리큐르이다. 초기의 종자계는 카카오 맛이 압도적이었으나 최근에는 커피 맛의 리큐르와 살구 씨의 아마레토의 인기가 높아지고 있다.

종자계 리큐르

① 아마레토(Amaretto)

아마레토는 살구의 핵(씨)을 물과 함께 증류하여 향초 추출액과 배합하고 탱크에 숙성한 다음 시럽을 첨가해서 만든다. 갈리아노, 삼부카와 더불어 이탈리아에서 생산하는 3대 리큐르의 하나이다.

살구씨 성분이 배합된 아마레토

② 카카오(Cacao)

카카오 리큐르는 초콜릿 맛의 감미가 특징이다. 제법은 카카오콩을 볶은 다음 주정과 함께 증류하여 향기 높은 원액을 만든다. 여기에 시럽을 첨가하면 화이트 카카오(White Cacao), 색소를 첨가하면 브라운 카카오(Brown Cacao)가 된다.

카카오 화이트와 브라운

③ 커피 리큐르(Coffee Liqueur)

커피 리큐르는 커피가 생산되는 여러 나라에서 만들어지고 있다. 칼루아(Kahlua)는 럼 베이스에 멕시코산의 아라비카종 커피로 만든다. 티아 마리아(Tia Maria)는 브랜디 베이스에 자메이카산의 블루마운틴 커피로 만든다. 아이리쉬 벨벳(Irish Velvet)은 아이리쉬 위스키에 커피와 당분을 첨가한 것이다.

커피 리큐르 _칼루아

④ 코코넛 리큐르(Coconut Liqueur)

코코넛 리큐르는 화이트 럼에 야자수의 과육에서 추출한 엑기스를 배합하여 만든다. 영국과 프랑스에서 인기 급상승에 있는 것으로 말리부(Malibu) 제품이 있다. 이 제품은 불투명한 하얀 병과 어두운 색인 캡의 이미지로 유명하다.

코코넛 리큐르 _말리부 럼

4. 특수계(Specialities)

대부분의 리큐르는 식물성 향미성분을 배합한 것이 주를 이루고 있으나 동물성의 크림, 달걀 등의 재료가 배합된 특수계가 있다. 위스키나 브랜디에 크림이나 달걀 등을 첨가해서 맛을 낸 것으로 식후주에 많이 이용된다.

① 아드보카트(Advocaat)

19세기 네덜란드 농촌에서 브랜디에 달걀의 노른자위와 설탕을 가열하여 만든 에그 브랜드가 시초이다. 아드보카트는 네덜란드어로 '변호사'를 의미하는데 이것을 마시면 변호사처럼 말이 많아진다는 데서 유래하였다.

아드보카트 _에그 브랜디
(Egg Brandy)

② 베일리스 아이리쉬 크림(Baileys Irish Cream)

아일랜드의 수도 더블린산의 베일리스 아이리쉬 크림은 아이리쉬 위스키에 크림, 카카오를 배합하여 만든 감미로운 맛의 리큐르이다. 보통 식후에 온더락(on the Rocks)으로 여성들이 즐겨 찾는다.

식후주로 적합한 베일리스
아이리쉬 크림

제4절_ 전통주

술은 인류의 역사와 함께 시작되었다. 예로부터 우리나라는 차례를 지내거나 제사를 지낼 때 직접 빚은 술로 예를 올리는 풍습이 있었다. 각 지역마다 독특한 재료로 매우 다양한 술이 대를 이어 생산되어 왔으나 일제 침략을 계기로 쇠퇴기를 겪게 된다. 이후 1980년대 후반에 쌀의 과잉생산과 올림픽 개최를 계기로 전통주의 복원과 발굴이 시작되었다.

한국의 전통주

1. 전통주의 개념

전통주(傳統酒)는 한국에서 전통적으로 내려오는 제조방법에 따라 만드는 술을 말한다. 각 지방의 독특한 방법으로 만드는 민속주도 있다. 따라서 우리 땅에서 생산되고 주식(主食)으로 먹고사는 곡물을 주재료로 하고, 물 이외의 인위적인 가공이나 첨가물 없이 전통 누룩을 발효제로 하여 익힌 우리 술이다. 오랜 세월 조상 대대로 가문과 집안마다의 고유한 비법으로 대물림해 온 가양주(家釀酒)[15]와 그 문화에서 그 정의를 찾을 수 있다. 따라서 전통주의 범주는 옛 술의 제조방법에 기원을 두고, 다른 나라에서 만드는 방법과 뚜렷한 차별성이 있는 술을 말한다.[16]

15) 가양주(家釀酒)란 집에서 담근 술을 가리킨다.
16) 민미순, 한국전통주의 세계화 요인이 국가브랜드 이미지와 전통주 구매의도에 미치는 영향, 동국대학교 대학원 박사학위논문, 2011.

2. 전통주의 분류

전통주는 제조방법에 따라 크게 발효주와 증류주로 나눈다. 발효주는 순곡주와 혼양곡주, 과실주로 구분할 수 있다. 그리고 술 거르는 방법과 첨가재료, 빚는 방법에 따라 3가지로 구분한다.

전통주	발효주	순곡주	단양주	탁주, 약주, 청주
			다양주	이양주, 삼양주, 사양주, 오양주
		혼양곡주	약용곡주	계피주, 구기주, 녹용주, 당귀주, 생강주
			가향곡주	국화주, 진달래주, 매화주, 도화주, 백화주
		과실주	매실주, 오디주, 머루주, 복분자주	
	증류주	증류식 소주	이강주, 문배주, 안동소주, 고소리술, 옥로주, 한주	

(1) 거르는 방법에 의한 분류

우리나라에서 역사가 가장 오래된 술로 청주, 탁주, 소주가 있다. 이와 같은 술은 재료의 차이가 아니라 거르는 방법의 차이에 의해 결정된다. 구체적으로 살펴보면 다음과 같다.

우리 술과 전통음식

① 청주

쌀, 누룩, 물을 원료로 하여 빚어서 걸러낸 맑은 술이다. 술이 다 익어 떠낼 때 용수를 박아 맑게 고인 술만 떠낸 것을 말한다. 탁주와는 반대의 개념으로 보통 약주라고 한다.

② 탁주

일반적으로 빛깔이 탁하고 알코올 성분이 적은 술이다. 청주를 떠낸 다음 술덧을 체로 걸러내고 물을 더하면 흐리고 탁한 뿌연 탁주가 된다. 막 거른 술이라 하여 막걸리라고도 한다. 특히 농가에서는 필수적인 술이라 하여 농주 등으로 불린다.

③ 소주

보통 발효주는 알코올 도수가 낮아서 오래 두면 대개 식초가 되거나 부패된다. 이런 결점을 없애기 위해 고안한 것이 증류식 소주이다. 발효된 술을 솥에 넣고 소주고리에 불을 지피면 증류되어 방울방울 떨어지는데 이것을 받으면 알코올 도수가 높은 증류식 소주가 된다. 휴대가 편하고 장기 보존이 가능하며, 풍미가 좋은 소주를 얻을 수 있다. 이 강주, 문배주, 안동소주, 고소리술, 옥로주, 한주 등이 있다.

(2) 술 빚는 방법에 의한 분류

전통주는 술을 빚는 횟수에 따라 단양주(1회), 이양주(2회), 삼양주(3회), 사양주(4회), 오양주(5회) 등으로 나뉜다. 이양주 이상의 술은 먼저 밑술을 만들고 덧술을 더하는 방식으로 술을 완성시킨다.

밑술과 덧술	
밑술	덧술의 상대적인 뜻으로 덧술하기 전에 발효가 진행된 먼저 담근 술을 말한다. 술의 발효를 도와 맛과 향이 좋은 술을 빚으려는 것으로 효모균의 증식과 배양에 목적이 있다. 주모라고도 한다.
덧술	발효과정에 있는 술에 다시 전분질 원료와 누룩을 넣고 한 번 더 발효시키는 것이다. 밑술을 발판으로 더욱 맑고 알코올 도수가 높은 술을 빚을 수 있다.

① 이양주(二釀酒)

이양주는 술 빚는 과정에서 1회 덧술 과정을 거치는 술이다. 술 빚기를 두 번 하는 것이다.

처음 빚는 것은 '밑술'이라 하고 두 번째 넣어주는 것을 '덧술'이라 한다. 현재 대부분의 청주, 약주는 이양주가 많다.

② 삼양주

삼양주는 술 빚는 과정에서 2회의 덧술과정을 거치는 술이다. 많은 덧술과정을 거치는 술일수록 장기간의 숙성으로 인하여 향미가 우수한 고급술이 되는 것이다. 덧술과정이 3회, 4회 더해지면 사양주, 오양주 등으로 분류한다.

(3) 제조방법에 의한 분류

술에 약재를 넣거나 곡물과 약재를 섞어 넣는 약용곡주, 그리고 꽃잎이나 식물의 잎 등을 넣어 술에 향기를 얻을 목적으로 곡주에 가향재료를 넣은 가향곡주, 술에 과일 또는 곡물과 과일을 섞어 빚은 과실주가 있다.

① 약용곡주

술에 약재를 넣어 그 약용성분을 우려낸 술이다. 알코올의 추출작용에 의해 재료에서 여러 가지 유효한 성분이 우러나와 양질의 술을 얻을 수 있다. 예부터 질병의 예방과 치료목적으로 만들어왔다.

우리 술과 찜요리

② 가향곡주

술에 독특한 향기를 주기 위해 꽃이나 식물의 잎 등을 넣어 빚은 술을 말한다. 진달래꽃을 쓰는 두견주를 비롯하여 여러 가지 화주(花酒)가 있다. 가향재료를 함께 넣어 빚는 것과 이미 만들어진 곡주에 가향재료를 우러나게 하여 빚는 가향 입주법이 있다.

③ 과실주

전통적인 과실주는 과일이나 과즙을 발효시켜서 빚는 것이 아니라 약주를 빚듯이 멥쌀이나 찹쌀과 누룩을 과일이나 과즙과 함께 넣어 빚는다. 과실주는 사용하는 원료에 따라 서로 다른 맛과 개성을 가진다. 우리나라에 자생하거나 재배되는 매실, 모과, 산머루, 복분자, 오디 등 각종 과실의 향미나 맛 등을 추출 가미하여 만든다.

3. 한국의 전통주 현황

한국의 전통주는 예로부터 전해 내려온 제조방법을 토대로 자신만의 방식을 고수하고 있다. 제조방법뿐만 아니라 지역에 따라 다양한 전통주가 빚어지고 있다. 각 지역의 특성을 살린 전통주는 전국적으로 고루 분포되어 있는데 이를 6개 지역으로 나누어 살펴보면 다음과 같다.

1) 서울, 경기도

예부터 서울에는 궁궐이 자리해 전국의 모든 농산물이 집중되었다. 이에 다양하고 화려한 음식이 많이 만들어졌는데, 술 또한 마찬가지였다. 서울과 경기도에서는 쌀과 누룩을 이용하여 장기간 발효와 숙성을 거친 청주와 함께 증류기술이 발달하였다. 주요 전통주를 살펴보면 다음과 같다.

① 문배주

우리나라 고유의 재래종 배인 '문배'의 꽃향기와 과실향이 난다고 하여 붙여진 이름이다. 문배나무의 열매를 전혀 사용하지 않고도 문배의 향을 갖게 되는 것이 큰 특징이다. 좁쌀과 수수가 원료로 사용되어 숙취가 없고 향이 좋으며 부드러운 맛을 자랑한다. 해방 전에는 평양 대동강 유역의 석회암층에서 솟아나는 지하수를 사용하였다. 국가 무형문화재 제86-1호로 지정되었다.

문배주

② 삼해주(三亥酒)

정월 첫 돼지날, 세 번에 걸쳐 담근 술이라는 뜻이다. 그 기간이 100여 일 걸린다고 하여 백일주라고도 한다. 정월 첫 돼지날에 담가 버들가지가 날릴 때쯤 먹는다고 하여 유서주(柳絮酒)라고도 부른다. 쌀과 누룩을 원료로 하여 만든 삼해주는 은은한 맛을 비교적 오래 보관할 수 있는 특징을 가지고 있다. 지금의 평양을 중심으로 제조되어 왔던 술이다. 서울시 무형문화재 제8호로 지정되어 있다.

③ 안양 옥미주

백년 전통의 옥미주는 경기도 안양의 관광 민속주로서 충북 단양의 남평 문씨 가문의 맏며느리로부터 전수되어 온 술이다. '잘 여문 옥수수에 현미를 넣어 빚는다'고 하여 옥미주라고 한다. 이름 그대로 구슬처럼 담황색의 빛깔이 매우 아름다운 술이다. 현미를 주원료로 하여 옥수수, 고구마, 엿기름 및 누룩을 사용하여 16일에 걸쳐 만들어진다.

④ 송절주(松節酒)

서울의 민속주로 싱싱한 송절(松節)을 삶은 물과 당귀, 솔잎, 쌀로 빚은 약주이다. 처음 밑술을 담그는 것부터 시작하여 은은한 솔향기가 피어나는 제맛을 내기까지 한 달여의 기간이 걸린다. 솔향기의 상징적인 의미로 인하여 선비들이 각별히 즐기던 술이었다고 한다. 서울시 무형문화재 제2호로 지정되었다.

⑤ 칠선주(七仙酒)

칠선주는 인삼, 당귀, 구기자, 산수유, 사삼, 갈근, 감초 등 7가지의 한약재를 첨가한 데서 붙여진 이름이다. 한약재를 넣어 두통이나 숙취에 효과가 탁월하여 궁중에 진상된 술로 유명하다. 은은한 누룩향과 부드러운 맛이 특징이다.

⑥ 옥로주(玉露酒)

조선 순조 때부터 충청남도 서산에서 시작되었다. 당시 궁중에 서산 유씨 집안의 옥로주를 진상했다. 아침 이슬 같은 영롱한 옥구슬이 떨어지는 것 같다고 해서 옥로주라 불렀다. 한약재인 율무로 빚어 건위강장, 소화기능 개선 및 피부미용 등에 효과가 있다. 잘 익은 옥로주는 단맛, 신맛, 떫은맛, 구수한 맛, 쓴맛, 매운맛 등의 6가지 맛이 녹아 있다. 경기도 무형문화재 제12호로 지정되었다.

⑦ 남한산성 소주

남한산성을 축성한 14대 선조(1568~1608) 때부터 만들기 시작한 것으로 추정된다. 그후 임금님께 진상되었던 것으로 알려지고 있다. 양조에 사용하는 재료의 특징은 남한산성에서 흘러 내려오는 물과 이곳에서 생산되는 쌀, 재래종 통밀로 만든 누룩 그리고 다른 토속주에서는 찾아볼 수 없는 재래식 엿을 고아 술덧을 빚을 때 사용한다. 경기도 무형문화재 제13호로 지정되었다.

⑧ 향온주(香醞酒)

조선시대 궁궐 내의원 양조장에서 어의들이 빚어 왕에게 진상한 술이다. 임금이 마시고 신하에게도 내렸던 술로 유명하다. 궁중에서도 귀하게 여겨 외국의 사신을 접대하거나 국가의 큰 행사에 사용했다. 멥쌀과 찹쌀을 쪄서 식힌 것에 보리와 녹두를 섞어 만든 누룩을 넣어 담근다. 술익을 '온'자가 붙는 술에는 여러 번 덧술을 해서 향기가 좋다. 그래서 향온주라 하는데 다른 술보다 향기가 짙은 것이 특징이다. 서울시 무형문화재 제9호로 지정되었다.

⑨ 부의주(浮蟻酒)

고려시대 이후에 알려진 술로 동동주에 해당하는 술이다. 부의주는 찹쌀로 빚은 맑은 술에 밥알이 동동 뜨게 빚어져 개미가 물에 떠 있는 것과 같다고 하여 부의주(浮蟻酒)라고 한다. 또는 나방이 떠 있는 것 같다고 하여 부아주(浮蛾酒), 녹의주(綠蟻酒)라고도 한다. 부의주의 향은 쌀 발효에서 나오는 은은한 과일향기가 나며 달짝지근하면서도 혀끝에 도는 쌉쌀한 감칠맛이 일품이다. 술의 빛깔은 연한 황금빛을 띠며 식혜처럼 동동 떠 있는 쌀눈과 밥알을 보는 재미까지 있어 기분 좋은 술로 전해져 왔다. 경기도 무형문화재 제2호로 지정되었다.

2) 강원도

강원도는 감자, 메밀, 옥수수 등이 주요 산지이다. 옥수수 알갱이 등으로 만든 술과 삼지구엽초주 그리고 율무를 넣어 만든 의이인주(율무주) 등이 전해 내려온다. 주요 전통주를 살펴보면 다음과 같다.

① 평창 감자술

감자가 많이 생산되는 강원도에서 빚어 먹던 술이다. 백미와 감자를 쪄서 누룩으로 발효시킨다. 조선 후기부터 제조된 것으로 추정되는 감자술은 일제강점기에 밀주 단속으로 단절되었다가 강원도 평창군 진부면의 홍성일 씨가 1990년부터 다시 빚기 시작했다. 감자술은 담백하면서도 단맛이 나 와인처럼 마신 후 뒤끝이 깨끗하고 은은하게 취하며 산성체질을 알칼리성 체질로 바꿔주는 효능을 갖고 있는 것으로 알려져 있다. 서주(薯酒)라고도 한다.

② 강냉이술

강원도의 주요 특산물인 옥수수와 엿기름을 이용해 빚은 향토민속주다. 강원도는 산간지역이 많아 쌀농사 대신에 옥수수 재배가 적합하여 양질의 옥수수가 많이 생산되고 있다. 이에 따라 자연히 술도 옥수수로 빚어져 농주, 제주, 손님 접대용으로 쓰였다. 옥수수술이라고도 한다.

③ 감홍로(甘紅露)

술 이름에서 보듯 맛이 달고 붉은색을 띠어, 누구라도 쉽게 그 특징을 찾을 수 있다. 일반적으로 빚은 곡주를 소줏고리로 증류한 소주에 벌꿀을 넣어 단맛을 내고, 지초(芝草)를 넣어 착색시키는 방법으로 빚는다. 감홍로의 '감(甘)'은 단맛, '홍(紅)'은 붉은색, '로(露)'는 증류된 술이 항아리 속에서 이슬처럼 맺힌다는 뜻으로 독특한 향이 어우러져 미각, 시각, 후각을 만족시키는 전통주이다.

강원도의 감홍로

④ 홍천 옥선주(玉鮮酒)

강원도 홍천의 옥수수와 멥쌀, 누룩을 주된 원료로 하여 빚은 술이다. 옥선주는 알코올 농도 40%의 연갈색 빛깔과 독특한 향기가 있는 전통주이다. 1997년도 우리나라 민속주 부문에서 농림부(현, 농림축산식품부)장관상을 수상한 것을 비롯해서 한국관광공사 공모전 특선, 강원도지사로부터 포상을 받은 술이기도 하다.

⑤ 의이인주(薏苡仁酒)

율무와 멥쌀을 함께 섞어 빚은 전통주이다. 궁중에서 반가로 전해진 200년 내력의 가양주로 율무의 영양과 효능이 살아 있는 술이다. 율무는 차(茶)로 마시기도 하지만 한방에서는 의이인(薏苡仁)이라 하여 약재로 사용한다. 비장을 튼튼히 하고 위와 폐를 보하고 해열에 좋은 것으로 기록되어 있다. 보통 율무주라고도 한다.

3) 충청도

우리나라의 중부와 남부 지방을 이어주는 충청도는 백제의 뛰어난 유산과 자연재료로 빚은 약주와 증류주 등이 전통의 명맥을 유지하고 있다. 충청도의 전통주는 감칠맛이 뛰어나다. 충남 서천의 한산 소곡주를 비롯해서 면천두견주, 청명주 등이 있다. 충남 논산의 가야곡 왕주는 유네스코 세계문화유산인 '종묘대제'의 제주(祭酒)로 이용되고 있다. 주요 전통주를 살펴보면 다음과 같다.

① 한산 소곡주(素穀酒)

백제시대부터 이어져 오는 비법을 그대로 전수받아 전통방식으로 제조하여 독특한 맛과 깊고 그윽한 향이 살아 있다. 찹쌀, 백미, 생강, 홍고추, 메주콩, 누룩 등을 함께 섞어 빚은 술이다. 백제시대 궁중 술로서 백제 유민들이 나라를 잃고 그 슬픔을 달래기 위해 빚어 먹었다. 충남 한산면 일대에서 생산하고 있다. 충남 무형문화재 제3호로 지정되었다.

② 금산 인삼주(人蔘酒)

인삼주는 쌀과 누룩에 인삼을 분쇄해 넣고 발효시킨 후 증류해서 만든다. 유기산, 무기질, 비타민, 젖산 등이 다량 함유되어 있다. 인삼이 술 속에 녹아들어가 건강에 도움을 준다. 조선시대의 『임원십육지』, 『본초강목』 등에 제조법과 효력에 대해 소개되어 있다. 금산은 한국을 대표하는 인삼 생산지로 우수한 품질로 높이 평가받고 있다. 충남 무형문화재 제19호로 지정되었다.

금산 인삼주

③ 아산 연엽주(蓮葉酒)

찹쌀이나 멥쌀을 물에 불려 시루에 찐 밥에 누룩을 버무려 연잎에 싸서 담근 술이다. 연잎은 가을에 서늘해진 후 서리가 미처 내리지 않고 잎이 마르기 전의 것을 사용한다. 따라서 고유한 향기와 맛이 나고 오래 두어도 상하지 않는다. 왕실에서 제주(祭酒)로 쓰던 귀한 술이다. 찹쌀이 위벽을 보호하고 솔잎이 피를 맑게 하며 연잎이 양기를 보하고 감초가 술독을 없애주는 역할을 한다. 충남 무형문화재 제11호로 지정되었다.

④ 계룡 백일주(百日酒)

100일 동안 술을 익힌다고 해서 붙여진 이름이다. 전통적으로 백일주는 대부분 겨울에 빚는다. 100일간 발효시키기 위해서는 낮은 온도가 필요하기 때문이다. 계룡 백일주는 재래종 국화와 진달래꽃, 오미자 열매, 솔잎을 재료로 사용한다. 밑술과 덧술, 숙성 과정을 거치는 데 100일 정도 걸려 술이 완성된다. 은은한 향과 부드럽고 담백한 맛이 일품이며 숙취가 없다. 충남 무형문화재 제7호로 지정되었다.

⑤ 중원 청명주(淸明酒)

맑고 향긋한 청명주는 찹쌀과 누룩 그리고 충주의 깨끗한 물로 빚은 술이다. 누룩의 밀 껍질 성분이 발효되면서 우러나온 풍미가 깊고 향기롭다. 청명은 24절기 중 날이 풀리기 시작해 화창해지는 시기이다. 이날 먹기 위해 정성을 다해 빚는 술이 바로 청명주다. 추운 겨울에 담가서 100일을 숙성시켜 신록이 우거지는 봄날에 마셨던 청명주는 알코올 도수 17%의 부드럽고 맑은 술이다. 충북 무형문화재 제2호로 지정되었다.

⑥ 둔송 구기주(枸杞酒)

청양은 구기자와 고추로 유명한 지역이다. 전국 구기자 생산량의 40%가 이곳에서 생산된다. 이러한 지역 특산품인 구기자를 이용하여 빚은 술이 바로 청양의 구기자주다. 구기자 특유의 독특한 향이 있고 새콤하면서도 감칠맛 나는 것이 특징이다. 대부분의 구기자주는 증류주에 구기자를 침출시켜 빚는데 청양의 구기자주는 쌀과 감초, 들국화 등을 넣어 함께 발효시킨다. 충남 무형문화재 제30호로 지정되었다.

⑦ 면천 두견주(杜鵑酒)

충남 당진의 면천면에서 피는 진달래(두견)를 넣어 만들어서 붙여진 이름이다. 진달래꽃을 가공 건조시켜 찹쌀, 누룩과 함께 발효시켜 만든다. 혈액순환과 피로회복에 특별한 효과가 있다. 면천 두견주는 고려 개국공신 복지겸이 병이 들자 효성이 지극한 딸이 이 술을 빚어 그의 병을 낫게 했다는 전설을 간직하고 있다. 국가 무형문화재 제86-2호로 지정되었다.

면천 두견주

⑧ 대전 송순주(松筍酒)

멥쌀과 누룩, 송순을 함께 섞어 빚은 술이다. 이른 봄에 자라나는 소나무의 새순으로 빚은 술로 맛과 향기뿐 아니라 약효도 뛰어난 전통주이다. 송순주는 주독(酒毒) 해소에 뛰어난 효과를 나타내며 머리를 맑게 하고 위장병과 풍치, 신경계 질환의 치료와 관절염 등을 다스리는 효과를 나타낸다. 일찍이 신선들이 즐기던 불로장생주로 알려져 왔다. 대전 무형문화재 제9호로 지정되었다.

⑨ 가야곡 왕주(王酒)

가야곡 왕주는 찹쌀과 야생국화, 구기자, 솔잎 등의 재료에 청청지역의 암반수를 이용해 빚은 전통주이다. 조선시대 가야실의 이름을 따서 가야곡면이라 부른다. 논산시의 중남부에 위치하고 있다. 지금도 종묘제례에 쓰이는 궁중술이다. 우리나라를 대표하는 곡창지대이며, 물이 좋기로 유명한 충남 논산에서는 백제시대부터 많은 집안에서 곡주를 빚어 마시기 시작했다.

⑩ 청원 신선주(神仙酒)

충북 청원군 지역의 전통 민속주로 지정되어 있는 술이다. 찹쌀과 한약재, 누룩을 함께 넣어 찌고 익혀서 빚는다. 신라시대에 최치원(崔致遠)이 마을의 신선봉(神仙峰)에 정자를 짓고, 이 술을 즐겨 마신 것에서 붙여진 이름이다. 신선주는 변비를 없애고 머리를 검게 하며 노화를 방지하여 수명을 늘린다고 한다. 충북 무형문화재 제4호로 지정되었다.

⑪ 보은 송로주(松露酒)

송로주는 말 그대로 소나무를 원료로 만든 술이다. 소나무의 마디에 생밤과 멥쌀, 누룩을 섞어 술을 빚어 맑게 거르면 송절주가 된다. 이것을 다시 증류하여 내리면 송로주가 된다. 알코올 도수 48%로 우리나라에서 생산되는 술 가운데 가장 강렬하다. 소나무 관솔의 특유한 향이 특징이다. 예부터 송로주를 먹으면 관절, 신경통에 좋아 장수한다는 속설이 있다. 충청북도 보은의 전통주이다. 충북 무형문화재 제3호로 지정되었다.

4) 전라도

우리나라 최대의 곡창지대이다. 전통적으로 먹거리가 풍부한 지역으로 다양한 재료를 이용하여 가양주 형태의 토속주가 매우 발달한 지역이다. 널찍한 호남평야에서 생산한 백미 등을 재료로 만든 소주에 약재나 식물, 꽃향기 등을 첨가한 약용 및 가향곡주를 빚어서 즐겨왔다. 주요 전통주를 살펴보면 다음과 같다.

① 전주 이강주(梨薑酒)

전주의 이강주는 토종 소주에 배, 생강, 울금, 계피, 꿀을 가미해 만든 술이다. 생강은

톡 쏘는 향을 더해주며 계피 특유의 향이 조화를 이루어 감칠맛을 낸다. 맛과 향이 강한 울금에 꿀이 더해져 숙취가 없는 것이 특징이다. 조선시대 상류사회에서 즐기던 고급 약소주로 조선 3대 명주 가운데 하나이다. 소주에 배(梨)와 생강(薑)이 들어가 이강주(梨薑酒)라 부른다. 전북 무형문화재 제6-2호로 지정되었다.

② 고창 복분자주(覆盆子酒)

복분자는 장미과에 속하는 낙엽관목인 나무딸기의 일종이다. 복분자주는 국내의 산과 들에서 널리 자라는 복분자 딸기의 열매를 이용하여 담근 술이다. 1960년대 선운산 부근에 사는 주민들이 선운산에 자생하던 야생 복분자를 밭에 옮겨 심은 뒤 6~9월경 열매를 따 술을 담가 먹으면서 복분자주가 유래되었다. 복분자는 한의서에 항암작용, 노화억제, 동맥경화, 혈전예방 등에 효능이 뛰어나고 시력과 기억력 증진에도 특효가 있는 것으로 알려지고 있다. 전북 고창군의 특산품으로 복분자 딸기를 발효하여 만든 과실주이다.

고창 복분자주

③ 진도 홍주(紅酒)

쌀이나 보리에 누룩을 넣어 발효시킨 후 지초를 첨가하여 증류한 술이다. 지초는 산이나 들에서 잘 자라는 다년생 초본이다. 한방에서 건위, 강장, 해독, 해열, 청열 등의 약재로 사용되고 있다. 또한 아름다운 홍색으로 착색되어 맛뿐만 아니라 시각적인 매력을 주며, 독특한 향기를 지니게 된다. 고려시대부터 전해 내려온 민속주로 조선시대에는 지초주(芝草酒)라고 불렀다. 전남 무형문화재 제26호로 지정되었다.

진도 홍주

④ 담양 추성주(秋城酒)

대나무의 고장 담양의 옛 명칭인 추성을 이름으로 한 전통주이다. 쌀과 누룩으로 발효시킨 술에 한약재를 넣고 대나무통에서 숙성시킨 술이다. 전통주 가운데 가장 많은 13가지 약초가 들어가는 약술이기도 하다. 통일신라시대 경덕왕 16년에 사찰인 연동사에서 유래된 술로 스님들이 곡차로 즐겨 마셨다. 독특한 향에 은은한 맛을 가진 추성주는 목 넘김이 부드럽고 뒷맛이 깔끔해 면앙 송순 선생이 즐겨 마시던 것으로 유명하다.

마시면 신선이 된다 하여 제세팔선주(濟世八仙酒)라고도 불린다.

⑤ 전북 죽력고(竹瀝膏)

죽력(竹瀝)은 푸른 대나무를 불에 구웠을 때 나오는 진액(津液)이다. 한방에서는 중풍, 해열, 천식 등의 치료에 쓰인다고 알려져 있다. 죽력고는 죽력에 솔잎, 생강, 창포 등을 넣고 소주를 내리는 방법으로 증류시켜 만든 것이다. 평양 감홍로(甘紅露), 전주 이강주(梨薑酒)와 함께 죽력고(竹瀝膏)를 우리나라 3대 명주로 꼽는다. 전북 무형문화재 제6-3호로 지정되었다.

⑥ 송죽 오곡주(五穀酒)

오곡은 쌀, 보리, 조, 콩, 기장을 말한다. 송죽 오곡주는 오곡을 비롯하여 솔잎과 댓잎, 구기자, 오미자 등을 첨가하여 빚어낸 술이다. 독특한 향기와 단맛, 신맛, 쓴맛, 매운맛, 떫은맛 등 5가지 맛이 조화를 이루고 있다. 특히 민속주 고유의 누룩 냄새가 적으며 목 넘김이 부드럽고 뒷맛이 깔끔하다. 전북 완주군 모악산의 산사에서 전해 내려오는 술이다.

⑦ 송화 백일주(百日酒)

송화 백일주는 이름 그대로 송화를 넣은 술에 100일 이상을 숙성하는 술이다. 송화와 솔잎, 산수유, 오미자를 넣고 송화죽을 끓여 1차 발효를 하고, 이후 찹쌀과 멥쌀을 넣어 4번의 발효를 통해 청주가 완성된다. 이렇게 완성된 청주를 증류한 후에 다시 한번 송화, 솔잎, 산수유, 오미자를 넣고 1년에서 3년간 숙성시키면 송화 백일주가 완성된다. 전북 완주 모악산 자락의 수왕사(水王寺)에서 승려가 빚는 술이다. 전북 무형문화재 제6-4호로 지정되었다.

⑧ 해남 진양주(眞釀酒)

해남 진양주는 찹쌀과 누룩, 물로 만든 술이다. 조선시대 궁중에서 임금이 신하에게 내리던 어주(御酒)로 빚었다. 최씨 성의 궁인(宮人)이 비법을 전수했다고 전한다. 궁중의 양조기술이 전남 영암군 덕진면의 장흥 임씨 문중으로 전수되어 약 200여 년의 역사를 가지고 있다. 2004년 농림부(현, 농림축산식품부)와 농수산물유통공사(현, 한국농수산식품유통공사)가 주최한 한국전통식품선발대회에서 '베스트5'에 뽑혀 그 진가를 더욱 인정받게 되었다. 전남 무형문화재 제25호로 지정되었다.

⑨ 김제 송순주(松筍酒)

소나무의 새순을 넣고 빚은 술이다. 멥쌀과 찹쌀, 송순, 누룩을 넣고 발효시킨 후에 소주를 혼합하여 만든다. 송순주 고유의 맛과 향기, 저장성을 높인 술이다. 송순은 소나무 옆가지에 난 새순을 시루에 찐 후 하루 동안 햇볕에 말려서 쓴다. 송순주는 원래 술보다는 약의 의미에 가까웠다. 숙취의 두통이 없고 위장병과 신경통에 특효가 있으며 풍치와 강정제로 효과가 뛰어나다. 전북 무형문화재 제6-1호로 지정되었다.

⑩ 전주 과하주(過夏酒)

과하주는 더운 여름에 멥쌀과 누룩으로 빚은 곡주의 변질을 막기 위해 발효과정에 소주를 더한 술이다. 약주 특유의 향이 온전하게 살아 있으며, 증류주를 부어 알코올 도수를 높이고 저장기간을 늘린 것이다. 음식이 부패하기 쉬운 여름이 지나도 변하지 않는다고 하여 과하주(過夏酒)라고 한다. 일명 장군주(將軍酒)라 불리는 술로서 조선 초기부터 서울을 중심으로 여러 지방에서 빚어왔다. 현재 전주 과하주는 향토문화재로 지정되어 있다.

⑪ 승주 사삼주(沙滲酒)

사삼(沙滲)이란 더덕을 일컫는 말이다. 생김새와 약효가 인삼과 비슷하여 붙여진 이름이다.

사삼주는 찹쌀과 누룩과 더덕으로 빚는 발효주이다. 일제강점기부터 지리산과 조계산 일대에서 자생하는 더덕을 이용해서 제조되던 전남지역의 토속주이다. 『동의보감』, 『한약집성방』 등의 한의서에는 더덕이 자양강장, 보간, 해독, 가래, 기침 등에 약효가 있어 중요한 약재로 취급해 왔다.

5) 경상도

한국의 술은 자연에서 채취한 온갖 꽃과 식물, 곡식, 열매를 이용해 지방마다, 집안마다 각기 다른 비법과 정성으로 빚고 있다. 대대로 이어져 오면서 조상께 제를 올리거나 손님을 대접하고 식사와 함께 반주로 마셨던 소중한 문화유산이다. 영남지방에는 그윽한 향기가 일품인 안동소주, 경주 최 부잣집의 가양주인 교동법주, 500년 넘은 역사를 지닌 함양의 솔송주 등이 있다. 주요 전통주를 살펴보면 다음과 같다.

① 경주 교동법주(校洞法酒)

수백 년의 전통을 이어오고 있는 경주 최 부잣집 가문이 빚는 가양주이다. 주원료는 찹쌀과 밀, 누룩, 물이다. 먼저 찹쌀로 죽을 쑤고 여기에 누룩을 섞어 밑술을 만든다. 이 밑술에 찹쌀 고두밥과 물을 혼합해 덧술을 담근 뒤 독을 바꿔가며 제2차 발효과정을 거쳐 술을 완성한다. 술 완성까지는 100일이 걸린다. 색은 밝고 투명한 미황색을 지닌다. 곡주 특유의 향기와 단맛과 약간의 신맛이 특징이다. 법주라는 이름은 원래 사찰 주변에서 빚어진 술의 이름이었다. 국가 무형문화재 제86-3호로 지정되었다.

② 안동소주(安東燒酎)

고려시대부터 전승되어 온 700년 전통의 우리나라 3대 명주 중 하나이다. 주원료는 멥쌀과 누룩이며 알코올 도수 45%의 증류식 소주이다. 쌀 특유의 은은한 향을 간직하면서 목 넘김이 부드러우며 깊고 풍부한 맛이 특징이다. 예부터 상처소독, 배앓이, 식욕부진, 소화불량 등의 구급약으로도 활용되었다고 전해진다. 경북 무형문화재 제12호로 지정되었다.

안동소주

③ 솔송주

경남 함양의 하동 정씨 가문의 가양주로 집안 대소사와 손님 접대를 위해 빚어왔다. 찹쌀에 솔잎과 송순, 지리산 자락의 청정 암반수를 사용해 우선 밑술을 빚는다. 여기에 덧술을 하여 30일 동안 저온에서 발효시키면 솔송주가 완성된다. 2007년 노무현 대통령과 김정일 국방위원장이 만난 남북정상회담 자리에서 건배주로 상에 오르기도 했다. 솔잎의 청량한 향이 솔송주의 가장 큰 특징이다. 경남 무형문화재 제53호로 지정되었다.

④ 함양 국화주(菊花酒)

늦가을 서리를 맞은 지리산 야생국화로 담근 전통 민속주이다. 찹쌀에 들국화, 생지황, 구기자 등의 약재를 넣고 발효시킨 후 보름 동안 숙성시켜 만든다. 국화주는 예로부터 불로장생의 약용주로 중양절(음력 9월 9일)에 선비들이 높은 산에 올라가 마셨다. 고혈압, 강장제, 숙취 제거, 두통, 복통 등에 효과가 뛰어난 것으로 알려져 있다. 알코올 도수 15%로 찹쌀과 국화를 원료로 발효시켜 술 색깔이 맑고, 연한 황색이며 황국화 특유의 그윽한 향취가 특징이다.

⑤ 경주 황금주(黃金酒)

술빛이 황금색을 띤다 하여 붙여진 이름이다. 주원료는 찹쌀과 멥쌀, 구기자, 국화, 누룩에 경주 천마산의 암반수로 빚는다. 불로장수의 약용주로 식욕증진, 건위, 피로회복 등 여러 가지 질병에도 효과가 있는 것으로 알려져 있다. 황금주를 고아서 소주로 내린 증류주가 바로 신라주이다. 은은한 국화 향기와 황금빛이 아름다운 조화를 이루는 술이다. 경주의 교동법주와 더불어 민속주로 정식 인가를 받았다. 경주에서 널리 애용되는 토속주이다.

⑥ 안동 송화주(松花酒)

송화주는 말 그대로 솔잎과 국화를 원료로 만든 술이다. 주원료는 찹쌀과 멥쌀, 솔잎, 국화, 금은화, 인동초 등을 사용하여 빚는다. 밑술을 바탕으로 덧술을 빚은 후 용수를 박아 걸러내는 술이다. 전주 유씨(全州柳氏)의 가양주로 제주나 손님 접대에 주로 사용되어 왔다. 솔잎과 국화의 강한 향기와 함께 달고 부드럽다. 경북 무형문화재 제20호로 지정되었다.

⑦ 비슬산 하향주(荷香酒)

찹쌀과 국화, 누룩, 비슬산의 맑은 물로 빚은 술이다. 술에서 연꽃(하향)향기가 난다고 하여 붙여진 이름이다. 신라 고찰인 유가사에서 빚기 시작해 1천 년을 이어온 토속주이다. 비슬산 맑은 물과 전국에 소문난 유가찹쌀로 빚어 100일 동안 발효시켜 백일주라고도 불린다. 1680년경부터 밀양 박씨(密陽朴氏) 집성촌인 대구광역시 달성군 박씨 종가의 가양주로 전승되어 온 술이다. 대구 무형문화재 11호로 지정되었다.

⑧ 문경 호산춘(湖山春)

조선 초기부터 장수 황씨(長水黃氏) 종가의 가양주(家釀酒)로 전승되고 있는 술이다. 주원료는 멥쌀과 찹쌀, 솔잎, 생약재 등으로 저온에서 장기 발효시켜 빚는다. 발효주로 맛과 향기가 뛰어나 전통주 가운데서도 춘주(春酒)의 대명사로 꼽힌다. 솔잎이 첨가되어 담황색을 띠며, 솔향이 그윽하고 맛이 부드럽다. 경북 무형문화재 제18호로 지정되었다.

6) 제주도

우리나라 최대의 섬 제주도는 척박한 자연환경에 순응해서 만든 술로 맛과 향이 독특하다. 섬 전체가 화산 폭발로 인한 용암지대를 형성하기 때문에 비가 오면 물이 쉽게 빠져 쌀농사가 적합한 곳이 아니었다. 먹거리가 부족했던 제주 사람들은 쌀이 아니라 좁쌀로 술을 빚었다. 주요 전통주를 살펴보면 다음과 같다.

① 오메기술

좁쌀로 빚은 제주도의 전통주이다. 좁쌀로 오메기떡을 만들어 물에 넣어 끓인 후 재래누룩과 섞어 술독에서 발효시켜 만든다. 이 술을 증류하면 고소리술이 탄생한다. 제주의 척박한 자연환경에 순응해서 만든 술로 맛과 향이 독특하다. 이 오메기술은 예로부터 쌀이 귀한 제주도에서 밭곡식인 좁쌀을 맷돌로 빻아 제주도의 맑은 물로 빚어낸 곡주이다. 일명 강술이라고도 한다. 제주도 무형문화재 제3호로 지정되었다.

한국의 전통주와 부침개

② 고소리술

고소리술은 좁쌀로 오메기떡을 만들어 오메기술을 빚고, 소줏고리에 넣어 증류하여 만든다. 이 소줏고리를 제주 사투리로 '고소리'라고 하여 붙여진 이름이다. 제주 사람들의 삶이 깃든 전통 소주이다. 알코올 도수 40%의 높은 도수를 가진 술로 맛이 강렬하다. 쌀로 빚어 증류한 다른 지역의 전통주와는 확연히 다르다. 수수를 주원료로 삼는 중국 고량주와 비슷하다. 제주도 무형문화재 제11호로 지정되었다.

제5절_ 비알코올 음료

비알코올 음료(Non-Alcoholic Beverage)는 탄산가스를 함유한 청량음료, 건강에 도움을 줄 수 있는 주스나 우유의 영양음료, 그리고 사람들이 널리 즐기고 좋아하는 커피나 홍차와 같은 기호음료 등으로 구분한다.

1. 탄산음료(Carbonated Soft Drink)

탄산음료란 먹는 물에 식품첨가물을 넣고 탄산가스를 주입한 음료를 말한다. 탄산가스를 함유하여 마시는 것을 목적으로 하는 탄산음료, 탄산수 등이 있다. 구체적으로 살펴보면 다음과 같다.

1) 탄산음료의 종류

① 소다수(Soda Water)

정제나 살균한 물에 이산화탄소를 첨가한 톡 쏘는 맛의 음료이다. 수분과 이산화탄소만으로 이루어졌으므로 영양가는 없다. 하지만 이산화탄소의 자극이 청량감을 주고 위장을 자극하여 식욕을 돋우는 효과가 있다. 특히 위스키를 희석시켜 즐겨 마신다.

소다수(Soda Water)

② 토닉워터(Tonic Water)

소다에 키니네(Quinine), 레몬, 라임, 오렌지 껍질 등의 추출물 및 당분을 배합한 것이다. 진과 혼합한 결과 매우 인기가 좋아 제2차 세계대전 후 전 세계에 퍼졌다. 무색투명하며 신맛과 산뜻한 풍미가 특징이다. 키니네는 말라리아의 특효약으로 유명하다.

토닉워터(Tonic Water)

③ 콜린스 믹서(Collins Mixer)

소다수에 레몬과 설탕 성분을 배합한 것이다. 기주에 탄산음료인 콜린스 믹서(Collins Mixer)를 직접 넣어 만드는 콜린스(Collins) 형태의 칵테일을 간편하게 만들기 위해 사용한다.

④ 진저에일(Ginger Ale)

생강맛, 레몬, 계피, 정향(Clove) 등의 향료를 섞어 캐러멜로 착색
시킨 탄산음료이다. 브랜디나 위스키를 희석시켜 즐겨 마신다. 진저
비어(Ginger Beer)는 생강맛을 첨가한 알코올 성분이 조금 섞인 탄
산음료이다.

진저에일(Ginger Ale)

⑤ 콜라(Coke)

탄산수에 코카(Coca) 나뭇잎, 콜라(Cola)나무 열매, 시럽 등을 혼합한 것이다. 캐러멜
로 갈색을 내고 카페인과 인산을 첨가한 탄산음료이다. 콜라의 풍미는 오렌지, 라임, 레
몬에서 비롯되었으며 계피, 호두, 바닐라 등이 첨가된다. 현재 코카 나뭇잎은 코카인 성
분 때문에 더 이상 사용하지 못한다.

⑥ 사이다(Cider)

탄산수에 설탕, 구연산, 감귤류 등에서 추출한 향료를 첨가한 것이다. 원래는 사과를
발효시킨 술이다. 영어로 사이다(Cider), 프랑스어로 시드르(Cidre)라고 불린다. 일본인이
탄산음료에 사과향을 첨가하면서 붙여진 이름이다. 이후 우리나라에서 무색 탄산음료
를 가리키는 일반명사로 굳어지게 되었다.

2. 커피(Coffee)

1) 커피의 역사

커피의 발견에는 여러 가지 설이 있지만 칼디(Kaldi)설이 주로 인용되고 있다. 커피가
세계 최초로 에티오피아에서 발견된 것은 5세기와 10세기 사이였다. 에티오피아 서부지
방 카파(Kaffa) 지역의 고원에 살던 목동 칼디는 어느 날 방목하여 키우는 염소들이 빨
간 열매를 따 먹고 흥분하며 날뛰기 시작하자, 그 염소
들의 신기한 행동에 호기심이 끌린 그는 그 열매를 따
먹어 보았다. 그러자, 머리가 맑아지고 기분이 좋아지는
것을 느꼈다.

그는 이 열매를 이슬람 사원의 수도사에게 가져갔다.

커피체리

수도사 역시 기분이 좋아지는 것을 느꼈으나, 그 열매가 악마의 유혹이라 생각하고 불에 태워버렸다. 그런데 그 열매는 불에 타면서 향기로운 냄새를 내는 것이었다. 그 후, 수도사들은 열매를 따다가 으깨어 생즙이나 물을 섞어 음료로 마시기 시작했고, 기도 중에 잠이 들지 않도록 하는 종교적 목적으로 사용되면서 여러 사원으로 퍼져 나갔다.

12~16세기에는 아랍도시, 메카, 카이로, 아덴, 페르시아, 터키에 전해졌다. 이 무렵 커피는 이슬람세력의 강력한 보호를 받았다. 커피 재배는 아라비아 지역에만 한정되었고, 다른 지역으로 커피의 종자가 나가지 못하도록 엄격히 관리되고 있었다.

17세기에 이르러 커피는 이슬람 세계에서 유럽으로 퍼졌다. 당시 오스만투르크 제국이라는 강력한 국가를 형성했던 터키는 그들의 영향력이 미치는 유럽으로 커피를 전하는 메신저가 되었다. 17세기 말 네덜란드인들은 자와 섬 지역에 커피 플랜테이션 농장을 지으면서 유럽으로 커피를 대량 수입하기 시작하였다. 이 무렵 미국은 홍차 대신 커피 마시기를 독립운동과 함께 권장함으로써 세계 최대의 커피 소비국이 되는 계기가 되었다. 18세기에는 브라질이 개간한 대형 농장에 아프리카 노예를 이용하여 대규모로 재배하기 시작해서 세계의 50%를 생산하는 최강의 커피 왕국을 건설했다. 커피 역사에 있어 20세기는 획기적인 두 가지 발명을 하게 되는데 이탈리아의 에스프레소 머신과 미국의 인스턴트커피의 발명이었다. 이후에 커피가 점차 대중화되면서 유럽 곳곳에 커피하우스가 등장하기 시작했다. 우리나라에서는 1895년 을미사변으로 인하여 러시아 공관에 피신 중이던 고종 황제가 처음으로 커피를 마셨다고 전해진다. 이후 8·15해방과 6·25전쟁을 거치면서 미군부대에서 원두커피와 인스턴트커피가 보급되어 대중들이 즐기는 기호음료로 정착하였다.

2) 커피의 품종

커피나무는 꼭두서니(Rubiaceae)과(科)에 속하는 쌍떡잎식물이다. 커피의 품종은 식물학적으로 60여 가지가 있으며 주요 품종은 아라비카(Arabica), 로부스타(Robusta), 리베리카(Liberica)의 3大 원종이 대표적이다. 그 외의 품종은 대부분 여기서 개량된 종자들이다. 그중 아라비카종이 전 세계 산출량의 70%를 차지하고 있다. 나머지 30%의 대부분은 로부스타종이고, 리베리카종은 2~3%밖에 생산되지 않는다.

(1) 아라비카

에티오피아가 원산지로 홍해 연안과 인도, 동남아시아, 중남미 등에서 생산된다. 아라비카는 평균기온 20℃ 전후, 해발 600~2,000m의 고지대에서 주로 재배된다. 향미가 우수하고, 카페인 함량이 낮은 편이다. 주로 스트레이트 커피(Straight Coffee)[17]와 스페셜티(Specialty Coffee)[18]에 사용한다. 대표적인 고유 품종으로는 티피카(Typica)와 버번(Bourbon)이 있다. 그러나 15세기 이후에 전 세계로 퍼져 나가면서 자연적인 돌연변이와 인위적인 품종개량을 통해 여러 변형품종이 생겨났다.

아라비카의 품종별 특징

품종(Variety)	특징
티피카(Typica)	아라비카 원종(原種)에 가장 가까운 품종이다. 뛰어난 향과 신맛을 가지고 있다. 병충해에 약해서 생산성이 낮다. 따라서 가격이 비싼 편이다.
버번(Bourbon)	Typica의 돌연변이종이다. 예멘 모카 품종의 커피나무를 아프리카 동부 인도양에 위치한 버번 섬에 이식한데서 유래한 품종이다. 생두는 작고 둥글며, 향미가 우수하다.
문도 노보(Mundo Novo)	브라질의 레드 버번(Red Bourbon)과 티피카 계열의 수마트라(Sumatra)의 자연교배종이다. 신맛과 쓴맛의 밸런스가 좋고 맛이 재래종과 유사하다.
카투라(Caturra)	브라질의 레드 버번(Red Bourbon)의 돌연변이종이다. 생두의 크기가 작고 풍부한 신맛과 약간의 떫은맛을 가지고 있다.
카투아이(Catuai)	문도 노보와 카투라의 인공 교배종이다. 체리가 노란색인 Catuai Amarello, 붉은색인 Catuai Vermelho 품종이 있다.
마라고지페(Maragogype)	브라질에서 발견된 Typica의 돌연변이종이다. 생두가 매우 커서 코끼리빈이라고도 부른다. 중남미에서 주로 재배되며 비교적 카페인 함량이 낮은 편이다.
HdT(Hibrido de Timor)	동티모르섬에서 발견된 아라비카와 로부스타의 자연교배종이다. 커피녹병에 강하여 저항성 향상을 위해 개발된 품종이다.
카티모르(Catimor)	HdT와 카투라의 교배종이다. 조기수확이 가능하며, 다수확을 할 수 있는 품종이다.

---

17) 한 종류의 커피만을 사용하여 볶은 커피를 말한다.
18) 미국 스페셜티커피협회(SCAA)에서 커핑테스트를 통해 80점 이상을 획득한 최고급 커피를 말한다.

(2) 로부스타

아프리카 콩고가 원산지인 로부스타종은 코페아 카네포라(Coffea Canephora)의 대표 품종이다. 로부스타종은 전 세계 생산량의 20~30% 정도를 차지한다. 카페인 함량이 많고 쓴맛이 강하며 향은 다소 부족하다. 그래서 인스턴트 커피재료나 블렌딩 재료로 많이 쓰인다. 하지만 아라비카종보다 병충해와 질병에 대한 저항력이 강해 재배하기가 쉽다.

(3) 리베리카

아프리카 라이베리아(Liberia)가 원산지이다. 아라비카와 로부스타에 비해 병충해에 강하고 적응력이 뛰어나 재배가 쉽다. 해발 100~200m의 저지대에서도 잘 자란다. 향미가 낮고 쓴맛이 강해 품질이 좋지 않다. 주로 자국 내에서 소비되고 있다.

3) 커피 추출기구

커피 추출방식은 그동안 놀라운 발전을 거듭해 왔다. 사람의 손에 의존하던 터키식 추출법에서 핸드 드립, 사이펀, 모카 포트, 프렌치 프레스 등 개별적인 추출기구들이 개발되었다. 오늘날에는 디지털 기술을 접목한 전자동 커피기계가 편리성을 무기로 대중화되고 있다.

(1) 핸드 드립(Hand Drip)

핸드 드립은 여과(Filter)장치에 분쇄한 원두를 넣고 80~85℃ 정도의 뜨거운 물을 천천히 부어 커피 성분을 추출하는 방식이다. 기계를 이용한 추출이 아니라 주전자(Drip Pot)와 깔때기(Dripper)를 이용하여 사람의 손으로 커피를 뽑아내는 것이다. 이 방식은 커피 고유의 맛과 향을 그대로 느낄 수 있다는 장점이 있다. 하지만 모든 과정이 손으로 이루어지므로 커피 추출시간이 3분 정도 소요된다.

핸드 드립커피 추출하기

● 추출과정

에스프레소는 뜨거운 고압 수증기를 원두 사이로 통과시키며 커피를 뽑아낸다. 반면에 핸드 드립은 단지 중력만을 이용해 커피를 우려낸다. 핸드 드립은 수동 여과 추출방식에 해당한다. 80~85℃ 정도의 뜨거운 물로 분쇄된 원두를 통과시켜 고유의 맛과 향을 뽑아내는 과정이다.

① 드립퍼에 여과지 끼우기

드립 서버 위에 드립퍼를 올려 놓는다. 여과지를 접어서 드립퍼에 끼우고 공간이 뜨지 않도록 밀착시킨다.

드립퍼에 커피 담기

② 분쇄된 커피를 드립퍼에 담기

분쇄된 커피를 드립퍼에 담는다. 커피 표면이 평평하게 되도록 드립퍼를 살짝 쳐 준다. 물을 균일하게 주입하기 위해서는 표면이 고른 상태를 유지해야 하기 때문이다.

③ 물을 끓여 드립 포트에 붓기

온도계를 꽂은 상태에서 드립 포트에 끓는 물을 부어준다. 포트의 물은 8부 정도 채워서 주입하는 것이 적당하다. 반 정도 채워서 주입하면 중간에 물줄기가 끊어지거나 많은 양이 들어가 조절이 어렵게 된다.

④ 추출에 적당한 물의 온도로 낮추기

드립 포트의 물을 드립 서버에 서로 반복하여 옮겨 부어서 적당한 물의 온도를 맞춘다. 이는 그립 서버를 예열하기 위한 목적도 있다.

⑤ 뜸 들이기

커피 추출의 첫 번째 단계는 바로 뜸이다. 뜸이란 물을 커피가루가 적셔질 정도로 살짝 붓고 30초 정도 기다리는 과정을 말한다. 이때 가루가 부풀어 오르면서 거품이 올라와야 신선한 원두이다. 뜸 들이기는 두 가지의 목적이 있다. 첫째, 추출 전 커피가루를 충분히 불려 커피가 가지고 있는 고유의 성분을 원활하게 추출할 수 있도록 한다. 둘째, 커피 내의 탄산가스와 공기를 빼내 물이 용이하게 흐를 수 있는 길을 만들어준다. 일반적으로 뜸 들이는 방식에는 나선형이 가장 널리 사용된다.

⑥ 추출하기

핸드 드립 커피는 한 번에 하는 것이 아니라 뜸을 들인 후 보통 4차에 걸쳐 추출하게 된다.

뜸을 주게 되면 탄산가스에 의해 커피가 부풀어 올라오는데 그 속도가 점차 느려지고 어느 순간 팽창이 멈춘다. 이때 1차 추출이 시작된다. 주전자의 높이는 최대한 낮게 한다. 물은 골고루 부어야 하며 면적은 되도록 넓게 한다. 1차 추출에서 커피의 진한 성분이 대부분 추출된다. 1차 추출이 끝나고 커피가루가 다시 평평해지면 2차, 3차, 4차도 같은 방법으로 추출한다. 추출횟수가 적을수록 보다 순한 맛의 커피가 된다.

커피와 추출량				
구 분	기 준		실 제	
	커피(g)	추출량(㎖)	커피(g)	추출량(㎖)
1인분	10	150	15	200
2인분	20	300	20	300
3인분	30	450	30	450

자료 : www.jeonscoffee.co.kr

(2) 사이펀(Siphon)

증기압, 물의 삼투압을 이용한 진공식 추출방식이다. 위아래로 원형모양의 유리구 두 개가 연결된 구조이다. 아래는 물을 담는 플라스크, 위로는 커피를 담는 로트가 있다. 로트의 아래에는 스프링이 연결된 필터가 있다. 융이나 종이필터 사용이 가능하다.

플라스크의 물을 가열하면 끓기 시작하면서 증기압과 삼투압에 의해 커피가루가 있는 위로 올라간다. 불을 끄면 커피물이 필터를 거쳐 아래로 내려오게 된다.

가열하는 기구는 알코올램프로 메틸알코올을 사용한다. 커피 맛보다는 화려한 추출기구로 유명한 방식이다. 1840년 영국의 로버트 나피어(Robert Napier)에 의해 발명되었으며, 일본을 거치면서 사이펀이라는 상표 이름으로 정착되었다.

● 추출방법

핸드 드립 핵심이 물줄기의 통제라면 사이펀은 스틱을 사용하는 테크닉에 따라 맛의 변화를 줄 수 있다. 분쇄입자는 핸드 드립 커피보다 약간 가늘거나 곱게 간 것을 사용한다. 한 잔 분량에 커피는 12g, 물은 150㎖ 정도가 필요하다. 플라스크 외부의 물기는 반드시 닦은 후에 사용한다. 물기가 있는 상태로 가열하면 터질 수 있기 때문이다.

사이펀의 구조

① 플라스크에 적량의 뜨거운 물을 넣고 가열한다. 차가운 물은 오랜 시간이 소요되므로 뜨거운 물을 사용하는 것이 좋다.

② 필터를 세팅한다. 고리를 당겨서 로트의 하단에 걸어준다.

③ 로트를 플라스크에 걸쳐 놓는다. 예열의 효과가 있다.

④ 물이 끓으면 분쇄한 커피를 로트에 넣는다. 커피 표면이 평평하게 되도록 살짝 쳐준다.

⑤ 불을 중간 정도로 줄이고, 로트를 끼워 넣는다.

⑥ 플라스크의 물이 로트로 올라오면 스틱을 이용해 10회 정도 저어준다. 우러나온 색을 보며 잔거품이 생길 때까지 저어준다.

⑦ 스틱으로 저어준 후 25~30초 정도 기다린다.

⑧ 불을 끈 후에 다시 스틱으로 10회 정도 저어준다.

⑨ 커피가 플라스크에 내려오면 로트를 빼준다.

(3) 모카 포트(Mocha Pot)

모카 포트는 이탈리아식 에스프레소를 만드는 주전자 형태를 말한다. 가열된 물에서 발생하는 수증기의 압력을 이용해서 커피성분을 추출하는 방식이다. 기구는 위아래로 포트 두 개가 있고, 중간에 커피가루를 채우는 필터 바스켓이 있다. 하단 포트의 물에 가열하면 수증기가 필터 바스켓을 통과하여 상단 포트에 추출되는 원리이다. 크레마(Crema)는 없지만 맛과 향은 에스프레소와 유사하다.

모카 포트는 재질에 따라 알루미늄, 스테인리스, 도자기로 나뉜다. 알루미늄은 가장 전통적인 재질로 열전도율이 높아 추출시간이 짧고 가격이 저렴해 널리 이용되고 있다. 스테인리스는 알루미늄에 비해 내식성이 좋고 관리가 쉽다. 도자기는 세 가지 재질 중 가장 풍부한 커피향을 내며 아름다운 디자인이 가장 큰 특징이다. 도자기 재질의 모카 포트는 아메리칸 커피를 즐기는 마니아들이 선호한다. 1933년 이탈리아의 알폰소 비알레티(Alfonso Bialetti)에 의해 발명되었다.

● 추출방법

커피를 만들 때 적정량의 커피가 필터 바스켓에 있어야 적당한 압력과 함께 제대로 된 커피가 추출된다. 한 잔 분량에 커피는 7g, 물은 45㎖ 정도가 필요하다.

상부 포트

필터 바스켓

하부 포트

압력 밸브

모카 포트의 구조

① 하단 포트에 물을 붓는다. 물은 압력 밸브보다 낮게 채운다.

② 필터 바스켓에 분쇄한 원두를 넣고, 스푼으로 살짝 눌러준다.

③ 여과지를 필터 바스켓 위에 올려놓는다.

④ 상, 하단 포트를 돌려서 단단하게 고정한다.

⑤ 약한 불을 이용해서 2~3분 정도 끓인다.

⑥ '치익' 하는 소리가 나면 추출이 종료된 것이다. 불을 끄고 추출된 커피를 제공한다.

(4) 프렌치 프레스(French Press)

1950년대 프랑스 메리오르(Merior)사에서 개발한 커피포트의 일종이다. 기구는 유리용기와 피스톤이 달린 뚜껑의 두 부분으로 매우 간단하다. 유리용기에 분쇄한 원두를 넣고 뜨거운 물을 부은 후에 휘젓는다. 커피 성분이 우러나오면 피스톤식의 금속성 필터로 눌러 짜내는 수동식 추출법이다. 우려내기와 가압추출이 혼용된 방식이나 커피 성분이 충분히 우러나지 않는 단점이 있다.

● 추출방법

한 잔 분량에 커피는 10g, 물은 200㎖ 정도가 필요하다. 물과의 접촉시간이 길므로 풀시티 정도의 원두를 굵게 분쇄하여 사용한다.

① 원두를 굵게 분쇄하여 용기에 넣는다.

② 90~95℃의 뜨거운 물을 약 200㎖ 넣는다.

③ 커피가루가 위로 뜨면 티스푼으로 저어준다.

④ 뚜껑을 닫고 3분 정도 기다린다.

⑤ 피스톤으로 눌러 짜낸 후, 컵에 150㎖ 정도로 부어 제공한다.

(5) 터키식 커피(Turkish Coffee)

터키식 커피는 이브릭(Ibriq, 주전자)이라는 기구에 분쇄한 커피를 넣고 불 위에 올려 끓이는 방법이다. 이 경우에는 농도가 진하고 걸쭉한 커피가 만들어진다. 커피를 거르지 않고 마시므로 입에 많은 찌꺼기가 남게 된다. 따라서 전용 밀을 이용해 에스프레소보다 더 곱게 분쇄해서 사용해야 한다.

● 추출방법

한 잔 분량에 커피는 5~7g, 물은 60~80㎖ 정도가 필요하다. 날씨가 추운 북유럽에서는 오렌지나 코코아, 향신료 등을 첨가해서 마시기도 한다. 가장 고전적이고 전통적인 추출법이다.

① 분쇄한 커피를 주전자(Ibriq)에 넣는다.

② 물은 60~80㎖를 넣어 중간불로 끓인다.

③ 커피가 끓으면 약간의 찬물을 붓고, 3~4회 반복해서 끓인다.

④ 컵에 40~50㎖ 정도 부어 제공한다.

컵 워머
(cup warmer)

스팀 노브
(steam knob)

온수 노즐
(hot water nozzle)

스팀 노즐
(steam nozzle)

압력 게이지

작동버튼

그룹헤드
(group head)

드립 트레이
(drip tray)

포터필터
(porterfilter)

(6) 에스프레소 머신(Espresso Machine)

커피메이커는 내리는 방식에 따라 크게 드립식과 에스프레소로 분류된다. 드립식은 원두가루에 뜨거운 물을 부어 천천히 커피를 추출한다. 연한 맛의 커피가 특징으로 구조가 간편하고 가격은 저렴한 편이다. 반면에 에스프레소는 압력을 가해 커피를 빠르게 추출하는 방식이다. 물의 온도와 압력, 추출시간 등을 잘 조절해야 향기롭고 맛있는 커피를 추출할 수 있다. 에스프레소 머신은 원두 추출방식에 따라 수동형, 반자동형, 전자동형, 캡슐형 등으로 나뉜다. 전자동형은 원두를 넣고 버튼만 누르면 분쇄부터 추출까지 한꺼번에 해결된다. 이에 반해 반자동형은 각 단계별로 조절해야 하기 때문에 바라스타의 전문 기술과 섬세함이 필요하다. 최근에는 캡슐형 머신이 특히 주목받고 있다.

● 에스프레소 머신의 구조

에스프레소 머신에서 가장 중요한 요소는 안정적인 온도와 일정한 추출압력이다. 이 두 가지 요소가 커피의 맛과 향에 큰 영향을 미친다. 에스프레소의 추출수단인 머신의 기본구조와 관리요령을 살펴보면 다음과 같다.

① 보일러(Boiler)

에스프레소 머신의 보일러는 발전소와 같다. 전기로 물을 가열하여 온수와 스팀을 공급하는 역할을 한다. 보일러 내부의 70%는 온수가 저장되고, 나머지 30%는 스팀이 저장된다. 그래서 에스프레소 머신의 용량은 보일러 용량을 의미한다. 온수는 95℃ 정도에서 밀어내기 방식에 의해 항상 일정하게 유지된다. 내부의 재질은 부식을 방지하기 위해 니켈로 도금되어 있다. 지속적으로 사용하면 보일러 내부에 스케일이 발생하므로 1~2년에 한 번씩은 제거해 주어야 한다.

② 그룹헤드(Group Head)

에스프레소 추출을 위해 물이 통과하는 부분으로 포터필터를 장착하는 곳이다. 그룹의 수에 따라 1그룹, 2그룹, 3그룹 등으로 구분된다. 그룹 헤드는 개스킷(Gasket), 샤워 홀더(Shower Holder), 샤워 스크린(Shower Screen) 등이 결합된 구조이다. 주기적으로 교체하거나 청소해 주어야 양질의 에스프레소를 얻을 수 있다. 외부에 노출되어 있어 온도 유지가 매우 중요하다.

개스킷 (Gasket)	커피 추출할 때 고온 고압의 물이 새지 않도록 막아주는 역할을 한다. 교환시기는 6개월에서 1년 정도이다.	
샤워 홀더 (Shower Holder)	그룹 헤드 본체에서 한 줄기로 나온 물을 여러 가닥으로 나누어주는 역할을 한다. 커피와 접촉하는 부분으로 매일 청소하거나 최소한 1주일에 한 번은 세제로 닦아야 한다.	
샤워 스크린 (Shower Screen)	샤워 홀더를 통과한 물을 미세한 줄기로 커피 표면 전체에 고르게 분사시켜 주는 역할을 한다. 샤워 홀더와 함께 1주일에 한 번씩 세제로 닦아주는 것이 좋다.	

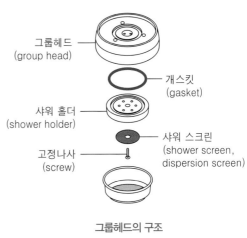

그룹헤드의 구조

③ 포터필터(Porterfilter)

분쇄된 커피를 담아 그룹헤드에 장착시키는 기구이다. 필터 홀더(Filter Holder), 필터 고정 스프링, 필터 바스켓(Filter Basket), 추출구(Spout) 등으로 구성되어 있다. 포터필터는 항상 그룹헤드에 장착하여 예열해 주어야 한다. 포터필터의 추출구(1구, 2구)에 따라 1잔용과 2잔용이 있다.

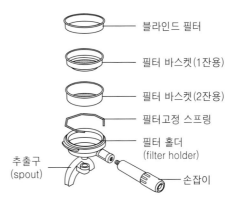

포터필터의 구조

④ 펌프 모터

펌프는 모터의 회전에 의해 작동한다. 수돗물이 펌프를 통과하면서 1~2bar 압력을 7~9bar까지 승압시켜 주는 역할을 한다. 압력레벨을 조절하는 방법은 간단하다. 펌프에 있는 작은 나사를 시계방향으로 돌리면 압력이 증가하고, 시계 반대방향으로 돌리면 압력이 감소한다. 일반적으로 9bar의 압력을 가장 많이 사용한다.

⑤ 압력 게이지

펌프의 압력과 스팀의 압력을 눈으로 확인하는 측정장치이다. 펌프 게이지의 범위는 0~16bar까지 표시되어 있다. 바늘이 8~10bar 안에 있으면 정상적으로 작동하는 것이고, 위험수위는 적색으로 표시된다. 스팀 압력 게이지의 정상범위는 녹색이지만 위험수위는 적색으로 표시된다.

⑥ 스팀 노즐

기계에서 스팀이 추출되는 노즐이다. 스팀 노즐은 구멍이 3~5개 있는 것이 주로 사용된다. 우유를 데우는 역할을 하므로 청결이 무엇보다 중요하다. 사용 후 잘 닦아주고, 노즐 끝부분은 분리해서 청소해야 한다. 우유가 안에서 굳어지면 스팀이 점차 약해지는 현상이 일어날 수 있다.

⑦ 작동버튼

커피 추출버튼을 말한다. 추출버튼을 누르면 일정량이 나오고 스위치 작동이 자동으로 멈춘다. 원하는 양만큼의 추출량을 조절할 수 있다.

⑧ 기타

컵 워머(Cup Warmer)는 에스프레소 머신의 윗부분에 잔이나 받침 등을 올려놓고 사용한다. 내장된 히터에 의해 예열하기가 적당하다. 온수 노즐은 보일러에 데워진 뜨거운 물을 공급해 준다. 드립 트레이(Drip Tray)는 커피 추출액이나 물을 버릴 수 있는 머신 하부에 있는 장치이다.

● 에스프레소 그라인더의 구조

원두의 성분이 물에 용해되기 쉽도록 잘게 부수는 과정을 '분쇄(Grinding)'라고 한다. 분쇄입자는 에스프레소의 품질과 직결된다. 에스프레소 머신을 이용해 압력으로 추출할 때와 중력에 의해서만 물을 통과시키는 핸드 드립으로 추출할 원두를 갈아내는 정도는 다르다.

일반적으로 에스프레소 커피(0.01~0.3㎜)는 밀가루보다 굵고 설탕보다는 가늘게 간다. 그리고 분쇄된 커피는 산패가 빨리 진행되어 신선도가 떨어지므로 추출할 때 바로 분쇄를 해야 한다.

① 호퍼(Hopper)

호퍼는 원두를 담는 통을 말한다. 용량은 1㎏ 정도이며 모양은 원통형, 사각형 등이 있다. 원두에서 나온 기름 성분이 달라붙어서 커피 맛에 나쁜 영향을 끼친다. 따라서 일주일에 한 번 정도는 세제로 세척하여 사용해야 한다.

호퍼
(hopper)

도저
(doser)

입자 조절
손잡이

포터필터 받침대
(fork)

커피 추출 레버

받침대
(drip tray)

작동 스위치
(on/off switch)

에스프레소 그라인더 머신

② 입자조절판

원두의 입자는 커피의 품질과 직결된다. 입자조절판은 나사식으로 조절하게 되어 있다. 손잡이를 시계방향으로 돌리면 숫자가 커지면서 입자가 굵어지고 반대로 돌리면 입자가 가늘어진다. 나사선에 커피 찌꺼기가 끼지 않도록 청결하게 유지해야 한다.

③ 도저(Doser)

도저는 분쇄된 원두를 보관하고 일정량을 포터필터에 담아주는 역할을 한다. 도저는 6개의 칸으로 나누어져 있으며 시계방향으로 회전한다. 조절레버(Adjusting Knob)를 이용해 커피 투입량을 조절할 수 있다. 시계방향으로 돌리면 양이 줄어들고 반대방향으로 돌리면 양이 늘어난다. 도저도 수시로 청소해 주어야 한다.

④ 배출레버

분쇄 커피를 배출해 포터필터에 담기도록 하는 장치이다. 레버를 앞으로 당기면 시계방향으로 돌면서 분쇄된 커피가루가 아래로 떨어진다. 앞으로 당긴 후 놓아주면 리턴 스프링에 의해 자동으로 복귀된다.

에스프레소 커피 추출

4) 커피메뉴

에스프레소는 추출 정도에 따라 다른 이름이 붙는데 리스트레토(Ristretto), 에스프레소(Espresso), 룽고(Lungo), 도피오(Doppio) 등이다. 그리고 에스프레소에 시럽을 첨가하거나 변화를 주어 만드는 베리에이션(Variations)커피가 있다.

(1) 리스트레토(Ristretto)

추출시간을 짧게 해서 양이 적고 진하게 추출한 커피이다. 에스프레소보다 적은 양인 15~25㎖를 추출하여 에스프레소 잔에 제공한다. 이탈리아에서는 에스프레소보다 리스트레토를 즐기는 사람들이 더 많다. 에스프레소 전용기계로 커피를 추출한다.

(2) 에스프레소(Espresso)

에스프레소는 모든 메뉴의 기본이다. 25~30㎖ 정도의 커피를 작은 컵(Demitasse)에 제공한다. 원두의 진한 맛과 향을 그대로 느낄 수 있다. 영어의 익스프레스(Express, 빠르다)에서 유래하였다.

(3) 룽고(Lungo)

영어의 롱(Long, 긴, 오랜)에서 유래되었다. 에스프레소를 시간상 길게 뽑아 묽게 추출한 커피이다. 에스프레소의 추출량을 35~45㎖로 늘려 보다 씁쓸한 커피의 맛을 느낄 수 있다. 에스프레소보다 물과 만나는 시간이 길어 카페인 함유량이 더 높고 물맛이 강하게 느껴진다.

(4) 도피오(Doppio)

영어의 더블(Double, 두 배)에서 유래되었다. 한 잔에 에스프레소 2샷을 넣은 커피이다. 일반 에스프레소 양의 두 배(50~60㎖)가 된다. 리스트레토, 룽고도 도피오가 가능하다. 에스프레소의 종류를 요약하면 다음과 같다.

에스프레소의 종류	
Ristretto 압축된(15~25㎖)	양이 적고 진하게 추출된 에스프레소
Lungo 긴, 오랜(35~45㎖)	양이 많고 묽게 추출된 에스프레소
Doppio 두 배의(50~60㎖)	일반 에스프레소 양의 두 배

(5) 카페 마키아토(Caffe Macchiato)

마키아토는 '점을 찍다'는 뜻이다. 에스프레소 위에 우유거품으로 살짝 점을 찍듯 얹은 커피이다. 에스프레소와 우유거품이 조화로운 커피이다. 에스프레소를 마시기에 부담스런 사람들을 위해 우유거품을 가미한 부드러운 커피메뉴이다.

(6) 카페 콘파냐(Caffe Con Panna)

콘(Con)은 '섞다'이고, 파냐(Panna)는 '크림'이라는 뜻이다. 에스프레소 위에 휘핑크림을 얹은 것으로 풍성한 식감을 느끼게 한다. 데미타스 잔의 에스프레소에 휘핑크림을 얹은 것이다. 마키아토와 비슷하지만 더 달다.

(7) 카페라테(Caffe Latte)

라테는 '우유'라는 뜻이다. 에스프레소에 우유를 더한 것이다. 에스프레소와 우유를 1 : 4로 섞어 맛이 부드럽다. 커피의 농도가 연한 것이 특징으로 아침에 주로 마신다.

스팀밀크 만들기

(8) 카푸치노(Cappuccino)

에스프레소에 우유거품을 얹은 것이다. 카페라테보다 우유가 덜 들어가 커피 맛이 더 진하다. 기호에 따라 계핏가루를 뿌리기도 한다. '가톨릭 수도사'가 쓴 모자가 카푸치노의 우유거품을 닮아서 붙여진 이름이다.

(9) 카페모카(Caffe Mocha)

모카는 예멘의 항구도시 이름이다. 여기서 출하되는 커피를 모카라고 한다. 모카는 초콜릿향이 나는 커피로 명성이 높다. 그래서 초콜릿 시럽을 넣고 카페모카라는 이름이 붙는다. 카페라테에 초콜릿 시럽을 더한 것이라고 이해하면 쉽다.

(10) 모카치노(Mochaccino)

'카페모카'에서 변형된 메뉴이다. 에스프레소에 초콜릿 시럽을 넣고 우유와 거품을 올린 커피이다. 우유의 단백질과 지방이 커피의 깊고 풍부한 맛을 잘 살려준다. 초콜릿 가루나 칩으로 장식한다.

바리스타

(11) 카페 아메리카노(Caffe Americano)

에스프레소에 뜨거운 물을 첨가한 것으로 농도가 연한 맛이다. 이탈리아에서 미국인의 입맛에 맞춘 커피이다. 미국에서 많이 마시는 커피와 비슷하다고 해서 붙여진 이름이다. 리스트레토로 만든 아메리카노가 물과 많이 희석되므로 가장 연하고, 룽고로 만든 아메리카노가 물과 적게 희석되므로 가장 진하다.

3. 차(Tea)

1) 차의 개념

차는 동백나무 과(科), 동백나무 속(屬)에 속하는 다년생 상록식물이다. 새잎과 연한 줄기를 채취하여 증기로 찌거나 햇볕으로 말려서 뜨거운 물에 우려 마시는 것을 말한다. 보통 녹차의 적정온도는 70~80℃가 알맞다. 물의 온도가 너무 높으면 떫은맛이 나고 탁해진다. 반면에 온도가 낮으면 차 맛이 제대로 우러나지 않아 싱겁게 된다. 여러 가지 식용 꽃, 과일, 곡류, 식물의 뿌리 등으로 만든 차도 있지만 일반적으로 차(Tea)라고 부르는 것은 찻잎을 우려낸 것을 말한다.

2) 차의 종류

차의 종류는 매우 다양하다. 일반적으로 발효의 정도에 따른 분류, 제조형태에 따른 분류, 채엽시기에 따른 분류, 색상에 따른 분류 등 여러 가지 기준에 의해 나눌 수 있다.

녹차

(1) 발효의 정도에 따른 분류

찻잎의 발효는 찻잎 속에 들어 있는 타닌(Tannin)성분이 산화되어 색이 변하고, 독특한 향과 맛을 내는 작용이다. 이러한 발효가 진행될수록 찻잎이 녹색에서 갈색과 흑색으로 변한다. 그리고 우려낸 차탕(茶湯)색도 갈색, 홍색, 흑색으로 변하게 된다.

① 비발효차(非醱酵茶)

찻잎을 따서 바로 찌거나 솥에 덖어서 산화효소의 활성화를 막아 찻잎 고유의 빛깔을 그대로 유지시켜 만든다. 녹차가 이에 속한다. 녹차는 솥에서 덖어내는 덖음차와 증기로 쪄내는 증제차가 있다. 덖음차는 맛과 향이 좋고, 증제차는 색이 곱다.

② 반발효차(半醱酵茶)

찻잎을 딴 후 야외나 실내에서 찻잎을 시들리고 이를 서로 섞어주는 과정을 통해 일부를 산화시켜서 만든다. 일부 발효가 진행되어 부분발효차라고도 한다. 대표적인 차가 중국 남부와 대만에서 많이 생산되는 오룡차이다.

③ 발효차(醱酵茶)

찻잎 중의 폴리페놀 성분이 85% 이상 되도록 발효시켜 만든 차이다. 색상은 붉은 오렌지색, 적갈색 등 다양하며 홍차가 이에 속한다. 주로 인도, 스리랑카, 중국 등의 아열대 지방에서 생산된다.

차의 종류

④ 후발효차(後醱酵茶)

찻잎의 효소를 파괴하여 녹차와 같이 만든 후 찻잎을 쌓아놓고 공기 중에 있는 미생물의 번식을 유도해 다시 발효가 일어나게 만든 차이다. 이러한 발효과정 때문에 '살아 숨 쉬는 차'라는 애칭을 얻었다. 중국 운남성의 보이차가 대표적이다.

(2) 제조형태에 따른 분류

차는 마시는 사람의 취향과 지역의 특성에 맞추어 그 제법과 종류가 다양하다. 또 만드는 방법에 따라 색과 향, 맛이 달라진다. 그리고 제조형태에 따라 잎차, 말차, 병차 등으로 나뉜다.

구분	내용
잎차	잎차는 제조과정에서 찻잎의 모양을 변형시키지 않고 원형대로 보전된 것을 말한다. 따뜻한 물에 우려내어 마실 수 있게 만든 차이다.
말차	찻잎을 증기로 익혀서 그늘에서 말린 다음 가루를 내어 만든 차이다. 뜨거운 물에 가루를 풀어 마시기 때문에 다른 차에 비해서 탁하다.
병차	찻잎을 증기로 익혀서 절구에 넣어 떡처럼 찧은 뒤 틀에 넣어 성형한 고형차이다. 동전모형, 정사각형, 판자모형 등이 있다.

(3) 채엽시기에 따른 분류

우리나라에서는 보통 1년에 3~4회 차 수확이 가능하다. 찻잎의 채엽시기에 따라 첫물차, 두물차, 세물차, 네물차로 나눈다. 채엽시기가 늦어질수록 비타민 C의 양이 많고 카페인도 감소한다. 하지만 차의 감미를 내는 아미노산과 향을 내는 성분의 함량이 낮고, 떫은맛을 내는 타닌(Tannin)함량은 높아진다. 따라서 첫물차는 두물차나 세물차보다 품질이 뛰어나다.

차 수확

구분	명칭	내용
채엽시기	첫물차	4월 중순부터 5월 초순까지 따는 차를 말한다.
	두물차	6월 중순부터 하순까지 따는 차를 말한다.
	세물차	8월 초순부터 중순까지 따는 차를 말한다.
	네물차	9월 하순부터 10월 초순에 따는 차를 말한다.

(4) 색상에 따른 분류

차는 발효 정도에 따라 크게 백차, 녹차, 황차, 청차, 홍차, 흑차 등의 6종류로 구분한다. 녹차는 찻잎을 쪄서 발효가 전혀 일어나지 않도록 억제해 타닌이 많아 떫은맛이 난다. 백차는 발효 정도가 적고, 황자와 청차는 중간, 홍차와 흑차는 발효가 많이 된 것이다.

① 백차(白茶)

백차는 솜털이 덮인 차의 어린 싹을 따서 햇볕이나 뜨거운 바람에 그대로 건조시켜 만든다. 6가지 차 중에서 가공이 가장 적다. 은색의 광택 나는 여린 잎이 특징이며, 향기가 맑고 맛이 산뜻하다.

② 녹차(綠茶)

찻잎을 따서 증기로 찌거나 솥에 덖어서 발효과정을 거치지 않기 때문에 차의 색깔이 녹색이 난다. 발효시키지 않아 타닌함량이 높으며 떫은맛이 강하다. 생산지에 따라 작설차 또는 설록차 등으로 부른다.

③ 황차(黃茶)

종이나 천으로 찻잎을 싸서 습도와 온도에 의해 약하게 발효시켜 만든다. 녹차 특유의 떫은맛이 사라져 부드러운 맛을 갖게 된다. 황차는 찻잎의 색상과 우려낸 차탕색, 그리고 찻잎 찌꺼기의 세 가지 색이 모두 황색을 띤다.

④ 청차(靑茶)

6가지 차 중에서도 가공법이 가장 복잡하다. 찻잎을 햇빛에 말린 후 바구니에 넣고 흔들어 발효시키는 반발효차이다. 바구니에 넣고 흔드는 정도에 따라 발효도와 빛깔이 달라지는 것이 특징이다. 또 찻잎도 연한 잎을 사용하는 녹차와 달리 크고 거친 잎을 사용한다. 우리가 알고 있는 오룡차(烏龍茶)가 바로 청차이다.

⑤ 홍차(紅茶)

찻잎을 완전히 발효시킨 후 건조해서 만든다. 찻잎이 발효되면서 붉은색을 띠게 되며, 끓는 물에 넣으면 맑은 홍색을 띠고, 향기가 난다. 주로 중국, 일본, 스리랑카 등에서 생산된다.

⑥ 흑차(黑茶)

미생물 균의 증식을 유도, 발효시켜 만든다. 차를 1차 가공한 후 쌓아두거나, 찻잎에 물을 뿌려 쌓아두면 차에 미생물이 생긴다. 오래 저장할수록 부드럽고 순한 맛을 가져 고급차로 취급된다. 중국 운남성의 보이차가 대표적이다.

녹차   흑차   홍차

Beverage List/음료리스트

APERITIFS	SHOT/ROCKS	BOTTLE
Campari	10,000	200,000
Pernod	10,000	200,000
Underberg	10,000	200,000

SHERRIES & PORTS WINE	SHOT/ROCKS	BOTTLE
Tio Pepe Dry Sherry	11,000	240,000
Harvey's Cream Sherry	11,000	240,000
Ruby Port	11,000	240,000

SCOTCH WHISKY	SHOT/ROCKS	BOTTLE
Ballantine's 30 Years	79,000	1,755,000
Ballantine's 21 Years	39,000	847,000
Ballantine's 17 Years	25,000	497,000
Johnnie Walker Blue Label	48,500	1,053,000
Johnnie Walker Platinum	28,000	545,000
Johnnie Walker Black	17,000	363,000
Chivas Regal 25 Years	56,000	1,210,000
Chivas Regal 18 Years	25,000	497,000
Chivas Regal 12 Years	17,000	363,000
Royal Salute 21 Years	39,000	847,000
J&B Reserve 15 Years	20,000	424,000
Dewar's White Label	14,000	300,000

MALT WHISKY	SHOT/ROCKS	BOTTLE
Glenfiddich Malt 30 Years	79,000	1,633,000
Glenfiddich 18 Years	28,000	605,000
Glenfiddich 12 Years	20,000	424,000
Singleton 12 Years	20,000	424,000
Glenlivet 15 Years	22,000	460,000
Macallan 30 Years		2,360,000
Macallan 21 Years		1,028,000
Macallan 15 Years	25,000	484,000
Macallan 12 Years	20,000	424,000

All prices are inclusive of 10% Service Charge & 10% Tax

10% 봉사료 및 10% 세금이 포함된 금액입니다.

AMERICAN WHISKY

Jack Daniel's Single Barrel	22,000	460,000
Jack Daniel's Black	17,000	363,000
Wood Ford Reserve	25,000	484,000
Jim Beam Black	25,000	484,000

IRISH WHISKY

John Jameson 12 years	17,000	363,000
John Jameson	14,000	300,000

CANADIAN WHISKY

Crown Royal	17,000	363,000
Canadian Club	14,000	300,000

BRANDY / COGNAC

Remy Martin Louis XIII		4,400,000
Remy Martin Extra	47,000	970,000
Remy Martin X.O	30,000	670,000
Hennessy X.O	30,000	670,000
Camus VSOP	15,000	350,000
Courvoiser VSOP	15,000	350,000

All prices are inclusive of 10% Service Charge & 10% Tax

10% 봉사료 및 10% 세금이 포함된 금액입니다.

SPIRIT

GIN	SHOT/ROCKS	BOTTLE
Bombay Sapphire	14,000	300,000
Beefeater	14,000	300,000
Tanqueray	14,000	300,000

VODKA		
Belvedere	18,000	360,000
Absolut	14,000	300,000
Smirnoff	14,000	300,000

RUM		
Bacardi Dark 8 Years	18,000	360,000
Bacardi Gold	14,000	300,000
Bacardi Light	14,000	300,000

TEQUILA		
Reseva Anejo 1800	21,000	430,000
Jose Cuervo Especial	14,000	300,000
Pepe Lopez	14,000	300,000

LIQUEUR	SHOT/ROCKS	BOTTLE
Amaretto	11,000	240,000
Apricot Brandy	11,000	240,000
Baileys Irish Cream	11,000	240,000
Benedictine D.O.M	16,000	360,000
Drambuie	13,000	280,000
Drambuie 15Years	21,000	480,000
Grand Marnier	13,000	280,000
Jagermeister	11,000	240,000
Kahlua	11,000	240,000
Sambuca	11,000	240,000

All prices are inclusive of 10% Service Charge & 10% Tax

10% 봉사료 및 10% 세금이 포함된 금액입니다.

COCKTAIL

CLASSIC COCKTAIL

Long Island Iced Tea
Gin, Rum, Vodka, Tequila, Triplesec, Freshly Squeeze Lemon Juice, Cola　24,000

Mojito
Bacardi Rum, Lime Soda, Fresh Mint Leafs, Simple Syrup　23,000

Frozen Chi Chi
Vodka, Pineapple Juice, Coco Lopez　21,000

Mango Maitai
White Rum, Triple Sec, Dark Rum, Pineapple Juice, Mango Juice　21,000

WITH A TWIST

Dark & Stormy
Bacardi Dark Rum, Freshly Squeeze Lemon Juice, Gingerale　21,000

Cosmopolitan
Citron Vodka, Triple Sec, Freshly Squeeze Grapefruit Juice　21,000

Blue Moon
Tequila, Blue Curacao, Freshly Squeeze Kiwi Juice, Soda　21,000

Ginseng Martini
Absolut Vodka, Ginseng Liqueur　21,000

All prices are inclusive of 10% Service Charge & 10% Tax
10% 봉사료 및 10% 세금이 포함된 금액입니다.

CHAMPAGNE & SPARKLING WINE

	GLASS	BOTTLE
Lois Roederer Cristal 2002 France		1,030,000
Joseph Perrier Cuvee Josephine 2002 France		570,000
Krug Brut Grand Cuvee France		550,000
Dom Perignon Brut France		500,000
Perrier Jouet Belle Epoque 2002 France		500,000
Bollinger Special Cuvee Brut France		266,000
Moet & Chandon Brut France		170,000
G.H Mumm Brut France		170,000
Beringer Sparkling White Zinfandel Rose	22,000	91,000

WHITE WINE

	BOTTLE
Chardonnay Koonunga Hill Penfolds 2010 *Koonunga Hill*	110,000
Kendal Jackson Chardonnay 2009 *Santa Rosa*	115,000
Chablis Albert Bichot 2010 *France*	133,000
Claudy Bay Sauvignon Blanc 2011 *Wairaw Valley*	145,000
Wolf Blass Gold Label Riesling 2007 *South Australia*	180,000

RED WINE

	BOTTLE
Kim Crawford Pinot Noir 2010 *Marlborough*	100,000
Santa Carolina Reserva de Familia Cabernet Sauvignon 2008 *Maipo Valley*	110,000
Wente Charles Wetmore Cabernet Sauvignon 2009 *Livermore Valley*	112,000
Ruffino Riserva Ducale Oro 2006 *Toscana*	230,000
Thea's Selection Pinot Noir 2006 *Willamett Valley*	205,000
Chateauneuf du Pape Chapoutier 2008 *Cote du Rhone*	265,000
Chateau Haut Batailly 2007 *Pauillac*	265,000
Chateau Talbot 2007 *Saint-Julien*	340,000
Almaviva 2008 *Maipo Valley*	420,000
Chateau Lynch Bages 2007 *Pauillac*	480,000
Darmagi 2004 *Gaja Piemonte*	850,000

All prices are inclusive of 10% Service Charge & 10% Tax

10% 봉사료 및 10% 세금이 포함된 금액입니다.

INTRIGUING SNACKS DISPLAY

International Cheese Platter (S) 50,000
Dry fruit and water cracker (L) 73,000
포도를 곁들인 모둠 치즈 슬라이스

Seasonal Fresh Fruits Platter (S) 50,000
Honey yogurt dipping sauce (L) 67,000
허니 요거트 소스의 신선한 계절 과일

Prime Beef Tenderloin Chop Steak(Australia) 80,000
Bell peppers, wild mushroom and spicy gravy sauce
겨자 소스로 맛을 낸 안심 촙 스테이크(소고기: 호주산)

Slice Rib Eye Steak(Australia) salad 73,000
Romain lettuce, baby green and ginger lime dreessing
유기농 샐러드를 곁들인 립아이 스테이크(소고기: 호주산)

Fresh Vegetables Crudites 55,000
Kohlrabi, red cabbage, cucumber, carrot and tomato
무공해 채소모둠

Cheese Quesadillas 55,000
Mixed Swiss cheese with tomato and sour cream
멕시칸 퀘사딜라(치킨: 국내산)

Seared Live Abalone with Organic Salad 80,000
Mini asparagus, cherry tomato, sour chili paste sauce and Avruga caviar
생 전복구이(전복: 국내산)

Baked Mero Fillet with Grillied Vegetables 60,000
Pimento, mushroom, eggplant, onion and sweet chili sauce
구운 채소를 곁들인 메로구이(메로: 일본산)

Home Made Smoked Salmon with Mustard Cress 60,000
Caper, onion slice, horseradish and dill cream sauce
훈제연어(훈제연어: 노르웨이)

Sausages with Sauted Vegetables 60,000
Honey Mustard Sauce
머스터드 소스의 소시지(소시지: 국내산)

Traditional Korean Dry Snack 50,000
Beef jerky, traditional preserved fish, mixed salted nuts
육포와 여러 가지 모둠 마른안주(육포: 호주산)

All prices are inclusive of 10% Service Charge & 10% Tax.
10% 봉사료 및 10% 세금이 포함된 금액입니다.

WINE BY THE GLASS

WHITE

GLASS

Brancott Sauvignon Blanc 2010 *Marlborough*	22,000
Chardonnay Koonunga Hill Penfolds 2010 *Koonunga Hill*	28,000

RED

Wyndham Estate Bin 555 Shiraz 2009 *Hunter Valley*	24,000
Hahn Merlot 2006 *Monterey*	26,000
Katnook Estate Cabernet Sauvignon 2006 *Coonawarra*	34,000

BEER

IMPORTED BOTTLE BEER

Hoegaarden *Belgium*	19,000
Corona *Mexico*	19,000
Asahi *Japan*	18,000
Heineken *Holland*	18,000
Becks *Germany*	18,000
Budweiser *USA*	18,000

DOMESTIC BOTTLE BEER

Cafri	16,000
Cass	15,000
Max	15,000
Hite Dry Finish	15,000

All prices are inclusive of 10% Service Charge & 10% Tax.

10% 봉사료 및 10% 세금이 포함된 금액입니다.

제4장

메뉴 개발

능력단위요소

제 4 장 메 뉴 개 발

학습목표

▣ 표준화된 음료 제공을 위해 표준 레시피를 만들 수 있다.

▣ 고객창출을 위해 계절메뉴를 만들 수 있다.

▣ 고객창출을 위해 기획메뉴를 만들 수 있다.

▣ 메뉴분석을 통해 선호도와 수익성을 파악할 수 있다.

제1절_ 표준 레시피 만들기

1. 메뉴 개발의 개념

　메뉴 개발은 고객에게 제공될 새로운 메뉴를 연구하여 만들어내는 것을 말한다. 이는 고객의 욕구파악, 원가와 수익성, 구입 가능한 식재료, 조리시설의 수용력, 다양성과 기호도, 영양적 요인 등을 포함해야 한다. 그리고 메뉴는 기업을 대상으로 하는 게 아니라 고객을 대상으로 하는 것이므로 어떤 고객에게 어떠한 재료를 가지고 어떻게 조리하고 어떻게 판매할 것인가를 사전에 검토하여 개발해야 한다.

1) 메뉴 개발의 목적

　시장과 고객의 동향을 분석하여 새로운 메뉴의 필요성을 파악하고 그에 필요한 상품을 개발한다. 새롭고 독창적인 메뉴 개발은 기업을 성장시키는 데 매우 중요한 역할을 한다. 고객만족을 통해 새로운 고객이 창출되고 기업의 이미지가 향상된다. 특히 메뉴 마케팅 전략의 기초가 되는 상품 차별화 수단으로 사용된다. 메뉴 개발의 목적을 살펴보면 다음과 같다.

① 기업의 지속적인 미래의 성장동력

② 매출 극대화와 수익창출

③ 새로운 경영환경에 적응하고 고객의 욕구변화에 대응

2) 메뉴 개발의 유형

최근의 트렌드와 고객의 취향에 맞는 메뉴 개발은 심화되는 기업의 경쟁에서 절대 우위를 지키기 위한 차별화 전략이다. 따라서 독창적이고 대중적인 메뉴를 개발할 수 있어야 한다.

(1) 신메뉴 개발

신메뉴 개발은 신규고객 유입과 기존고객을 유지할 수 있도록 해야 한다. 독특한 메뉴는 고객의 다양한 요구와 기호를 충족시켜 수익성을 증대시킨다. 그리고 신메뉴 개발을 위해서는 메뉴 콘셉트, 시장조사, 트렌드 분석, 고객의 요구가 포함되어 메뉴의 대중성, 다양성, 차별성을 갖춘 메뉴가 개발된다.

(2) 기존 메뉴의 개발

기존 메뉴의 개발은 현재 판매하고 있는 메뉴상품을 개선하는 것이다. 기존 메뉴에 대한 판매율을 분석한 다음 개선 메뉴를 결정한다.

① 기본적인 개선

기존 메뉴품목이 성숙기나 쇠퇴기에 접어들었을 때 요구된다. 기존 메뉴의 품질, 기능, 스타일을 변화시켜 판매를 증가시키거나 이미지의 전환을 통해 매출을 증가시키는 것이다.

② 부차적인 개선

메뉴의 포장이나 사용되는 재료의 변화와 같은 기존 메뉴의 여러 가지 속성에 관한 개선을 말한다. 최근에 다양한 재료와 조리법의 메뉴변화가 급속히 일어나고 있다.

2. 메뉴 개발계획

메뉴 개발계획이란 고객이 선호하는 아이템, 기업의 목표를 달성할 수 있는 아이템과 아이템의 수 그리고 다양성을 결정하는 것이다. 즉 고객의 필요와 욕구를 충족시키고 조직의 목표를 달성할 수 있도록 구성되어야 한다.

레스토랑 비즈니스는 메뉴로 시작해서 메뉴로 끝난다. 따라서 메뉴 개발계획은 외식기업의 성공을 좌우하는 매우 중요한 과정이다. 하지만

메뉴 개발계획

전체적인 콘셉트와 일치하지 않은 아이템, 모방된 아이템, 최근의 추세(Trend)를 반영하지 못한 아이템 등은 성공적인 메뉴 개발계획을 기대하기가 어렵다.

1) 메뉴 개발계획을 위한 자료수집

메뉴 개발계획을 위한 첫 단계는 정보 및 자료의 수집이다. 메뉴를 벤치마킹하거나 인터넷, 블로그, 매거진, 뉴스, 서적 등을 통해 최대한 많은 정보를 수집 활용하여 새로운 메뉴 개발에 주력해야 한다.

2) 메뉴 개발계획을 위한 소비 트렌드 분석

최신 트렌드를 얼마나 많이 반영하고 있는지에 따라 고객과 기업의 반응이 달라지는데, 소비자의 니즈를 고려한 곳이 고객의 만족도와 재방문율이 높게 나타나고 있다. 따라서 시장의 소비패턴과 구매패턴을 분석해 새로운 가치를 제공할 수 있어야 한다.

3) 메뉴 콘셉트 설정

메뉴의 콘셉트란 매장에서 목표고객에게 어떤 음식과 음료를 어떠한 스타일로 제공할 것인가를 결정하는 일이다. 이와 같이 콘셉트가 결정되면 매장의 규모, 시설, 디자인, 도구의 선택, 서비스 방식 등이 자연스럽게 결정된다. 음식점 중에서 가장 큰 비중을 차지하는 한식의 경우 대부분 콘셉트 없이 창업하는 사례가 많다. 그러나 성공 확률을 높이려면 정확한 메뉴 콘셉트를 잡는 것이 무엇보다 중요하다.

3. 메뉴 개발과정

메뉴 개발을 위해 고객의 소비성향과 시장분석, 벤치마킹을 통해 얻은 결과를 토대로 계획을 한다. 또한 안정적인 재료의 공급, 소비성향, 트렌드에 적합한가를 검토한 후에 진행한다.

1) 레시피 노트 작성

레시피(Recipe)란 특정 품목의 음식 또는 음료의 1인분량을 만드는 재료배합의 기준량과 소요되는 원재료의 원가 및 총원가를 기록한 것이다. 시험을 거쳐 메뉴에 제시될 아이템이 선정되면 그 아이템의 재료와 사용량, 원가, 만드는 방법, 사진 등이 제시되어야 한다. 이 카드는 레스토랑, 바에 따라 다른 명칭으로 사용되고 있지만 표준 레시피 또는 표준 양목표로 총칭한다.

메뉴 개발계획

Cocktail Standard Recipe Card

Item	Orange Tequila Margarita	Glass Type	Cocktail
Section	Grill & Bar	Portion Size	1
Recipe#	#12	Portion Cost	$6.34
Date Costed	24 August, 2016	Selling Price	

사진

Ingredient	Quantity	Unit	Unit Cost	Cost
Tequila	45㎖	750㎖	$43.50	$2.61
Orange Cognac Liqueur	20㎖	750㎖	$55.60	$1.48
Triple Sec	15㎖	750㎖	$23.00	$0.45
Sweet & Sour Mix	15㎖	150㎖	$18.00	$1.80
Total Portion Cost				$6.34

Method

Best in a tall salt ice rimmed glass with ice inside, add the tequila, cognac and triple sec, stir well and add the sour to suit your taste.

2) 재료의 구입과 원가계산

칵테일은 위스키, 브랜디, 진, 보드카, 럼, 테킬라 등과 같은 증류주를 기본으로 포도주나 맥주, 과즙, 시럽, 리큐르 등의 풍미 첨가제를 섞은 혼합주이다. 이와 같이 칵테일 재료는 국외에서 생산되는 품목이 대부분으로 그 종류가 매우 많고 다양하다. 따라서 필요한 재료의 구입과 유통 문제 그리고 대체 가능한 재료 등 다양한 상황을 고려해야 한다.

3) 테이스팅(Tasting)

테이스팅이란 사람의 감각기관을 이용하여 칵테일의 품질을 확인해 보는 것이다. 시각, 미각, 청각, 후각, 촉각 등 5감에 의해 감지할 수 있는 외형, 색, 향, 맛, 촉감 등의 관능적 특성으로 품질을 평가한다. 관능적인 조건은 매우 다양하므로 표준화된 조건에 의해 검사하고 평가자의 의견을 수렴하여 수정, 보완되어야 한다.

4) 메뉴평가

메뉴평가는 주 고객의 연령층, 성별, 소비 트렌드, 소비자의 욕구, 매장의 콘셉트 등을 반영한 기준을 적용하여 진행한다. 이때 소비자 또는 전문가 패널(Panel)이 참여하는 것이 원칙이나 대부분 매장의 직원들이 시음, 평가하는 것으로 대신한다.

5) 레시피의 수정, 보완

메뉴평가를 거쳐서 맛과 품질을 수정, 보완하면 최종적인 메뉴 아이템이 선정된다. 선정된 메뉴는 여러 번의 테스트를 거친 후 표준 레시피로 작성하는데, 그 아이템의 재료와 사용량, 원가, 만드는 방법, 사진 등이 포함되어야 한다.

6) 메뉴 시연 및 교육

최종적인 메뉴의 아이템이 선정되고, 표준 레시피가 완성되면 음료조리와 서빙 종사원을 대상으로 교육을 실시한다. 선정된 최종 아이템에 대한 생산교육과 서빙교육을 실시한 후 고객서비스가 이루어지도록 한다.

제2절_ 기획메뉴 만들기

1. 기획메뉴의 개발

기획메뉴란 고객의 필요와 욕구를 만족시키기 위해 새로운 메뉴를 만드는 것이다. 다양한 고객의 입맛을 고려해서 만든 차별화된 기획메뉴는 경쟁에서 생존하기 위한 필수적 요소이다. 따라서 다양하고 독특한 맛의 메뉴를 지속적으로 개발해 나가야 할 것이다.

1) 칵테일을 구성하는 3가지 요소

칵테일의 기술은 서로 다른 맛과 향의 재료를 혼합해서 새로운 맛을 창조하는 것이다. 혼합재료는 주재료, 보디, 첨가제 등의 3가지로 나뉜다. 각각의 재료는 자신의 영역을 갖고 있어 주성분 물질만으로는 오묘한 향을 만들어내지 못한다. 그 비밀은 재료의 배합 비율에 있다.

(1) 주재료(Base)

칵테일은 주재료를 중심으로 만들어진다. 주로 방향을 제시하는 재료이다. 위스키, 브랜디, 보드카, 진, 럼, 테킬라 등과 같은 6大 증류주가 해당된다. 주재료와 나머지 재료의 비율은 칵테일의 크고 작은 용량에 따라 달라진다. 그리고 주재료의 알코올 강도는 보디와 첨가제 맛의 균형에 따라 맞추어진다.

칵테일의 중심이 되는 주재료

(2) 보디(Body)

보디는 칵테일 맛의 진한 정도와 농도 혹은 질감의 정도를 표현하는 것이다. 주재료의 향과 어우러져 조화로운 균형감을 제공한다. 서로 모자라거나 부족한 것을 보충하여 완전하게 하기 위한 것이다. 와인, 탄산음료, 주스, 우유, 크림, 달걀 등이 유연한 질감을 주거나 농도를 조절하게 하는 보디로 사용할 수 있다.

(3) 향미 첨가제(Flavor)

입안에서 느껴지는 향기나 맛, 외관을 모두 포함하여 향미(Flavor)라고 한다. 향미는 식품 자체나 조리에 의해 만들어지기도 하지만 주로 향미를 강화시킬 수 있는 첨가제를 사용한다. 칵테일의 달콤한 맛이나 쓴맛을 내는 리큐르, 시럽, 비터스(Bitters)가 이에 해당된다. 이는 주재료의 알코올 강도를 완화하면서 새로운 맛과 향을 낸다. 또한 칵테일의 질감에 큰 영향을 미치게 한다.

칵테일의 향미 첨가제

2) 칵테일을 완성하는 5가지 조건

칵테일은 맛과 향 그리고 빛깔을 즐기며 마시는 분위기 있는 술이다. 최근 가정에서 가볍게 즐기는 칵테일 문화가 점차 확산되고 있다. 칵테일을 완성하는 5가지 조건은 다음과 같다.

(1) 색(Colour)

칵테일의 기호에 영향을 미치는 요소는 매우 많다. 그중에 눈으로 색을 보고 즉각적인 반응을 나타내는 시각적인 효과는 특정한 메뉴를 선호하게 하고, 식욕을 돋우기도 한다.

(2) 맛(Taste)

칵테일을 만드는 데 사용하는 재료는 단맛, 신맛, 쓴맛, 짠맛 등 4가지의 기본적인 맛으로 구분할 수 있다. 이러한 맛들 간의 조화로 원하는 맛을 만들어내는 것이 중요하다.

(3) 잔에 담기(Glass)

칵테일을 고객에게 제공할 수 있도록 잔에 담는 것을 말한다. 칵테일이 담긴 상태 또는 제공되는 방법에 따라 특정 칵테일에 대한 고객의 만족도는 큰 차이가 있다.

(4) 장식(Garnish, Decoration)

장식은 칵테일에 색채의 변화를 더하고 향기를 부여해 칵테일이 갖는 맛을 한 단계 더 높여준다. 따라서 맛에 풍미를 배가시키고 더욱 가치가 있도록 색과 맛에 조화로운 장식을 해야 한다.

(5) 얼음(Ice)

칵테일과 얼음은 바늘과 실 같은 존재이다. 거의 모든 칵테일이 얼음 없이는 만들 수 없기 때문이다. 기포가 없고 투명하며, 단단하게 얼린 얼음이 좋다. 그것이 차가운 온도를 오래 유지하여 맛과 향을 지속시킨다.

2. 기획메뉴 만들기

기획메뉴에는 제철 과일을 활용한 계절성 메뉴나 지역의 우수한 특산물 그리고 이벤트 메뉴가 있다. 이러한 여러 가지 요소를 고려하여 고객의 욕구를 충족시키고, 기업의 이윤을 창출하기 위한 새로운 메뉴가 만들어진다.

1) 계절성 메뉴

계절성 메뉴는 엄선된 제철 식재료를 이용해 다양한 고객의 입맛과 건강을 모두 만족시켜야 한다. 그리고 사계절 내내 안정적인 식재료의 공급이 확보되어야 연중 운영이 가능하다. 최근 디저트 시장에서는 오렌지, 망고, 바나나, 포도, 열대과일 등 제철 과일을 활용한 음료의 인기가 매우 높다.

(1) 계절성 메뉴 개발 : 봄

긴 겨울에서 벗어나 따뜻한 봄의 계절감을 만끽하면서 즐길 수 있는 칵테일은 따뜻한 햇살 속에서 즐기기에 제격이다. 봄 향기 가득한 칵테일의 식재료는 제철 과일과 꽃 그리고 연초록 색상 등을 이용해 개발할 수 있다. 신선한 봄을 위한 상큼한 맛과 색의 소재는 다음과 같다.

① 봄을 맞아 제철 과일인 딸기를 활용한 제품은 소비자들의 입맛을 돋우는 데 제격이다. 딸기는 달콤하고 상큼한 맛에 음료나 아이스크림, 베이커리 등의 메뉴와 잘 어울려 봄철에 각광받는 식재료 중 하나이다.

② 봄의 주요색인 녹색계열과 옅은 색조의 꽃을 이용하여 발랄하고 상큼한 분위기를 연출할 수 있다. 외식기업이 다양한 제품을 선보이며 다양한 고객층의 입맛을 고려한 메뉴 개발에 힘쓰고 있다.

(2) 계절성 메뉴 개발 : 여름

후텁지근하고 불쾌지수 높은 여름, 갈증해소에도 도움이 되며 그럴듯한 분위기 연출에 더할 나위 없이 좋은 것이 칵테일이다. 이국적이고 알록달록한 맛과 향기, 색으로 분위기까지 살릴 수 있다. 무더위를 잊게 할 시원한 맛과 제철 과일의 소재는 다음과 같다.

여름철 갈증 해소에 좋은
수박 스무디

① 여름에 떠오르는 컬러는 푸른 바다를 연상시키는 색상이다. 청량한 푸른색은 보기만 해도 시원해지는 듯한 기분이 들고 무더위를 잊게 만든다. 이에 많은 기업들이 블루마케팅을 실시하며 여름철 소비자 공략에 나서고 있다.

② 제철 과일과 다양한 허브를 활용하여 갈증을 해소하고 신선한 느낌의 칵테일을 개발한다. 작가 어니스트 헤밍웨이가 사랑한 칵테일 모히토(Mojito)는 민트향이 감싸주는 시원하고 선선한 느낌의 민트와 라임이 어우러져 더운 여름철에 마시면 갈증이 해소된다.

(3) 계절성 메뉴 개발 : 가을

감성적인 계절 가을에는 낭만과 멋을 더해줄 칵테일이 제격이다. 높고 푸른 하늘과 청량한 공기에 가을 감성지수를 한껏 업그레이드해 줄 칵테일을 개발한다.

① 가을 단풍을 소재로 한 메뉴 개발이나 낭만과 멋을 더해줄 칵테일을 만든다.

② 비타민 C가 풍부한 사과나 홍시 등 가을의 제철 과일을 이용한다.

③ 추석이나 추수감사절, 할로윈 등과 같은 축제를 모티브로 하는 메뉴를 개발한다. 전 세계인의 축제를 맞이하여 고객들이 다채로운 맛의 향연을 즐기도록 한다.

(4) 계절성 메뉴 개발 : 겨울

본격적인 추위가 시작되는 한겨울에 몸과 마음을 따뜻하게 해주는 '핫 칵테일'이 있다. 분위기도 살려주면서 따뜻하게 즐길 수 있는 메뉴이다. 와인이나 코냑 등의 주재료에 허브나 향신료 그리고 여러 가지 과일이나 차 등을 첨가해서 따뜻하게 끓이는 메뉴이다.

겨울철 감기예방에 좋은 뱅쇼

① 프랑스의 따뜻한 와인, 데워 먹는 와인, 뱅쇼(Vin Chaud)나 독일의 글뤼바인(Gluehwein)과 같은 메뉴 개발이 필요하다.

② 다가오는 크리스마스와 연말연시의 느낌을 담아 트렌디(Trendy)한 메뉴를 개발한다.

2) 특산품 메뉴

국내에서 수확되는 지역의 특산물을 이용하여 메뉴를 개발하는 것이다. 지역을 대표하는 음식은 지역의 정체성 확립에 중요한 역할을 한다. 즉 지역의 특산주와 관광의 효과적인 연계는 관광지가 지속가능한 경쟁력을 가질 수 있게 하는 중요한 요소 중 하나이다.

지역 특산물인 배를 사용한 칵테일

① 지역의 농산물인 포도, 배, 복숭아, 감귤, 인삼 등을 이용해 다양한 칵테일을 개발할 필요가 있다.

② 예로부터 이어져 내려오는 전통주를 이용하여 칵테일을 만든다. 고창의 복분자, 금산의 인삼주, 진도의 홍주, 문배주, 소곡주, 안동소주, 감홍로 등이 있다.

지역의 농산물을 이용한 메뉴 개발

3) 이벤트 메뉴(Event Menu)

이벤트는 불특정한 다수를 대상으로 일정한 기간, 장소에서 진행되는 행사나 축제를 뜻한다. 이벤트 기획은 이벤트의 특징을 표현할 수 있는 창의적인 아이디어를 통해 다양한 대상에 맞는 방법을 찾기 위해 실행된다. 이벤트를 실시하는 목적을 분명히 하고 상업성에 목적을 두는 경우 마케팅 활동을 통해 최대한 이윤을 높일 수 있도록 한다. 이벤트 메뉴는 고객의 생일이나 기념일, 크리스마스, 할로윈축제, 계절 이벤트, 기업과 제휴한 이벤트 등이 있다.

① 프로모션 메뉴(Promotion Menu)

프로모션 메뉴란 일정기간 동안 영업의 실적을 높이기 위한 방법으로 계절이나 특정기간을 최대한 활용하고 비수기 때 수요를 촉진하고 경쟁사와의 판매경쟁 수단이 되기도 한다. 경쟁기업에서 시장점유율을 증가시키기 위해 프로모션 메뉴를 실행했을 때 자사도 대응하기 위해 새로운 메뉴를 개발하여 고객에게 제공한다.

반얀트리 클럽 앤 스파 서울이 8월 한 달간 브라질 쉐프가 직접 선보이는 '브라질리안 프로모션' 메뉴를 선보인다고 2일 밝혔다. 반얀트리 서울의 구스타보 코르레아 쉐프는 브라질 출신으로 8월 한 달 동안 브라질 현지의 맛과 향을 담은 메뉴를 문 바에서 선보일 예정이다.

주류는 럼, 라임, 설탕을 혼합한 브라질 칵테일 카이피리냐(Caipirinha) 2잔 혹은 생맥주 2잔, 레드와인이나 스파클링 와인 1병 중 선택 가능하다. 10만 원을 추가하면 위스키 1병을 선택할 수 있다. 프로모션 메뉴는 문 바(Moon Bar)에서 제공된다.

카이피리냐(Caipirinha) : 카사사를 베이스로 비정제 설탕, 라임, 얼음을 혼합해서 만든 브라질의 칵테일

W 서울 워커힐 호텔이 밸런타인데이를 맞아 다양한 프로모션을 진행한다. 'W 드림스 인 로맨스(W Dreams in Romance)'는 원더풀 룸 1박, 코스 디너와 와인 2잔으로 구성됐으며 베스 세트가 선물로 제공된다.

더불어, 실내 수영장 '웻(WET)'과 피트니스센터 '핏(FIT)' 무료입장이 가능하며, 어웨이 스파(Away Spa) 트리트먼트 이용 시 10% 할인 혜택도 누릴 수 있다.

Lobby 바 '비플랫'에서 진행되는 야외 바비큐파티

쉐라톤 그랜드 인천 호텔은 송도에서 이국적인 여름밤을 만끽할 수 있는 '한여름 밤의 야외 바비큐 프로모션'을 진행한다. 호텔 로비 바 '비플랫'의 야외 테라스에서 바비큐 메뉴와 맥주를 무제한 즐길 수 있다.

한여름 밤의 바비큐 프로모션

② **해피 아워 메뉴(Happy Hour Menu)**

호텔의 라운지, 칵테일 바 또는 펍 바에서 고객이 붐비지 않는 시간대(보통 6시에서 8시 사이)를 이용하여 할인 혜택이나 무료로 음료 및 스낵 등을 제공하는 판매촉진 상품의 하나이다.

노보텔 앰배서더 서울 강남, 그랑아(GranA) 'Happy Hour' 이벤트 개최

식스 투 나인 해피아워 이벤트

노보텔 앰배서더 서울 강남은 모던 라이브 바에서 '식스 투 나인 해피 아워 이벤트를 진행한다고 7일 밝혔다. 이번 이벤트 기간에는 매일 저녁 6~9시까지 15종의 프리미엄 뷔페 메뉴와 생맥주 또는 하우스와인을 무제한 제공한다.

프로모션을 기획한 그랑아 지배인은 "특1급 호텔의 최고급의 음식과 주류를 함께 맛볼 수 있다는 점이다. 이번 '식스 투 나인 해피아워'는 회식하고자 하는 직장인, 로맨틱한 데이트를 꿈꾸는 연인 또는 소규모 모임을 좋아하시는 여성분들에게 적합하다고 본다. 오셔서 합리적인 가격으로 최상의 서비스를 받으시면서 즐거운 시간을 만끽하시기 바란다"고 말했다.

호텔 더 플라자, 가을밤 정취 즐기는 '해피아워' 프로모션 선봬

럭셔리 부티크 호텔 더 플라자의 부티크 카페 &바 더 라운지가 가을밤의 정취를 느끼며, 호텔 쉐프가 직접 만든 다양한 메뉴와 소믈리에가 선정한 와인, 맥주 등을 무제한으로 즐길 수 있는 '더 플라자 해피 아워'(THE PLAZA Happy Hour) 프로모션을 10월 12일부터 한시적으로 선보이고 있다.

가을밤의 정취를 즐기는 해피아워
프로모션

제3절_ 주문형 메뉴 만들기

주문형 메뉴는 기업이 정한 메뉴를 고객에게 제시하는 것이 아니라 고객이 원하는 대로 메뉴를 구성할 수 있도록 배려하는 것이다. 최근 고객에게 메뉴 선택권을 돌려주는 주문형 메뉴를 선보이며 변신을 꾀하고 있다. 이는 고객 자신의 기호대로 선택한 재료가 다양한 입맛을 충족시켜 더 많은 고객을 확보하고 있다. 주문형 메뉴는 성별, 연령별로 메뉴선호도에 차이가 있다.

1. 성별 주문형 메뉴

남성과 여성의 주류 소비 패턴은 천차만별이다. 술을 마시는 여성들이 늘면서 이들이 독주보다는 부드러운 술을 선호하는 것으로 나타났다. 음주문화가 무작정 취하는 것이 아니라 술자리의 분위기는 물론 다양한 맛과 향의 술을 즐기려는 여성들의 음주문화에 따라 독한 술의 흐름을 바

다양한 주류 소비패턴의 성별 메뉴

꾸고 있는 셈이다.

에너지 음료 엑스레이티드는 보드카를 주재료로 붉은 오
렌지와 망고, 패션후르츠 등을 더해 달콤한 맛과 향이 뛰어
나다. 샴페인이나 스파클링와인, 탄산수를 첨가하면 달콤한
맛과 향의 핑크빛이 감도는 스파클링 칵테일로 변한다. 여성
들이 많이 찾는 라운지 등에서 여성용 퓨전 리큐르로 선풍적
인 인기를 모으고 있다.

남성 – 블루사파이어, 붉은 악마

와인크루저는 화이트와인에 라즈베리, 블루베리, 파인애
플 맛 등을 첨가하여 달콤한 맛과 향이 긴 여운을 준다.

모조(Mojo)는 피부 건강을 생각하는 여성들을 위해 과라
나 추출 주스를 첨가했다. 이 주스는 발포성 에너지 드링크 성
분으로도 잘 알려져 있는데, 음주 시 부족해지는 비타민 C를
보충해 주는 역할을 한다.

여성–블랙 홀, 레인보우

2. 연령별 주문형 메뉴

사람마다 좋아하는 술의 취향은 각기 다르다. 최근 음주문화가 마시는 문화에서 이야
기하고 소통하는 문화로 변하고 있다. 점차 술도 자신의 개성과 기호에 맞게 즐기려는 사
람들이 늘고 있는 것이다. 심지어 스타일로 술을 즐긴다는 이들도 있다. 술은 점점 더 개
인의 취향을 드러내는 수단이 되고 있다.

이에 따라 포도주, 맥주, 소주, 칵테일 등 주종을 가리지 않고 주류업계가 다양한 소비
자의 입맛을 사로잡기 위해 변신을 꾀하고 있다. 국내 술 소비량도 다시 늘었다. 이는 여
성의 음주 증가와 함께 저도주인 와인 보급 확대에 따른 것이다. 또 수입주류의 개방과
함께 위스키를 대체하는 보드카, 진, 럼, 테킬라 등 증류주의 인기가 치솟고 있다. 이러한
선호도 조사를 통해 새로운 메뉴 개발과 더불어 연령별 인기 메뉴를 개발할 수 있다.

부산 웨스틴조선호텔 파노라마 라운지
'시그니처 칵테일' 출시
파노라마 라운지서 해운대 모티브로
칵테일 2종 선보여

부산 웨스틴조선호텔은 로비에 위치한 파노라마 라운지에서 5월 1일 새로운 '시그니처 칵테일' 파노라마 선셋, 파노라마 비치 2종을 출시했다.

'파노라마 선셋'은 아름답게 물든 해운대의 노을을 모티브로 만든 칵테일로 핑크빛과 다홍빛이 함께 감돈다. 샤르도네 화이트와인과 보드카 베이스에 자몽주스를 곁들여 상큼한 풍미가 매력적이다. 레몬 껍질로 만든 꽃모양 장식은 노란 달맞이꽃을 나타낸다.

'파노라마 비치'는 푸른 해운대 바다를 담은 칵테일로 럼에 박하향의 리큐르를 곁들여 강렬함과 상쾌함을 동시에 느낄 수 있다. 얼음 장식에 라즈베리를 넣어 바닷속 조개가 품은 보석을 표현했다.

해운대를 모티브로 한 시그니처
칵테일

제4절_ 메뉴 엔지니어링

메뉴 엔지니어링은 현재나 미래의 메뉴가격 책정, 설계, 내용을 평가하여 각 메뉴의 시장 지배력과 대응전략을 효과적으로 파악하기 위해 고안된 분석기법이다. 이는 외부의 경쟁기업 혹은 내부 다른 메뉴들과의 비교, 분석을 위하여 이용된다. 이를 통해 메뉴 중에서 수익성과 선호도가 높거나 낮은 메뉴를 파악하는 데 유용한 정보를 얻을 수 있다. 그리고 다음과 같은 3가지 주요소인 총수익, 판매량, 원가 등을 바탕으로 매출액과 개별 메뉴들의 수익에 대한 기여도를 파악할 수 있다.

1. Kasavana와 Smith의 선호도 및 수익성 분석

M.L. Kasavana와 Smith의 분석방법은 판매량과 총수익의 상관관계를 파악하는 것이다. 높은 판매량과 높은 총수익의 상관관계를 가지는 메뉴성과가 가장 좋다는 접근법이다. 즉 가장 좋은 메뉴품목은 단위당 공헌이익이 가장 높고, 판매량이 가장 많은 것으로 한 품목의 공헌이익은 판매가격과 직접비용의 차익을 말한다.

M.L. Kasavana와 Smith의 방식	
Ⅰ. Plow horses 높은 인기 낮은 수익	Ⅱ. Stars 높은 인기 높은 수익
Ⅲ. Dogs 낮은 인기 낮은 수익	Ⅳ. Puzzles 낮은 인기 높은 수익

(1) Stars

선호도가 높고 수익성도 높은 아이템으로 분류된 군(群)으로 다음과 같은 조치가 요구된다.

① 현재의 수준을 엄격히 지킨다(포션 크기, 질, 담는 방법 등).
② 가격의 변화에 고객이 민감한 반응을 보이지 않기 때문에 가격인상을 시도해 볼 수도 있다.
③ 메뉴상 최상의 위치에 배열한다.

(2) Plow horses

선호도는 높으나 수익성이 낮은 아이템군을 말한다. 주로 중간대 이하의 가격군을 형성하는 아이템으로 가격의 변화에 민감한 반응을 보이는 아이템들이다. 이 아이템군은 수익성(공헌이익)만 높이면 'Stars'가 될 수 있는 것으로 다음과 같은 조치가 이루어져야 한다.

① 가격인상을 시도한다.
② 선호도가 높기 때문에 메뉴상 아이템의 배열을 재고한다. 즉 고객의 시선이 덜 집중되는 곳에 위치시킨다.

③ 식자재 원가가 높은 아이템과 낮은 아이템의 조화를 통해 전체적인 원가를 줄이고, 가격을 그대로 유지하면서 공헌이익을 높일 수 있는 방안을 강구한다.

④ 포션을 약간 줄인다.

(3) Puzzles

수익성은 높지만 선호도가 낮은 아이템으로 가격대가 높은 아이템군을 말한다. 선호도만 높으면 'Stars'군에 속하는 아이템들이다. 메뉴믹스의 이론에서는 이러한 아이템의 선호도가 높으면 높을수록 아이템의 평균 기여마진은 높게 나타난다. 이 아이템군은 선호도를 높이는 방안으로 다음과 같은 조치가 이루어져야 한다.

① 메뉴에서 삭제한다. 특히 생산하는 데 특별한 기능이 요구되거나, 많은 노동력을 요구하는 아이템의 삭제는 절대적이다.

② 메뉴상 최상의 위치에 배열한다.

③ 아이템의 이름을 바꾼다.

④ 가격의 인하를 통하여 선호도를 높인다.

⑤ 판매촉진을 통하여 선호도를 높인다.

⑥ 이 그룹군에 속하는 아이템의 수를 최소화한다.

(4) Dogs

수익성과 선호도 둘 다 없는 아이템으로 가장 바람직하지 못한 아이템군에 속한다. 선호도와 수익성을 동시에 높일 수 있는 방안이 강구되어야 하는데, 다음과 같은 조치가 일반적이다.

① 메뉴에서 삭제한다.

② 메뉴가격을 인상하여 'Puzzles'군의 아이템으로 만든다.

2. Miller의 선호도와 원가분석

Jack E. Miller의 분석방법은 식재료 비율과 판매량의 상관관계를 파악하는 것이다. 이 분석은 가장 낮은 식재료비의 메뉴와 가장 높은 판매량의 메뉴들이 가장 좋은 메뉴성과를 가져오게 한다는 접근방법이다.

Jack E. Miller의 방식	
Ⅰ. Winners 높은 인기 낮은 원가	Ⅱ. Marginals 높은 인기 높은 원가
Ⅲ. Marginals 낮은 인기 낮은 원가	Ⅳ. Losers 낮은 인기 높은 원가

이 분석은 가장 낮은 식재료비의 음식과 가장 높은 판매량의 메뉴들을 나타낼 수 있으나, 매출액이나 공헌이익은 나타나지 않는 한계가 있다.

3. Pavesic의 원가와 수익성분석

Pavesic의 분석방법은 총수익과 식재료 비율의 상관관계를 파악하는 것이다. 앞에서 소개한 두 가지 방법의 결점을 보완하기 위하여 3가지 변수, 즉 식재료 비용의 원가비율(food-cost rate), 공헌이익(contribution margin), 판매량(sales volume)을 결합하였다. 여기서 총수익은 전체 총수익으로 단위당 총수익에 판매량이 곱하여진 것이다. 가장 좋은 품목은 판매량에 따라 낮은 식재료 원가율과 높은 공헌이익을 가지는 품목이다. 고가격 품목에 주력하여 공헌차익을 증가시키려 하지만, 그에 따른 고객의 수요 감소와 이익 감소가 나타날 수 있다. 이 방법은 앞서 언급한 접근방법들과 달리 총수익과 식재료 비율을 고려하고 있고, 총수익도 전체 총수익을 고려하고 있어 문제점들을 많이 보완한 방법이다. 그러나 식재료비 외의 비용까지 포함된 순이익을 고려하지 않은 한계점이 있다.

David V. Pavesic의 방식	
Ⅰ. Primes 낮은 원가 높은 수익	Ⅱ. Standards 높은 원가 높은 수익
Ⅲ. Sleepers 낮은 수익 낮은 원가	Ⅳ. Problems 높은 원가 낮은 수익

제5장
음료영업장 관리

능력단위요소

학습목표

■ 원활한 고객서비스를 위해 시설물의 안전상태를 점검할 수 있다.

■ 지속적인 관리를 통해 시설물을 효과적으로 유지, 보수할 수 있다.

■ 바에서 사용되는 기구, 글라스 등을 효과적으로 관리할 수 있다.

■ 원가관리 및 효율적인 재고관리를 위한 재고조사를 작성할 수 있다.

제1절_ 직원 관리하기

1. 바(Bar)의 개념과 분류

1) 바의 개념

가로로 넓게 퍼진 높은 테이블을 가진 서양식 술집을 바(Bar)라고 통칭한다. 프랑스어의 바리에르(Barriere)에서 유래된 말로 고객과 직원 사이에 놓여 있는 널판을 바(Bar)라고 하던 개념이 현재는 술을 파는 곳을 총칭하는 의미로 사용되고 있다. 바는 고객의 사교와 오락 및 유흥에 필요한 시설을 갖추고 주류를 포함하여 식음료를 판매하는 영업장이다. 여기서 각종 칵테일이나 음료를 조리하는 직원을 바텐더(Bartender)라고 한다. 바텐더는 바를 부드럽게 만들 수 있어야 한다. 직접 고객을 상대하는 대인서비스이기 때문에 친밀하고 친절하게 고객을 응대할 수 있어야 한다. 바는 운영형태에 따라 호텔마다 다양한 종류와 명칭으로 불리고 있다.

2) 바의 분류

레스토랑이 음식을 통하여 고객의 식욕을 충족시켜 주는 곳이라면, 바(Bar)는 각 영업장의 성격에 알맞은 시설구조와 디자인, 조명과 음악 그리고 음료를 통하여 고객의 기분을 회복시켜 주는 영업장이라고 할 수 있다.

(1) 라운지 바(Lounge Bar)

호텔의 로비에 위치한 라운지 바는 생음악과 함께 커피, 차, 칵테일, 간단한 스낵 등을 판매한다. 그리고 전망 좋은 고층에 위치한 스카이라운지 바는 와인을 비롯해 간단한 식사를 취급하거나 양식당으로 운영하기도 한다.

라운지 바(Lounge Bar)

(2) 회원제 바(Membership Bar)

일정한 금액의 가입비와 연회비를 납부한 회원과 동행한 사람만 이용할 수 있는 회원전용의 바이다. 우리나라의 특급호텔에서 많이 운영하고 있다.

펍 바(Pub Bar)

(3) 펍 바(Pub Bar)

영국에서 일반 대중들이 선술집을 펍(Pub)이라고 한다. 우리나라에서는 다양한 형태의 음악과 포켓볼, 다트게임, 전자게임기 등을 갖추어 여흥의 요소를 제공하고 있다.

(4) 댄스 바(Dance Bar)

펍 바에 디스코 텍, 바, 가라오케 등의 종합적인 시설을 갖추어 이용고객들의 기분전환과 사교기능(Entertainment)을 위한 바이다. 저녁에는 식사를 판매하고 야간에는 주류를 중심으로 판매하고 있다.

2. 바(Bar)의 조직과 직무

조직(Organization)이란 기업의 목표를 달성하기 위하여 일정한 지위와 역할을 지닌 사람들이 협동해 나가는 행위의 체계를 말한다. 조직 구성원 각자의 능력을 최대한 발휘하여 고객 수요를 충족시키고, 효율적인 경영관리를 통하여 수익성을 확보할 수 있도록 조직화되어야 한다.

1) 바의 조직

바의 조직은 영업형태, 영업시간, 영업장의 규모나 특성에 따라 다양한 구조로 조직되어 있다. 영업의 효율성을 높이기 위해 대부분 생산중심의 조직으로 이루어져 있다. 조직의 규모가 큰 호텔기업은 지배인이 생산조직과 서비스조직으로 나누어 관리하고 있다.

바의 조직구조

```
        바지배인
        Bar Manager
            |
        부지배인
        Bar Ass't Manager
            |
  ┌─────────┼─────────────┐
홀캡틴        헤드바텐더        소믈리에
Hall Captain  Head Bartender  Sommelier
  |            |
웨이터/웨이트리스  바텐더
Waiter/ress    Bartender
  |            |
실습생          바헬퍼
Trainee        Bar Helper
  |            |
서비스조직       생산조직
```

2) 바 종사원의 직무

직무는 바 종사원이 해당직무를 수행하기 위해 요구되는 사항을 명시해 놓은 것이다. 따라서 조직의 각 구성원에게 직무를 분장하여 그 상호관계를 명확하게 해야 한다. 또한 효율적인 업무의 수행이 가능하도록 직무 상호 간의 권한과 책임을 부여해야 한다. 각각의 주요 직무를 살펴보면 다음과 같다.

바 종사원의 직무

(1) 바 지배인(Bar Manager)

바의 전반적인 운영과 영업에 대한 모든 책임을 갖는다. 바 영업에 대한 풍부한 지식을 바탕으로 직원들의 교육훈련을 담당한다. 주요 업무는 다음과 같다.

① 바 영업에 대한 매출관리, 원가관리, 특별행사 등 업장관리를 한다.
② 고객영접과 안내를 담당하고, 불평사항 처리 등 고객관리를 한다.
③ 직원들의 인사고과, 근태관리, 교육훈련 등 인력관리를 한다.
④ 식음료 영업을 위한 기자재, 집기, 비품, 소모품 등 재산관리를 한다.

(2) 부지배인(Bar Ass't Manager)

지배인의 업무를 보조하고, 부재 시 그 업무를 대행한다. 각종 영업보고서를 작성하여 지배인에게 보고한다. 직원들의 근무계획표와 위생상태를 관리한다.

(3) 헤드바텐더(Head Bartender)

바 서비스의 책임자로서 판매되는 음료와 영업결과를 파악하여 지배인에게 보고한다. 음료의 재고조사를 파악하여 입, 출고 관리를 한다.

① 바의 정리상태와 준비상황을 점검한다.
② 고객서비스의 책임자로서 정확한 주문과 서비스 절차를 유지한다.
③ 메뉴의 상품지식, 시간, 순서 등을 정확히 숙지한다.
④ 음료의 적정 재고량(Par Stock)을 파악하여 출고전표를 작성한다.

(4) 소믈리에(Sommelier)

포도주를 관리하고 추천하는 직업이나 그 일을 하는 사람을 말한다. 중세 유럽에서 식품보관을 담당하는 솜(Somme)이라는 직책에서 유래하였다.

와인 소믈리에

① 고객에게 음식과 어울리는 와인을 추천하고 서빙을 한다.
② 와인리스트를 작성하고 와인의 구매와 저장을 담당한다.

③ 와인의 주문, 품목선정을 위하여 지속적인 시장조사를 한다.

(5) 바텐더(Bartender)

바 안에서 음료 조리하는 사람을 바텐더라고 한다. 바텐더의 영역은 칵테일을 비롯하여 커피, 와인까지 포함하여 확대되고 있다. 주요 업무는 다음과 같다.

바텐더

① 영업에 필요한 각종 주류와 부재료를 수령하여 보관한다.
② 각종 장비와 기계의 작동상태를 점검한다.
③ 메뉴상품에 대한 지식과 표준 레시피를 숙지한다.
④ 바 주변을 청소하고, 기물을 정리정돈한다.

(6) 웨이터/웨이트리스(Waiter/Waitress)

바텐더가 만든 칵테일이나 음료를 고객의 테이블에 서비스하는 직원이다. 고객의 주문사항을 즉시 실행할 수 있도록 대기한다.

① 고객으로부터 식음료 주문을 받아 신속, 정확하게 서비스를 한다.
② 고객서비스에 필요한 기물과 글라스 등을 준비한다.
③ 담당 구역의 테이블을 정리정돈하고 항상 청결을 유지한다.

제2절_ 음료영업장 시설 관리하기

바 시설 관리와 운영으로 쾌적한 환경을 만들어 고객에게 제공할 수 있어야 한다. 바 관리는 바 시설을 유지보수하고 기구, 글라스를 청결하게 관리하며, 음료의 적정수량, 상태를 관리하는 능력이다. 바 시설 관리를 통해서 시설물의 안전상태 및 유지, 보수를 할 수 있을 것이다.

1. 시설물의 안전상태 점검

1) 영업장의 법적 안전관리 기준

화재나 재난 등 위급한 상황으로부터 생명이나 재산을 보호하기 위해 안전시설물의 설치기준을 지켜야 한다. 이는 공공의 안전과 복리증진을 위해 필요한 제도이다.

(1) 다중이용업소

다중이용업소는 불특정 다수가 이용하는 시설을 말한다. 영업 중에 화재나 재난 발생 시 생명, 신체, 재산상의 피해가 높을 것으로 우려되는 영업장으로 휴게음식점, 제과점, 일반음식점, 단란주점, 유흥주점, 영화상영관, PC방, 독서실, 찜질방, 노래연습장 등이 포함된다. 다중이용업소의 체계적인 안전관리를 위해 비상구, 피난안내도 등이 부착되어야 한다.

(2) 비상 피난안내도

다중이용업소의 안전관리에 관한 시행규칙에 따라 영업장의 주출입구를 쉽게 볼 수 있는 곳과 벽, 탁자 등에 피난안내도를 비치해야 한다. 피난안내도에는 비상시 대피할 수 있는 비상구의 위치, 피난동선, 피난 및 대처방법 등이 포함된다.

비상구

(3) 다중이용업소의 소방시설

소방시설은 화재를 감지해서 통보함으로써 사람들을 보호하거나 대피시키고 화재 초기단계에서 즉시 진압하기 위한 것이다. 이에 따라 자동설비 또는 수동조작에 의해 화재를 진압할 수 있도록 하는 기계·기구 및 시스템을 말한다.

소화전

소화설비	소화기 비치(수동식 또는 자동식), 간이 스프링쿨러 설치
경보설비	비상벨 설비, 비상방송 설비, 가스누설 경보기 설치
피난설비	유도등, 유도표지, 비상조명등, 휴대용 비상조명등 설치

출처 : 경기도 소방안전본부

(4) 다중이용업소 방화시설

다중이용업소의 피난, 방화시설을 설치하여 화재예방은 물론 유사시 화재진압 및 인명피해를 최소화시켜야 한다. 그리고 재난사고로부터 생명과 재산을 보호하고 사회적 불안요소를 사전에 근절하기 위한 소방업무이다.

비상구	영업장의 주출입구 반대편에 비상구 설치(1.5m×0.75m 크기)
방화문	영업장의 출입구 또는 비상구에 방화문 설치
기타 시설	영상음향차단장치, 누전차단기, 피난유도선 설치

출처 : 경기도 소방안전본부

(5) 시설 안전상태 점검표

영업장의 기계시설 및 제반시설 등의 안전관리상태를 점검하기 위한 표이다. 안전상태 점검은 매일 또는 정기적으로 시행되어야 하며 이상 발생 즉시 시정 가능하도록 한다. 정기적으로 정해진 점검기간 내에 점검을 실시하고 점검 결과를 작성하도록 하며 점검자는 모든 점검사항에 대하여 정확하게 객관적으로 작성해야 한다. 점검 결과에 따른 조치를 반드시 취하여 사전에 안전을 예방하고 큰 문제가 발생하지 않도록 한다. 안전상태 점검표는 일정표를 항목별로 만들어 일별, 주별, 월별 단위로 점검하고 담당자의 확인 서명을 기재하도록 한다.

2. 시설물의 유지, 보수

유지, 보수는 시설물에 요구되는 기능을 수행하고 양호한 상태를 유지하는 것을 의미한다. 전문적인 기술을 필요로 하는 경우에는 유지, 보수 업무를 전문업체와의 계약을 통해 실시한다. 그리고 지속적인 관리를 통해서 시설물을 효과적으로 유지, 보수할 수 있어야 한다.

1) 냉장고

식품의 보관을 위한 냉장고는 냉장전용과 냉동전용 그리고 냉장과 냉동이 같이 있는 제품이 있다. 냉장고는 내부에 냉기를 전달하는 방식에 따라 직냉식과 간냉식으로 나뉜다.

테이블형 냉장고

그리고 형태에 따라 테이블형과 스탠드형으로 구분하는데 이는 다음과 같다.

(1) 형태에 따른 분류

① 테이블형

대형 스탠드 냉장고와 다르게 낮은 테이블 형태이다. 크기가 작아 공간 활용에 좋을 뿐 아니라 상단부분이 딱딱한 테이블 형식으로 되어 있어 조리 및 다른 작업을 할 수 있는 장점이 있다.

② 스탠드형

제품을 세워서 사용하는 스탠드형 디자인은 수납공간이 넓고 용량이 커서 바 뒤쪽에 설치한다. 주로 맥주를 비롯하여 음료를 보관하는 용도로 사용한다.

(2) 냉각방식에 따른 분류

① 직접냉각방식

음식을 저장하는 공간 벽면에 냉각 파이프가 내장되어 있어 냉기를 직접 전달하는 방식이다. 직접냉각방식은 간접냉각방식보다 내부 온도가 쉽게 변하지 않고 일정하게 유지된다. 때문에 맛이 쉽게 변하지 않고 오래 보관해야 할 식품에 어울린다. 다만 벽면 전체가 차가워져 성에가 넓은 범위로 생기기 쉬운 단점이 있다. 따라서 성에가 끼지 않도록 자주 제거해야 한다. 그리고 소음이 적고, 전기 사용량도 간냉식에 비해 적다는 장점이 있다.

② 간접냉각방식

냉장고 후면에 냉각기를 설치하여 팬을 돌려 냉기가 구석구석까지 퍼지도록 순환시켜 냉각시키는 방식이다. 간접냉각방식은 냉기가 한 부분에서 발생하고 팬으로 냉기를 순환하는 방식이라 성에가 거의 없다. 하지만 간냉식은 팬이 돌기 때문에 소음이 있고, 문을 여닫을 때 냉기 손실이 크다. 또 팬에 의해 내부 공기가 순환되므로 용기에 보관하지 않는 음식은 표면이 건조해질 수 있다. 대부분의 일반 냉장고나 양문형냉장고는 간접냉각방식이다.

2) 생맥주 기기

우리나라 국민들이 가장 많이 마시는 술은 맥주이다. 맥주는 보리를 발아시켜 맥아로 만든 후 맥아를 분쇄하고 물과 섞어 가열해서 맥즙 만드는 과정을 거친다. 맥즙에 홉(Hop)과 효모를 넣어 발효시킨 뒤 숙성과정을 거치면 맥주가 완성된다. 병맥주와 생맥주의 구분은 살균, 즉 열처리의 여부에 따라 나누어진다. 병맥주는 유통기한이나 보존기간을 늘리기 위하여 살균작업 후에 병입한 것이다. 생맥주는 통 속에 든 것으로 살균작업을 거치지 않아 효모가 살아 있는 자연맥주이다. 맛은 신선하지만 저온에서 운반, 저장해야 하고 빨리 마시지 않으면 매우 상하기 쉽다. 따라서 생맥주는 유통과정이나 영업장에서의 관리상태에 따라 품질과 맛에 큰 영향을 미치기 때문에 신선한 맛을 유지하기 위한 각별한 노력이 필요하다.

생맥주 기기

(1) 생맥주 기기의 구성요소

맥주공장에서 생산되어 알루미늄통에 밀봉된 생맥주는 단시일 내에 판매되어야 한다. 병맥주와 달리 생맥주는 알루미늄통에서 추출하기 위해 탄산가스의 압력을 공급해야 하고 헤드, 냉각기, 탭 등의 기기가 필요하다. 이러한 압력의 관리와 기기의 작동 및 위생관리상태에 따라 생맥주의 탄산가스 함량, 거품, 온도, 신선도 등에 차이가 나서 맛에 영향을 주게 된다. 따라서 생맥주 관련 기기의 세심한 주의가 필요하다.

① 생맥주통

양조장에서 생맥주를 담아 내보낼 때 사용하는 저장용기가 케그(Keg)이다. 1m 정도 높이에, 지름 30㎝ 정도 되는 원통인데 여기에 생맥주가 약 20리터 들어간다. 이 통으로 생맥주를 공급받아 판매하고 다시 공급받는 방식으로 재활용된다. 케그는 스테인리스 강으로 만들어져 녹슬지 않고 약품에도 부식되지 않는다.

> **생맥주통(Keg)의 보관 및 사용방법**
> - 4~6℃의 서늘한 장소나 냉장고에 보관한다.
> - 운반할 때 생맥주통에 무리한 충격을 가하지 않는다.

② 헤드

생맥주통에 부착되는 장비로 피팅(Fitting, 하방출기)에 연결하여 통 내에 탄산가스를 주입하고, 코크를 통해 생맥주를 추출하는 역할을 한다. 맥주 잔류물이나 이물질이 끼지 않도록 항상 청결을 유지한다.

헤드 사용법 및 주의사항
- 생맥주통에 결합하거나 분리할 때 무리한 충격을 가하지 않는다.
- 영업 종료 후 생맥주통에서 헤드를 분리하여 묻어 있는 맥주를 물로 씻어낸다.

③ 탄산가스통

생맥주 추출에 필요한 탄산가스가 들어 있는 용기이다. 탄산가스는 헤드를 통해 생맥주통으로 들어가 생맥주가 나올 수 있도록 밀어주고 생맥주에 소량 포함되어 톡 쏘는 맛을 낸다.

탄산가스 보관방법
- 통은 항상 똑바로 세우고, 영업이 끝나면 메인밸브를 잠근다.
- 주기적으로 가스누출 여부를 비눗방울로 확인한다.
- 직사광선이나 고온을 피하고 충격을 가하지 않는다.

탄산가스통에 달려 있는 게이지의 기능
- 고압계 : 탄산가스통 내부의 압력을 표시
- 저압계 : 생맥주통으로 들어가는 탄산가스의 압력을 표시

게이지 사용방법 및 주의사항
- 탄산가스통(CO_2)에 게이지를 완전하게 결합한 후 밸브를 연다.
- 외부의 충격을 피한다.
- 냉각기 크기에 따라 적정압력으로 조절한다(거품 과다의 원인).

④ 냉각기

상온에서 보관된 생맥주를 급속 냉각시켜 주는 장치이다. 냉각기 내부에 냉각수 탱크를 부착하고 냉각수 온도를 0℃로 설정한다. 냉각수 속으로 생맥주관 내부를 통과하는 생맥주를 순간 냉각하면 4~6℃의 시원한 생맥주가 된다. 냉각기는 소형, 중형, 대형의 3종류가 있다.

⑤ 탭

냉각기에서 냉각된 생맥주를 잔에 따를 수 있도록 조절하는 장치이다. 맥주량 조절기를 적당하게 맞추어 맥주 추출속도를 조절하여 사용한다. 탭 손잡이에 무리한 힘을 가하지 않는다.

생맥주 탭

(2) 생맥주의 품질관리조건

생맥주는 관리상태에 따라 신선도와 맛이 확연하게 달라진다. 주기적으로 생맥주 기기와 관 청소 등 위생관리를 철저히 해야 생맥주 맛이 신선하다.

① 맥주의 신선도

맥주는 신선도가 생명으로 생맥주통은 개봉 후 3일 이내에 판매하고, 30℃ 이하의 서늘하고 그늘진 곳에 보관해야 한다. 살균하지 않은 생맥주의 유통기한은 길어야 5주 정도이다. 살아 있는 효모가 시간이 지나면서 부패하기 때문이다.

② 적정한 탄산가스 압력

탄산가스는 입에 꽉 차는 맛을 느끼게 하는 것으로 탄산가스가 적으면 밋밋하고 싱거운 느낌을 주고, 과다하면 자극적이고 신맛이 나게 된다. 따라서 맥주온도를 측정해 적정한 탄산가스 압력을 설정해야 한다.

③ 생맥주 기기의 청결

신선한 생맥주를 제공하려면 냉각기, 헤드, 호스, 탭(코크) 등의 기기를 주기적으로 깨끗하게 세척해야 한다. 생맥주의 특성상 효모의 변질을 방지하며 호스나 냉각기 라인에 잔류된 맥주 찌꺼기를 제거함으로써 항상 신선한 생맥주를 공급할 수 있다.

④ 잔 청결

맥주잔은 중성세제를 묻힌 세척 솔로 안팎을 잘 닦은 후 흐르는 물로 깨끗하게 헹군다. 세척한 맥주잔은 자연 건조하여 전용 냉장고에 보관하는 것이 가장 바람직하다.

⑤ 생맥주의 안정 및 적정온도

생맥주는 당일에 받아 영업하는 것보다는 전일에 받아 안정시킨 후 사용해야 거품이 적게 발생한다. 마실 때는 맥주의 온도와 거품 유지가 매우 중요하다. 생맥주의 적정온도는 4℃ 안팎이며, 거품은 2대 8의 비율로 잔의 20%를 채우는 것이 가장 이상적이다.

3) 정수기

수질오염과 수돗물에 대한 불신이 증대되면서 이용고객의 위험회피성향이 늘어나 정수기 수요가 증가하고 있다. 정수기란 깨끗하지 않은 물에 녹아 있는 여러 가지 불순물을 제거하는 기구를 말한다. 국내 정수기 시장은 가정 외에 사무실, 공장, 음식점, 학교, 스포츠센터 등으로 이용 장소가 확대되고 있다.

정수기

(1) 정수기의 종류

정수기를 분류하는 기준은 여과방식에 있다. 반투막을 이용하는 역삼투압식 정수기와 불순물을 걸러내기 위해 필터를 사용하는 중공사막식 정수기가 있다.

① 역삼투압식

역삼투압식 정수기는 미세한 반투막(용매는 통과하고 용질은 제거하는 막)에 삼투압의 반대방향으로 강한 압력을 주어 물을 통과시키는 방식을 쓴다. 순수한 물입자 이외의 수돗물 소독제 등 유해물질은 원천 봉쇄되어 거의 증류수에 가까운 깨끗한 물이 된다.

② 중공사막식

중공사막식 정수기는 머리카락 굵기, 즉 1만분의 1의 작은 구멍이 뚫려 있는 필터로 걸러내는 방식이다. 미생물이나 세균을 분리하면서도 미네랄 등은 거르지 않는 게 장점이다. 어떤 방식으로 정수하는지는 정수기 옆면에 표시가 붙어 있다.

(2) 정수기 관리요령

깨끗한 물은 건강과 직결되는 만큼 정수기의 관리가 매우 중요하다. 필터 교체, 배관 내부의 청소, 살균소독 등 정기적인 점검을 해야 한다. 좀 더 세부적으로 살펴보면 다음과 같다.

① 필터 교체시기

정수기의 생명은 필터로 이물질을 걸러내는 역할을 한다. 정수기 필터 교체시기는 배관 오염도에 따라 필터 교체주기도 달라져야 하는데 보통 3개월이다. 그리고 정수기 내의 물이 통과하는 배관을 친환경 이온 살균수로 소독해 주는 것이 좋다.

② 물탱크 청소

직수형 정수기는 물탱크가 없지만 일반 정수기 내부에는 정수된 물을 미리 저장하는 물탱크가 있다. 이 물탱크를 다른 말로 저수조라고도 한다. 물탱크의 저장기능은 장시간 동안 물이 고이게 되어 세균이 번식하거나 물때가 낄 가능성이 있다. 이에 따라 물탱크 청소를 1개월에 한 번 정도 정기적으로 해주어야 한다. 저장탱크의 물을 완전히 배수시키고, 주방세제로 청소한다.

정수기 필터

4) 제빙기(Ice Maker)

제빙기는 대량의 얼음을 만들어주는 기계이다. 주로 얼음이 많이 소비되는 레스토랑 & 바에서 많이 사용하고 있다. 최근 차가운 요리에 필수 영업기기로 자리 잡고 있다. 제빙기의 얼음은 증발기에서 냉매가 기체로 증발하는 과정에서 열을 흡수하고 물이 접촉되는 일련의 과정이 반복되어 얼음이 만들어진다. 수돗물보다는 정수시설을 설치한 물을 제빙기에 연결해서 만들어야 한다. 제빙기는 냉각방식에 따라 다음의 2가지로 구분한다.

제빙기의 내부

(1) 제빙기의 분류

제빙기는 냉각방식에 따라 공랭식과 수랭식으로 나누어진다. 제빙기의 응축기에서 발생한 열을 방출하기 위해 팬 모터가 작동하여 공기로 열을 식혀주는 공랭식과 물을 이용하여 열을 식혀주는 수랭식이 있다.

① 공랭식

공랭식은 냉각팬을 이용하여 뜨거워진 응축기의 열을 공기로 식혀주는 방식이다. 냉각팬을 이용하기 때문에 소음이 많고 다량의 열이 발생한다. 이에 따라 환기가 잘 되는 곳에 설치해야 한다. 그리고 응축기의 먼지 제거와 함께 수시로 청소해 주어야 한다.

② 수랭식

수랭식은 물을 이용하여 열을 식혀주는 방식이다. 공랭식에 비해 소음이 적고 효율성이 높다. 하지만 냉각할 때 물을 이용하기 때문에 수도요금이 공랭식보다 더 많이 나온다.

공랭식과 수랭식의 차이점		
구분	공랭식	수랭식
방식	응축기의 열을 공기로 식혀주는 방식	응축기의 열을 물로 식혀주는 방식
장점	저렴한 가격	소음과 고장이 적음
단점	수랭식에 비해 소음이 큰 편	수도요금이 더 발생함
환경	넓은 공간, 환기가 잘 되는 곳	협소한 공간, 환기가 잘 안 되는 곳

(2) 제빙기의 관리

최근 계절에 관계없이 차가운 디저트 문화를 즐기는 것이 새로운 트렌드가 되고 있다. 이에 따라 제빙기는 사계절 필요한 주방의 필수적인 기기로 자리매김하고 있다. 제빙기의 얼음은 기포가 없고 투명하며, 단단하게 얼린 것이 차가운 온도를 오래 유지해 맛과 향을 지속시킨다. 따라서 제빙기의 청결유지나 일정한 관리가 매우 필요하다.

① 먼저 제빙기의 전원을 끄고 얼음을 모두 퍼낸다. 제빙기 상판을 제거하고 냉각코일 덮개, 얼음 덮개, 코팅철망 덮개, 분사노즐 등을 빼어 브러쉬와 전용약품으로 세척

을 한다. 그리고 제빙기 내부는 부드러운 스펀지에 전용세제를 묻혀 청소를 한다. 환경에 따라 보름이나 한 달에 1회 정도 청소해 주는 게 좋다.

② 공랭식은 주기적으로 응축기의 먼지를 제거해야 한다. 응축기의 먼지를 제거할 때에는 칫솔을 이용하여 위에서 아래 방향으로 쓸어내리듯이 긁어서 털어낸다. 이때 응축기의 핀이 부러지지 않도록 주의한다. 한 달에 1회 정도 청소해 주는 게 좋다.

③ 제빙기는 물을 기계로 끌어올려 얼리기 때문에 급수가 원활하게 이루어져야 한다. 따라서 급수 호스 위에 무거운 물건을 올리거나 호스를 밟으면 급수가 막혀 제빙에 문제가 생기므로 주의한다.

④ 처음에 만들어진 얼음은 버리고 두 번째 얼린 얼음부터 사용하는 것이 위생에 좋다. 자주 사용하는 얼음주걱(Ice Scoop)은 손이 닿기 때문에 제빙기 안에 넣으면 안 되며, 하루 1회 이상 세척해야 한다.

5) 자외선 살균소독기

자외선을 이용하여 식기 등의 주방용품을 살균, 소독하는 기구이다. 건조된 상태에서 소독기를 사용하는 것이 좋다. 자외선 소독기는 식기나 행주, 도마 등을 소독하는데 자연광보다 큰 살균효과를 볼 수 있다.

자외선 살균소독기

6) 포스 시스템(Point of Sales, POS)

상품 판매시점에서 매출금액을 정산해 줄 뿐만 아니라 경영에 필요한 각종 정보와 자료를 수집, 처리해 주는 시스템이다. 포스 시스템을 통해 입력된 각종 매출자료는 매출내역의 집계뿐 아니라, 고객이 선호하는 제품이나 서비스에 대한 선별적인 집계를 비롯한 매출동향 파악, 순위별 메뉴, 재고 및 자재 관리, 각종 입출금 및 거래처 관리, 회원과 종업원 관리 등 경영자에게 필요한 다양한 정보를 제공한다. 그리고 인건비, 자재비, 손실 감소 등 운영자금의 절감효과를 제공하여 매장 운영의 효율성을 향상시킨다.

포스 시스템

3. 시설물의 배치와 활용

효과적인 시설물의 배치는 불필요한 동선을 줄이고 공간을 최대한 활용하면서 적은 노력으로 빠른 시간에 목적하는 제품을 경제적으로 생산할 수 있도록 설비를 배치하는 것을 말한다. 시설물의 배치와 활용은 생산 시스템의 효율성을 높이도록 냉장고, 냉동고, 제빙기, 생맥주 기기, 커피머신, 정수기, 온수기, 씽크대 시설 등의 생산요소와 서비스 시설의 배열을 최적화하는 데 있다.

제3절_ 음료영업장 기구 및 글라스 관리하기

상품생산 활동과정에서 사용하는 기구나 잔은 소중한 자산이므로 주기적으로 관리하고 상태를 점검해야 한다. 그리고 안전한 위생관리와 올바른 세척 및 살균을 하여 용도별로 보관해야 한다.

칵테일 도구

1. 기구 관리

주방의 칼이나 도마, 행주 등 미생물이 번식하기 좋은 환경을 가진 기구들은 세척한 후에 열탕 소독해야 한다. 그리고 바의 각종 기구는 위생적으로 안전하게 관리해야 한다.

건조시킨 식기도구

구분		위생관리	비고
쉐이커 Shaker	열탕소독	주방세제로 씻고 흐르는 물로 헹군 다음 열탕소독 (끓는 물 100℃)하여 건조한다.	소독횟수: 1일 1회 이상
바스푼 Bar Spoon	열탕소독	주방세제로 씻고 흐르는 물로 헹군 다음 열탕소독 (끓는 물 100℃)하여 건조한다.	소독횟수: 1일 1회 이상
지거 Jigger	열탕소독	주방세제로 씻고 흐르는 물로 헹군 다음 열탕소독 (끓는 물 100℃)하여 건조한다.	소독횟수: 1일 1회 이상
스트레이너 Strainer	열탕소독	용수철을 분리해서 세제로 씻고 열탕소독(끓는 물 100℃)한 후에 건조한다.	소독횟수: 1일 1회 이상
푸어러 Pourer	세제세척	주방세제로 세척하고 물로 헹군다.	세제세척: 1일 1회 이상
스퀴저 Squeezer	열탕소독	주방세제로 씻어 열탕소독(끓는 물 100℃)한 후 건 조한다.	소독횟수: 1일 1회 이상
블렌더 Blender	세제세척	주방세제로 세척하고 물로 헹군다.	세제세척: 수시로
스핀들 믹서 Spindle Mixer	세제세척	주방세제로 세척하고 마른행주로 닦는다.	세제세척: 수시로
아이스버킷 Ice Bucket	세제세척	주방세제로 세척하고 물로 헹군다.	세제세척: 1일 1회 이상
얼음집게 Ice Tong	세제세척	주방세제로 세척하고 물로 헹군다.	세제세척: 1일 1회 이상
아이스 스쿠퍼 Ice Scooper	세제세척	주방세제로 세척하고 물로 헹군다.	세제세척: 1일 1회 이상
머들러 Muddler	세제세척	주방세제로 세척하고 물로 헹군다.	세제세척: 수시로
도마 Cutting Board	열탕소독 일광소독	주방세제로 세척하고 열탕소독(끓는 물 100℃ 이 상)한 후 일광에서 건조한다.	소독횟수: 1일 1회 이상
행주 Dish Cloth	열탕소독 일광소독	끓는 물 100℃ 이상에서 30분 이상 삶은 후 일광 에서 건조한다.	소독횟수: 1일 1회 이상
칼 Knife	열탕소독	주방세제로 세척하고 열탕소독(끓는 물 100℃)한 후에 건조한다.	소독횟수: 1일 1회 이상

2. 글라스 관리

깨지기 쉽고 값비싼 글라스 관리는 매우 세심한 주의가 필요하다. 뜨거운 물에 잔을 넣어 소독한 다음 꺼내서 린넨(linen)으로 자국이나 얼룩이 없도록 물기를 제거해서 보관하도록 한다.

바에 설치된 글라스 행거

구분		위생관리
칵테일잔	세제세척 물 세척	• 글라스 랙을 사용하여 식기세척기로 잔을 세척한다. • 용기에 뜨거운 물을 받아 세척된 잔에 수증기를 쏘여 닦는다.
물잔	세제세척 물 세척	• 전용 린넨 타월(Towel)로 감싸 쥐고 잔을 돌려가며 닦는다. • 와인잔은 뜨거운 물로 세척하고 물기를 닦는다. • 글라스 랙을 사용하여 식기세척기로 잔을 세척한다. • 용기에 뜨거운 물을 받아 세척된 잔에 수증기를 쏘여 닦는다. • 전용 린넨 타월(Towel)로 감싸 쥐고 잔을 돌려가며 닦는다. • 와인잔은 뜨거운 물로 세척하고 물기를 닦는다.
와인잔	물 세척	• 글라스 랙을 사용하여 식기세척기로 잔을 세척한다. • 용기에 뜨거운 물을 받아 세척된 잔을 수증기로 쏘여 닦는다. • 전용 린넨 타월(Towel)로 감싸 쥐고 잔을 돌려가며 닦는다. • 와인잔은 뜨거운 물로 세척하고 물기를 닦는다.

3. 기구 & 글라스의 품목별 보관

바에서 사용하는 기구나 글라스는 품목별로 진열 및 보관하여 신속하게 상품을 만들어 고객서비스를 할 수 있어야 한다. 또 적정수량의 기구를 확보하여 효과적으로 유지 및 관리하도록 한다.

세척 후 글라스 랙에 보관

구분	보관방법
기구 & 글라스	• 기구나 글라스는 사용하기 편리한 선반, 진열장, 서랍 공간을 정한다. • 기구나 글라스는 품목별로 구분해서 보관한다. • 기구나 글라스는 먼지가 묻거나 오염이 생기지 않도록 청결하게 보관한다. • 영업 중에 사용한 기구나 글라스는 세척하여 보관한다.

4. 기구 & 글라스의 적정수량 산정

바는 누가, 언제, 어떤 음료를 주문할 것인가를 예측하여 적정량의 재료와 잔을 준비하기가 매우 어렵다. 기본적으로 고객서비스를 위해 일정량의 재고보유가 필수적이지만 운영비용의 최적화라는 측면에서 보면 과다한 재고를 보유하는 것은 기업의 이익을 하락시키는 요소가 된다. 그리고 재고를 많이 보유하는 것은 예상치 못한 고객주문에 즉시 대응할 수 있어서 고객 서비스의 수준을 높이지만 반대로 저장공간 확보와 재고유지를 위한 비용을 증가시킨다. 이에 따라 적정수량의 잔은 고객에게 판매한 과거의 데이터를 기반으로 하거나 좌석 수의 1.5~2배를 기준으로 산정하고 있다.

제4절_ 음료 관리하기

1. 원가관리

원가관리란 원가의 통제를 통하여 합리적으로 원가를 절감하려는 경영기법이다. 통제는 식재료를 구매하여 상품화하고 고객에게 판매되면 분석의 과정을 거쳐 다시 상품화하기 위한 모든 과정을 말한다. 따라서 원가통제는 원가계획에 의하여 결정된 구체안을 실천하는 과정에서 발생하는 관리기능으로, 보통 계획에 의하여 원가의 표준치와 실제치를 비교하고 양자의 차이를 분석함으로써 수행된다. 이렇게 하여 표준원가와 실제원가의 차이를 점차 줄여나가는 과정을 원가관리라고 한다. 결과적으로 식음료 원가관리는 식음료 재료의 흐름에 따라 지속적으로 관리되어야만 소정의 목표를 달성할 수 있다.

원가절감을 위한 관리

1) 구매관리

구매는 판매 또는 조리목적에 필요한 식품을 공급원으로부터 구입하여 관련 주방이나 식재료 창고에 납품하는 일이다. 구매관리는 생산활동에 필요한 품질의 식재료를 최소비용으로 획득하기 위한 관리활동이다. 합리적이고 원활한 생산활동을 위하여 적절한 품질의 식재료 구매, 적정량의 구매, 적정한 시기의 구매, 적정한 가격의 구매, 적절한 공급처의 선정을 목표로 하고 있다. 이러한 구매활동을 통해 원가절감, 양질의 제품생산을 이룰 수 있으며 이는 고객만족에 의한 매출증가를 기대할 수 있게 한다.

식음료의 구매절차	
절차	내용
구매의 필요성 인식 ↓	• 구매업무의 출발단계 • 구매청구서 작성 → 특정 품목이나 소요량 파악 • 총괄적 물품소요량에 대한 서류작성
물품요건의 기술 ↓	• 구매대상 품목에 대한 정확한 기술 　– 개인적 지식, 과거의 기록자료, 상품 안내책자 활용 • 오류발생 방지 → 비용발생 억제 → 영업기회 상실 방지
거래처 설정 ↓	• 시장조사 → 가격, 공급시장의 여건 • 견적서 접수
구매가격 결정 ↓	• 최소비용, 최고품질 • 생산성과 수익성 고려
발주 및 주문에 대한 사후 점검 ↓	• 주문은 서류작성이 원칙 • 주문서 사본작성 → 검수부, 회계부, 물품사용부서, 재고관리부서 • 주문서 도착확인 → 적시 공급
송장의 점검 ↓	• 주문내용과 송장내용 비교 → 물품내역, 가격 • 송장의 내용과 검수부의 수령내용과 비교
검수작업 ↓	• 구매부서에 의한 현물 확인, 대조 • 주문내용에 대해 발생된 차질의 처리 및 반품 • 검수일지 작성(수령일보) 서류 작성 • 입고 확인
기록 및 기장정리	• 구매내용의 정리, 보관 　– 주문서 사본, 구매청구서, 물품인수 장부 또는 반품에 대한 보고기록

자료: 김현중, "호텔 식자재 재고관리에 관한 연구", 경기대학교 석사학위논문, 2003.

2) 검수관리

검수란 배달된 물품의 규격, 수량, 품질 따위를 검사한 후 물건을 받는 것을 말한다. 검수는 구매부서에서 물건을 보내달라고 주문한 발주서와 공급업체가 보내온 송장 및 납품되는 식재료를 비교하여 일치하는지를 확인한다. 송장과 불일치한 사항이 있으면 반품 또는 부분 수납하고, 신용전표를 작성하여 배달자와 검수자가 각각 서명한다. 검수를 거친 음료는 대부분 저장고에 입고되는 것을 원칙으로 하고 있다. 검수관리의 목적은 다음과 같다.

① 물품의 규격 및 수량 확인
② 물품의 품질검사(용도, 크기, 중량, 신선도, 유통기간 등)
③ 상품에 대한 설명(생산지, 등급, 포장재료, 스타일, 브랜드명 등)

3) 입고관리

음료의 효율적인 관리를 위해 입고된 모든 음료는 계속 기록법에 의해 관리된다. 즉 언제, 무엇이, 어디서, 얼마만큼 입, 출고가 되었으며 현재 얼마의 재고가 있다는 것을 기록하는 목록카드이다. 이 카드에 있는 내용을 기초로 하여 각 아이템마다 상, 하한선이 정해져 있고 적정한 재고수준으로 재발주가 이루어진다.

4) 출고관리

저장된 식재료를 사용부서에 공급하는 일련의 과정이다. 레스토랑이나 바에서 식재료 청구서를 작성하여 구매부서로 보내면 저장고의 품목카드에 그 내용이 기록된 후 출고된다. 그리고 판매지점에서의 음료관리는 각 아이템의 파스톡(Par stock) 결정에 의해 이루어진다. 파스톡이란 영업 전에 항상 보유하고 있어야 할 적정 재고량을 말한다. 예를 들어 'A'라는 바에서 10종의 위스키를 판매한다면 다음과 같은 방법으로 출고관리를 효율적으로 할 수 있다.

• 10개 아이템에 대한 파스톡 결정을 한다.
• 각 아이템마다 3병을 파(Par)로 결정한다.

이에 따라 10개 아이템은 영업 전에 항상 3병씩의 적정 재고량을 보유하고 있어야 한다. 그리고 영업 종료 후 음료의 수량을 파악하여 부족한 수량에 대하여 식재료 청구서를 작성한다.

5) 재고관리

재고는 불확실한 수요와 공급을 만족시키기 위한 물품의 적절한 저장과 보관기능을 수행하고 있다. 즉 수요는 필요를 의미하고, 공급은 그 필요를 충족시키는 행위이다. 일반적으로 재고는 기업이 보유하고 있는 제품, 반제품, 원자재 등으로 사용 또는 판매를 위하여 보관 중인 것과 제조과정에 있는 것이 있다.

조리 및 판매에 필요한 재고를 어떤 품목으로 얼마나 보유할 것인가를 결정하고 효과적인 자본효율을 달성할 수 있도록 적정수준을 운영해야 한다. 그리고 구매한 자재는 적기, 적소, 적품으로 공급할 수 있어야 한다. 재고자산은 전체 자산의 상당한 부분을 차지하고 있어 효율적이고 체계적인 관리는 원가를 절감시키는 데 크게 기여할 수 있다.

(1) 재고조사의 목적

식자재의 저장과 보관의 주요 목적은 적정재고를 유지하고, 품질을 보존하여 낭비나 부패에 의한 식재료의 손실을 최소화하는 데 있다. 재고조사(Inventory)는 가능한 정확하게 작성되어 그것을 바탕으로 영업 및 재무상태 파악에 도움을 준다. 또 보유하고 있는 식자재를 품목별로 수량, 상태 및 위치를 정확하게 파악하여 결과를 장부의 기록과 대조하여 차이가 발생된 경우 원인을 규명해야 한다. 일반적으로 재고조사의 목적은 다음과 같다.

저장고에서 재고조사

- 재고조사를 통하여 장부의 내용과 실사 결과가 일치하는지 확인
- 과장(Over Stock), 사장(Dead Stock)되는 재고가 있는지 확인
- 불용재고(Slow Moving Item)가 있는지 확인
- 재고회전율과 잔존일수(또는 재고 보유일수)의 확인

(2) 재고조사방법

재고조사(在庫調査)란 일정시점에 남아 있는 자재(資材)나 재고품을 조사하여 기록상의 재고량과 실제의 재고량을 확인하는 것이다. 재고조사는 매일, 1주일, 1개월 단위

로 실시하고 있다.

① 음료의 재고조사

재고조사는 영업 종료 후 한 달에 한 번 정기적으로 하는 것이 일반적이다. 음료는 비교적 저장기간이 길고 병이나 박스 단위라서 재고조사가 비교적 수월하다. 하지만 잔으로 판매하는 음료의 재고는 메트릭법을 액량온스로 환산하여 재고가치를 평가할 수 있어야 한다.

메트릭법과 액량온스의 환산표		액량온스
1리터	1,000㎖	33.8oz
3/4리터	750㎖	25.4oz
1/2리터	500㎖	17.0oz
1/5리터	200㎖	6.8oz
1/10리터	100㎖	3.4oz
1/20리터	50㎖	1.7oz

자료: 나정기, 식음료원가관리의 이해, 백산출판사.

재고조사는 음료의 품목에 따라 판매량 및 재고량을 정확히 파악하여 목록표에 기재하도록 한다. 목록표 작성은 음료의 재고현황을 효율적으로 관리할 수 있게 하는데 이는 다음과 같은 절차와 방법에 의해 진행된다.

- 위스키A 당일의 기초재고(3병-5온스)를 기록한다.
- 기초재고에서 당일 판매한 양(3병-17온스)을 빼서 기말재고에 기록한다.
- 기초재고에서 저장고로부터 공급받은 양(3병)을 더한다. 당일 판매한 양을 빼서 기말재고에 기록한다.

재고조사의 실례

품목 판매가	용량 원가	기초재고		입고		판매		기말재고	
		병	온스	병	온스	병	온스	병	온스
위스키 A (230,000)	700㎖(23oz) (70,000)	3	5	3	0	3	17	2	11
위스키 B (250,000)	750㎖(25oz) (80,000)	3	11	2	0	1	12	3	24

- 원가율 구하기: 원가/매출액×100

  위스키A 원가: 70,000원, 판매가: 230,000원(1병), 1잔 판매가: 10,000원

  판매원가: 70,000×3.74=261,800원

  매출액: (3×230,000)+(17×10,000)=860,000원

  원가율(%): (261,800÷860,000)×100=30.4(%)

- 원가 인상 시 가격조정

  위스키A 원가율(%): (70,000÷230,000)×100=30.4(%)

  원가 75,000원으로 인상 시 원가율(%): (75,000÷230,000)×100=32.6(%)

  판매원가 조정: 75,000(원가)÷0.3(목표 원가율 30%)=250,000(원)

② 기물 재고조사

사용하는 그릇이나 잔 같은 기물은 깨지거나 금이 가는 등 기물에 대한 손 망실이 발생하게 된다. 따라서 기물 재고는 실제로 조사하여 기물이 얼마나 입고되고 손실되었는지를 평가해야 한다. 일반적으로 손실률은 3~5%를 적정수준으로 평가하고 있다.

$$손실률 = 손실액/매출액×100$$

③ 소모품 재고조사

소모품이란 시간이 흐를수록 가치나 가격이 지속적으로 떨어지는 물건을 말한다. 종이, 볼펜, 연필 따위의 사무용품이나 코스타, 양초, 머들러 등 일상물품 따위가 있다. 이러한 소모품도 재고조사를 통해 관리가 이루어진다.

$$소모품\ 비용률 = 소모품\ 금액 / 매출액 \times 100$$

$$(603,000/50,000,000) \times 100 = 1.2(\%)$$

재고조사의 실례

구분	단위	금액	예상 사용량	전월 재고량	입고량	실제 재고량	사용량	사용원가
종이냅킨	박스	30,000	2	1	2	1	2	60,000
코스타	개	20	2,500	1,000	2,000	600	2,400	48,000
양초	개	200	500	300	500	400	400	80,000
종이백	개	500	20	40	0	10	30	15,000
머들러	개	1,000	500	500	500	600	400	400,000
Total			월 매출액: 50,000,000(원)					603,000

(3) 재고가치의 평가

물품의 구입원가는 구입시기나 구입처에 따라 서로 가격이 다르다. 따라서 저장품의 자산가치 산출은 기업의 특성에 따라 다르게 평가된다. 일반적인 자산평가방식은 다음과 같다.

① 선입선출(First In First Out, FIFO)방법

먼저 입고된 품목이 먼저 출고되는 방법을 적용한 방식이다. 먼저 입고된 품목이 전량 출고될 때까지 그 품목의 입고가격으로 출고원가를 적용하는 방식이다. 이 방식은 식자재의 유통기한, 신선도 유지에서 매우 바람직하다. 그러나 선입, 선출이 지켜지지 않을 때 유통기한을 넘겨 폐기처분하는 경우가 발생하므로 원가상승을 초래할 수 있다.

② 후입선출(Last In First Out, LIFO)방법

나중에 입고된 것이 먼저 출고되는 방식이다. 초기의 재고가 실제 재고이므로 가장 오래된 품목이 재고로 남는 방식이다. 이 방식은 인플레이션이나 물가상승이 될 때 주로 사용한다.

6) 생산관리

여러 가지의 술, 과즙과 향미 등을 혼합하여 칵테일을 만든다. 기호에 따라 맛과 향을 달리하여 독특한 아이디어로 다양한 술을 만들 수 있다. 레스토랑과 바에서 생산이나 판매하는 음료는 병이나 잔을 기준으로 한다. 이것을 표준음료 사이즈 설정이라 하는데 다음과 같은 표준(Standard, 標準)이 있다.

(1) 샷 글라스(Shot Glass)

양주용의 작은 유리잔으로 내부에 눈금이 있는 것과 없는 것이 있다. 눈금이 새겨져 있지 않은 것은 잔의 가장자리를 기준으로 한 잔의 표준이 설정된다.

(2) 지거(Jigger)

칵테일을 만들 때 용량을 재는 기구이다. 장구모양으로 30㎖(1oz), 45㎖(1.5oz) 용량의 두 개의 컵이 마주 붙어 있는 것이 보통이다. 보통 30㎖가 한 잔의 기준이 된다.

(3) 푸어러(Pourer)

용기에 들어 있는 액체를 쏟아내기 위하여 병 입구에 부착시키는 도구이다. 병을 기울이면 정해진 일정한 한 잔의 양이 나오며 주류를 손쉽게 따를 수 있다.

(4) 디스펜서(Dispenser)

주스나 커피머신과 같이 버튼 또는 손잡이 등을 눌러 용기 안에 든 것을 바로 뽑아 쓸 수 있는 도구이다. 한 번 누르면 정해진 한 잔의 양이 나온다.

7) 판매관리

판매가의 산출은 재료의 원가에 일정한 이익을 붙여서 결정한다. 주류의 판매가는 재료의 원가를 판매가의 몇 %로 정할 것인지 목표원가를 설정한 후 판매가를 산출한다. 목표원가를 설정할 때에는 인건비, 일반관리비, 판매경비, 이익 등을 고려하여 배분해야 한다.

예를 들어 판매가를 100%로 하였을 때 인건비 30%, 각종 비용 30%, 이익을 20%로 상정한다면 직접재료의 목표원가는 20%가 된다. 판매가 산출공식은 다음과 같다.[1]

$$판매가격 = 원가 ÷ 목표원가(\%)$$

예를 들어, 위스키 1병의 원가는 50,000원이고, 이 재료비의 목표원가를 판매가의 20%로 정한다면 위스키의 판매가(P)는 얼마인가?

$$P = 50,000 ÷ 20\% = 50,000 ÷ 0.2 = 250,000(원)$$

2. 음료 특성에 맞는 보관

스코틀랜드에서는 위스키를 오크통에서 숙성시킬 때 매년 2~3%씩 줄어드는 현상을 '천사의 몫(Angel's share)'이라고 은유적으로 표현한다. 이는 숙성과정을 거치는 동안 오크통 안에서 위스키가 흡수되는 동시에 증발현상이 일어나기 때문이다. 영업장에서도 위스키를 개봉한 뒤 잘못 보관하면 위스키가 공기 속으로 증발할 수도 있다. 이에 따라 주류를 제대로 보관하면 신선도를 높일 수 있으며, 개봉 후에도 변하지 않은 원래의 맛을 제대로 느낄 수 있다. 이는 주종에 따라 보관하는 방법과 보관온도 역시 다르기 때문이다. 음료 특성에 맞는 효율적인 보관과 관리수칙을 살펴보면 다음과 같다.

1) 이정학, 주류학개론, 기문사, 2004, p. 239.

음료 특성에 맞는 보관방법

구분		보관방법
발효주	포도주	포도주 저장실은 실내온도 10~20℃, 습도는 70%가 적당하다. 햇빛이 들지 않는 서늘한 곳에 보관하는 것이 좋다. 개봉된 화이트와인은 5일, 레드와인은 15일 이내에 소비해야 한다.
	맥주	맥주는 무엇보다 급격한 온도 변화를 주지 않아야 한다. 냉장고에 보관할 때에는 4~10℃를 유지하는 것이 가장 좋다. 햇빛과 같은 직사광선을 피하는 것이 바람직하며, 맥주의 유통기한은 보통 3개월~1년 이내이다.
	막걸리	살균하지 않은 생 막걸리의 유통기한은 10℃에서 약 10일 정도로 유통되며, 살균 막걸리는 6개월에서 1년 정도이다.
	청주	냉장보관이 좋으며 개봉 후에는 산화가 진행되므로 가급적 빠른 시일 내에 소비해야 한다. 통풍이 잘 되는 곳에 보관해야 하며 제조일로부터 6개월~1년 이내이다.
증류주	위스키	위스키는 병뚜껑에 따라 보관하는 방법이 다르다. 위스키의 병뚜껑은 구알라 캡(위조방지를 위한 캡), 트위스트 캡, 코르크로 나뉜다. 따라서 코르크가 젖어 있도록 한 달에 한 번 5분 정도 병을 눕혀주면 좋다. 위스키를 개봉한 뒤 잘못 보관하면 위스키가 증발할 수도 있다. 따라서 햇빛이 들지 않는 서늘한 곳에 보관하는 것이 좋다.
	브랜디	일반적으로 위스키나 브랜디 등의 증류주는 정해진 유통기한이 없다. 잘 밀봉된 상태에서 직사광선 또는 고온에 노출되지 않으면 오랫동안 보관할 수 있다. 하지만 개봉한 제품은 6개월 이내에 소비하는 것이 좋다.
	화이트 스피리츠	화이트 스피리츠(White Spirits)는 보드카, 진, 럼, 테킬라 등의 백색 증류주를 가리킨다. 칵테일 문화의 확산으로 시장이 확대되는 분야이다. 햇빛이 들지 않는 서늘한 곳에 보관해야 하며 개봉한 제품은 6개월 이내에 소비하는 것이 좋다.
	소주	소주는 다른 술에 비해 개봉한 후에는 빨리 마시는 것이 가장 좋다. 개봉한 소주는 냉장고에 거꾸로 세워놓는 것이 좋다. 소주에 남아 있는 알코올의 증발을 최소화시키는 방법이다.
혼성주	베일리스 아이리쉬 크림	위스키에 크림을 첨가한 리큐르이다. 유통기한은 2년으로 직사광선을 피하고 서늘한 곳에 보관하는 것이 좋다. 개봉한 것은 냉장보관하고, 가급적 6개월 이내에 소비하는 것이 좋다.
	아드보 카트	브랜디에 허브와 노른자위가 배합된 리큐르이다. 개봉한 것은 냉장보관하고, 가급적 6개월 이내에 소비하는 것이 좋다. 먹기 전에 잘 흔들어야 한다.

Carte des
Vins

Wine list
·
Carta de vinos
·
Weinkarte

■ 용어해설

■ 국가기술자격 실기시험문제

■ 국가기술자격검정 필기시험문제

용어
해설

A · B

Advocaat(아드보카트): 브랜디에 달걀 노른자, 설탕, 바닐라향을 배합하여 만든 네덜란드산 식후주의 리큐르로 에그 브랜디(Egg Brandy)라고도 한다.

Aging(숙성): 와인을 발효시킨 후 오크통이나 병에서 와인이 익어가는 과정이다.

A·O·C(Appellation d'Origine Controlee): 원산지 통제명칭으로 와인의 산지, 포도 품종, 와인 양조방법, 알코올 도수, 포도나무 심는 방법, 가지치기, 관할구역, 포도수확량, 숙성조건 등을 규제하는 프랑스의 최상급와인이다. 독일에서는 QmP, 이탈리아에서는 DOCG가 최상급 와인이다.

Aperitif(아페리티프): 식사 전 식욕을 돋우기 위해 마시는 음료를 총칭한다. 벌무스(Vermouth), 비터스(Bitters), 캄파리(Campari), 칵테일에는 마티니(Martini) 등이 있다.

Aquavit(아쿠아비트): 스웨덴의 전통주이지만 노르웨이·덴마크 등 다른 스칸디나비아반도 국가에서도 즐겨 마신다. 감자를 주원료로 사용한 것은 18세기부터이다. 색깔이 없고 투명하다. 보통 매우 차게 하여 스트레이트로 마신다.

Aroma(아로마): 포도 품종에서 나오는 과일, 채소, 향신료, 꽃 향을 말한다.

Baileys Irish Cream(베일리스 아이리쉬 크림): 아일랜드의 수도 더블린산의 베일리스 아이리쉬 크림은 아이리쉬 위스키에 크림, 카카오를 배합하여 만든 감미로운 맛의 리큐르이다.

Balance(밸런스): 와인을 평가할 때 사용되는 용어로 당도, 산도, 타닌, 알코올 도수와 향이 좋은 조화를 이루는 맛을 '밸런스가 있다'고 표현한다.

Base(베이스): 칵테일을 만들 때 가장 바탕이 되는 밑술을 말한다. 보통 '기주(基酒)'라고도 한다. 예를 들어 '맨해튼'은 위스키가 바탕이 되므로 '위스키 베이스 칵테일'이라고 한다.

Bitters(비터스): 쓴맛을 내는 약(향료와 함께)을 배합한 술이다. 앙고스투라 비터스(Angostura Bitters)가 세계적으로 유명하며 칵테일용의 상비품이다. 오렌지 비터스는 쓴 귤껍질의 엑기스를 뽑은 것으로, 쓴맛 이외에 오렌지의 향미가 있다.

Blush Wine(블러시 와인): 적포도의 진판델 품종으로 만든 것으로, 로제와 화이트의 중간색인 옅은 핑크색을 띤다. 가벼운 단맛과 풍부한 과일향이 특징이며, 캘리포니아의 화이트 진판델이 인기가 있다.

Bodega(보데가): 스페인어로 와인 저장고를 뜻한다.

Body(보디): 입 안에서 느껴지는 와인 맛의 진한 정도와 농도 혹은 질감의 정도를 표현하는 와인 용어이다. 보디가 있는 와인은 알코올이나 당분이 더 많은 편이다.

Bordeaux(보르도): 프랑스의 남서부 대서양 연안에 위치하며 최고급 포도주가 생산되는 지방이다. 특히 메독, 그라브, 소테른, 생 테밀리옹, 포므롤 지구 등이 유명하다.

Bourbon Whisky(버번위스키): 버번이란 켄터키주(州)의 군(郡) 이름으로 19세기 초에 이 지방을 개척한 농민들은 대개 농장 안에 소형 증류기를 갖추어 놓고 위스키를 증류하였다.

Bourgogne(부르고뉴): 보르도 지방과 함께 프랑스의 2대 와인산지이다. 영어로는 버건디(Burgundy)라 불린다. 특히 샤블리, 코트 도르, 코트 샬로네즈, 마코네, 보졸레 지구가 유명하다.

Bouquet(부케): 와인이 발효, 숙성에 의해 생기는 와인의 복합적인 향을 말한다.

Brandy(브랜디): 포도주를 증류하여 만든 술이다. 코냑과 알마냑이 대표적인 2大 브랜디이다.

Breathing(브리딩): 와인 코르크를 뽑아 오픈한 후 와인이 공기와 접촉하는 상태를 말한다. 타닌의 맛이 강한 레드와인은 보통 마시기 1시간 전이 가장 좋다. 화이트는 마시기 직전에 오픈하여 브리딩한다.

Brut(브뤼): 단맛이 거의 없는 가장 드라이한 샴페인이다. 반대개념으로 Doux(두)는 단맛의 샴페인이며, Sec(섹)은 약간 드라이한 맛이다.

C

Campari(캄파리): 비터(Bitter, 쓴맛의 약초 풍미)계의 리큐르이다. 주홍빛의 캄파리는 쌉쌀한 쓴맛과 상쾌한 감미가 특징으로 오렌지와 소다수 등으로 혼합하여 식전주로 마신다.

Carafe(카라페): 도자기 또는 유리로 만든 병 모양의 용기이다.

Cellar(셀러): 프랑스에서는 카브(Cave)라고 하며, 발효가 끝난 와인을 숙성하기 위해 보통 지하에 만든 장소를 말한다. 보통 와인 보관하는 냉장고를 포함시키고 있다.

Champagne(샴페인): 프랑스 샹파뉴(Champagne) 지방에서 생산되는 대표적인 발포성 와인이다. 협정에 의해 다른 나라에서 생산되는 발포성 와인은 샴페인이라 부를 수 없다.

Chaser(체이서): 독한 술을 마신 후 입가심으로 마시는 물이나 탄산수이다.

Chateau(샤토): 원래 사전적 의미로는 중세기 때 지어진 '성(城)'을 뜻하지만 와인과 관련해서는 포도원이라는 의미로 사용된다.

Claret(클라렛): 프랑스 보르도 지방의 레드와

인을 영어권 나라에서 지칭하는 말이다.

Climat(클리마): 프랑스어로 기후, 풍토라는 뜻이지만 부르고뉴에서는 특정 포도밭을 뜻한다.

Clos(클로): 프랑스 부르고뉴 지방의 '담으로 둘러싸인 포도밭'에서 나온 말로 현재는 고급 포도원을 뜻한다.

Commune(코뮌): 프랑스 포도생산지의 최소 지방자치단위를 말한다.

Compound Liquor(혼성주): 증류주에 식물성 향미성분을 배합하고 다시 착색료, 감미료 등을 첨가하여 만든 술의 총칭이다. 원료에 따라 약초, 향초계, 과실계, 종자계, 특수계 등이 있다.

Cordial(코디얼): 영, 미인들이 호칭하는 리큐르의 다른 표현이다.

Cork(코르크): 코르크는 참나무 계통의 나무로 탄성(彈性)이 좋아 와인 병마개로 매우 적합하며, 수명은 30년 정도이다.

Corkage Charge(코키지 차지): 고객이 휴대한 술이나 음료를 마실 경우 이를 서비스해 주는 대가로 고객이 지급하는 요금을 말한다.

Coaster(코스터): 음료를 제공할 때 글라스나 컵의 받침대로 사용되는 소품이며, 주로 두꺼운 종이나 코르크 제품 등이 사용된다.

Cru(크뤼): 와인의 특정 생산지를 가리키는 프랑스 용어로 '크뤼 클라세' 같은 와인 품질등급에도 사용된다.

Cuvee(쿠베): 프랑스어로 와인을 발효 혹은 블렌딩하는 탱크이다.

D

Dash(대시): 맨해튼, 마티니 등의 칵테일에 쓴맛이 나는 약주를 한 방울 떨어뜨리는 것을 말한다.

Decanting(디캔팅): 주로 레드와인을 마시기 전, 병에 있는 침전물을 없애기 위해 깨끗한 용기(Decanter)에 와인을 옮겨 따르는 것을 말한다.

Distilled Liquor(증류주): 발효주를 증류시켜 알코올 도수를 높인 술이다. 위스키, 브랜디, 진, 럼, 보드카, 테킬라 등이 있다.

D·O·M(디오엠): Deo, Optimo, Maximo의 약어로 베네딕틴(Benedictine)의 별칭이며 '최선 최대의 신에게 바친다'라는 뜻의 라틴어이다.

Domaine(도멘): 프랑스어로 소유지, 영지의 뜻이다. 주로 부르고뉴 지방의 와인 제조업체를 뜻하는 용어이다.

Drop(드롭): 칵테일 조주 마지막에 비터스를 한 방울 떨어뜨리는 것을 말하며, 대시(Dash)와는 구별해서 쓴다.

Dry(드라이): 와인의 맛을 표현할 때 '달지 않다'는 뜻으로 와인에 단맛이 거의 느껴지지 않는 상태를 말한다.

E · F · G · J

Eau de Vie(오드비): 생명의 물(Water of Life) 이라는 뜻으로 프랑스의 브랜디를 말한다.

Fermented Liquor(발효주): 발효주는 과일에 함유되어 있는 과당을 발효시키거나 곡류에 함유되어 있는 전분을 당화하여 효모의 작용으로 1차 발효시켜 만든 알코올성 음료를 말한다. 포도주, 맥주, 청주, 탁주, 소흥주 등이 있다.

Float(플로트): 술을 직접 혼합하지 않고, 비중을 이용하여 띄우는 조주기법을 말한다.

Frost(프로스트): 글라스의 표면을 서리 모양으로 하얗게 장식한다는 의미이다. 일본에서는 '스노 스타일'이라고도 한다.

Gin(진): 주정에 주니퍼베리(Juniper Berry, 두송나무 열매)를 넣고 증류하여 만든 술이다. 네덜란드어 Geneva의 변형이 되었다.

Ginger Ale(진저에일): 탄산수에 생강(Ginger)으로 맛을 들인 달콤한 청량음료로 칵테일의 부재료로 많이 쓰인다.

Grand Cru(그랑크뤼): 프랑스의 AOC 안에서 생산되는 최고급와인의 품질을 구분하기 위한 순위등급으로 각 지역마다 등급규정이 조금씩 다르다.

Jug Wine(저그 와인): 1.5ℓ 크기 혹은 이보다 더 큰 와인 용기에 담아서 적당한 가격으로 파는 와인들에 대한 총칭이다.

L · M · N

Liqueur(리큐르): 증류주에 식물성 향미 성분을 배합한 술을 말한다.

Maceration(침용): 프랑스어로 마세라시옹이라고 한다. 발효 전, 후와 도중에 포도껍질과 포도즙을 일정시간 함께 담가 색깔과 향기, 맛을 추출해 내는 과정을 말한다.

Meritage(메리티지): 프랑스 보르도 지방산 포도를 적당한 비율로 섞어 양조한 것으로 캘리포니아의 최상품와인에 해당된다.

Muddler(머들러): 플라스틱 제품의 긴 막대로 과일즙을 내거나 내용물을 휘저어 풀 때 사용된다. 모양과 재질이 다양하지만 간단한 디자인의 플라스틱 제품이 많다.

Negociant(네고시앙): 와인 상인이나 중간제조업자로 와인을 구입하여 숙성, 블렌딩한 후 병입하여 판매한다.

Noble Rot(귀부현상): 청포도의 껍질에 생성되는 곰팡이로 인한 귀부현상(피막을 녹여 과즙의 수분이 증발되어 당분이 농축된 포도)이 양질의 달콤한 화이트와인을 생산한다.

O · P

Oak(오크): 와인을 숙성할 때 사용하는 배럴(Barrel, 통)을 만드는 나무의 종류이다. 오크통에서 숙성된 와인은 타닌과 바닐라향을 느낄 수 있다.

Off Dry(오프 드라이): 드라이한 맛의 와인에 속하지만 전반적인 부드러운 풍미로 인해 와인이 덜 드라이하게 느껴진다는 표현이다.

Ounce(온스): 소주잔 한 잔 분량으로 1온스 (Ounce, oz)는 약 30㎖이다.

Peel(필): 레몬이나 오렌지 과일의 껍질을 이르는 말로 칵테일의 장식으로 사용한다.

Phylloxera(필록세라): 포도나무 뿌리에 살고 있는 미세한 진딧물로 뿌리의 진액을 빨아 먹고 산다. 19세기 후반에 유럽의 포도나무를 황폐화시킨 적이 있다.

Polyphenol(폴리페놀): 와인에서 생기는 화학적인 성분으로 떫은맛, 쓴맛, 입안이 마르는 듯한 느낌을 준다. 폴리페놀은 포도의 씨와 껍질의 색소에 함유되어 있으며, 혈중 콜레스테롤을 낮게 해주는 작용도 한다.

Proof(프루프): 증류주의 알코올 함량을 나타내는 단위로 사용되고 있다. 우리나라 알코올 도수 2배(86프루프는 43도)에 해당된다.

R · S · T

Recipe(레시피): 음식이나 음료를 만들 때 필요한 재료의 양을 정한 것이다.

Rum(럼): 당밀이나 사탕수수를 증류하여 만든 술이다. 색으로 분류하면 화이트와 골드, 다크 등 세 가지 유형으로 나눌 수 있다.

Sake(사케): 원래 일본에서 술을 총칭해서 쓰는 말이다. 하지만 최근에는 위스키나 와인, 맥주 등과 같이 일본 술이라는 뜻으로 보통 명사화되었다. 사케는 '니혼슈(日本酒)'라고도 하는데, 쌀로 빚은 일본식 청주를 말한다.

Semi Sweet(세미 스위트): 부드러운 단맛이 약간 느껴지지만 무겁거나 진하지 않은 정도의 감미로 화이트, 로제, 발포성 와인 등에 주로 많다.

Sherry(쉐리): 스페인산 백포도주이며 주로 식사 전에 마시는 18% 정도의 주정강화 와인이다. 포르투갈산 포트, 마데이라와 함께 3대 주정강화 와인이다.

Single(싱글): 술의 용량을 나타내는 것으로 30㎖를 말한다. 더블은 그 2배이다.

Slice(슬라이스): 레몬이나 오렌지와 같은 과일을 얇게 썬 것을 말한다.

Snow Style(스노 스타일): 칵테일 장식의 한 방법으로 글라스의 가장자리에 레몬즙을 묻히고, 설탕이나 소금을 찍어내는 방법을 말한다.

Sommelier(소믈리에): 레스토랑에서 와인을 관리하고 제공하는 서비스 제공자로, 와인과 요리에 대한 폭넓은 지식과 안목을 갖추어야 한다.

Sparkilng Wine(스파클링 와인): 스파클링 와인은 지역이나 국가에 따라 이탈리아는 스푸만테(Spumante), 스페인은 카바(Cava), 독일은 젝트(Sect)라고 한다.

Spirits(스피리츠): 독한 술 주정제(酒精製)의 뜻을 포함한 증류주(위스키, 브랜디, 럼, 진, 보드카 등)의 총칭이다.

Stemmed Glass(스템드 글라스): 줄기가 달린 종류의 글라스로 와인, 칵테일, 리큐르 등이 해당된다. 스템드 글라스는 반드시 줄기를 잡고 서빙해야 한다.

Strainer(스트레이너): 믹싱글라스에서 만들어진 칵테일을 글라스에 따를 때 얼음을 걸러주는 역할을 하는 기구이다. 주로 스테인리스 제품이 많다.

Sweet(스위트): 달콤한 맛의 와인으로 레드보다는 화이트에 많으며, 짙은 노란빛을 많이 띤다. 프랑스의 소테른, 독일과 캐나다의 아이스와인, 헝가리의 토카이, 신세계의 레이트 하비스트 등이 있다.

Table Wine(테이블와인): 일반적으로 음식과 함께 마시는 와인으로, 거품이 없는 레드, 화이트, 로제 와인 등이 있다.

Tannin(타닌): 자연적인 폴리페놀 물질로 쓴 맛 혹은 수렴성이 있어 입안에서 떫은맛을 느끼게 하는 물질이다.

Tequila(테킬라): 용설란(Agave)을 증류해서 만든 멕시코의 국민주이다. 화이트와 골드가 있다.

Terroir(테루아): 포도 재배에 영향을 미치는 자연환경의 요소를 말한다. 즉 토양, 기후, 강수량, 일조량, 풍향 등 와인을 재배하기 위한 제반 자연조건을 총칭한다.

Tinto(틴토): 스페인, 포르투갈에서 레드와인을 가리킨다.

Tonic Water(토닉워터): 소다수에 키니네, 레몬, 라임, 오렌지 등 과피의 엑기스와 당분을 배합한 것이다.

Topping(토핑): 나무통에서 숙성 중인 와인은 그 양이 조금씩 감소하기 때문에 정기적으로 빈 공간을 동일한 와인으로 가득 채워주는 작업을 말한다.

Tumbler(텀블러): 손잡이가 달리지 않은 글라스이다.

Twist(트위스트): 과일의 안쪽부분을 제거하고 껍데기만 꼬아 놓은 상태이다. 주로 레몬과 오렌지 등을 많이 사용한다.

V · W · Y

VAT(배트): 위스키 등을 숙성시킬 때 사용하는 큰 나무통을 말한다.

Vendemmia(벤뎀미아): 이탈리아어로 빈티지 와인을 뜻한다.

Vermouth(벌무스): 화이트와인에 약초, 강장제로 맛을 내고, 알코올 도수를 높인 것으로 드라이(Dry)한 맛과 달콤한 맛(Sweet) 등이 있다.

Vichy Water(비시수): 프랑스 중부의 알리에(Allier) 지역에서 용출되는 광천수이다.

Vieilles Vignes(비에유 비뉴): 프랑스어로 오래된 포도나무를 뜻한다. 오래된 나무라고 반드시 좋은 와인이 되는 것은 아니지만 상징적인 의미를 포함하고 있다.

Vienna Coffee(비엔나 커피): 비엔나는 오스트리아의 수도이다. 휘핑크림을 만년설처

럼 얹은 커피이다.

Vin(뱅): 프랑스에서의 와인(Wine)을 말한다.

Vin Blanc(뱅 블랑): 프랑스어로 백포도주 (White Wine)를 뜻한다.

Vinho(비뉴): 포르투갈어로 일반 테이블 와인 을 뜻한다.

Vinification(비니피카시옹): 와인 제조를 뜻한 다.

Vintage(빈티지): 포도 수확연도를 말한다. 매 년 기후조건이 다르기 때문에 빈티지에 따 라 포도의 품질도 달라진다.

Vintage Chart(빈티지 차트): 포도주의 생산 연도를 알기 쉽게 표시해 놓은 도표이다.

Vodka(보드카): 감자, 옥수수, 호밀, 보리 등 의 곡류를 증류해서 만든 러시아의 국민주 이다.

Wash(워시): 효모가 첨가되어 발효가 시작되 거나 끝난 상태의 발효액을 말한다.

Whisky(위스키): 옥수수, 귀리, 밀, 보리 등의 곡류를 증류하여 만든 술이다. 4大 위스키 로 스카치, 아이리쉬, 아메리칸, 캐나디안 등이 있다.

Wild Yeast(와일드 이스트): 야생효모, 포도껍 질에 묻어 있거나 흙, 공기 중에 분포되어 있다.

Wine Cellar(와인 셀러): 포도주(Wine) 저장 실을 뜻한다.

Wine Cradle(와인 크레이들): 레드와인을 서 브할 때 사용하는 것으로 와인을 뉘어 놓 은 손잡이가 달린 와인 바구니이다.

Wine Decanting(와인 디캔팅): 와인과 침전 물을 분리하는 작업이다.

Wine Tasting(와인 테이스팅): 테이스팅의 포 인트는 색, 향, 맛 등의 세 가지 요소를 최 대한 감상하고 느끼는 것이다.

Winery(와이너리): 와인을 만드는 포도원 또 는 양조장을 말한다. 프랑스의 보르도는 샤토(Chateau), 부르고뉴는 도멘(Domaine) 이라고 한다.

Worcestershire Sauce(우스터소스): 한국의 간장과 비슷한 서양의 조미료이다.

Wort(워트): 맥아즙(麥芽汁)을 뜻한다.

Yeast(이스트): 살아 있는 단세포 미생물로 자 라면서 음식의 성분을 알코올과 이산화탄 소로 변화시킨다. 이 같은 특성의 이스트 (Yeast)가 양조발효, 포도주 발효, 빵 발효 에 쓰인다.

Young Wine(영와인): 포도주를 단기간 발효, 숙성시켜서 출하하는 와인이다. 프랑스의 보졸레 누보와 같은 와인을 말한다.

국가기술자격 실기시험문제

자격종목	조주기능사	과제명	칵테일

비번호 :

※ 시험시간 : [○표준시간: 7분, ○연장시간: 없음]

1. 요구사항

※ 다음의 칵테일 중 감독위원이 제시하는 3가지 작품을 조주하여 제출하시오.

번호	칵테일	번호	칵테일	번호	칵테일	번호	칵테일
1	Pousse Cafe	11	Whiskey Sour	21	Grasshopper	31	Apricot Cocktail
2	Manhattan Cocktail	12	New York	22	Seabreeze	32	Honeymoon Cocktail
3	Dry Martini	13	Harvey Wallbanger	23	Apple Martini	33	Blue Hawaiian
4	Old Fashioned	14	Daiquiri	24	Negroni	34	Kir
5	Brandy Alexander	15	Kiss of Fire	25	Long Island Iced Tea	35	Tequila Sunrise
6	Bloody Mary	16	B-52	26	Sidecar	36	Healing
7	Singapore Sling	17	June Bug	27	Mai Tai	37	Jindo
8	Black Russian	18	Bacardi Cocktail	28	Pinacolada	38	Puppy Love
9	Margarita	19	Sloe Gin Fizz	29	Cosmopolitan Cocktail	39	Geumsan
10	Rusty Nail	20	Cuba Libre	30	Moscow Mule	40	Gochang

2. 수험자 유의사항

1) 시험시간 전 2분 이내에 재료의 위치를 확인합니다.

2) 감독위원이 요구한 3가지 작품을 7분 내에 완료하여 제출합니다.

3) 검정장시설과 지급재료 이외의 도구 및 재료를 사용할 수 없습니다.

4) 시설이 파손되지 않도록 주의하며, 실기시험이 끝난 수험자는 본인이 가용한 기물을 3분 이내에 세척·정리하여 원위치에 놓고 퇴장합니다.

5) 채점 대상에서 제외되는 경우는 다음과 같습니다.

　가) 오작 :

　　– 3가지 과제 중 2가지 이상의 주재료(주류) 선택이 잘못된 경우

　　– 3가지 과제 중 2가지 이상의 조주법(기법) 선택이 잘못된 경우

　　– 3가지 과제 중 2가지 이상의 글라스 사용 선택이 잘못된 경우

　　– 3가지 과제 중 2가지 이상의 장식 선택이 잘못된 경우

　　– 1과제 내에 재료 선택이 2가지 이상 잘못된 경우

　나) 미완성 : 요구된 과제 3가지 중 1가지라도 제출하지 못한 경우

국가기술자격검정 필기시험문제

2015년도 기능사 일반검정 제2회				수검번호	성명
자격종목 및 등급 (선택분야)조주기능사	종목코드 7916	시험시간 1시간	문제지형별 B		

*시험문제지는 답안카드와 같이 반드시 제출하여야 한다.

1. 매년 보졸레 누보의 출시일은?(2009년 4회)
   ① 11월 1째주 목요일
   ② 11월 3째주 목요일
   ③ 11월 1째주 금요일
   ④ 11월 3째주 금요일

2. 위스키의 제조과정을 순서대로 나열한 것으로 가장 적합한 것은?(2012년 3회)
   ① 맥아－당화－발효－증류－숙성
   ② 맥아－당화－증류－저장－후숙
   ③ 맥아－발효－증류－당화－블렌딩
   ④ 맥아－증류－저장－숙성－발효

3. 샴페인의 발명자는?(2012년 1회)
   ① Bordeaux   ② Champagne
   ③ St. Emilion   ④ Dom Perignon

4. 포도주에 아티초코를 배합한 리큐르로 약간 진한 커피색을 띠는 것은?
   ① Chartreuse   ② Cynar
   ③ Dubonnet   ④ Campari

5. 각 나라별 발포성 와인(Sparkling Wine)의 명칭이 잘못 연결된 것은?(2011년 2회)
   ① 프랑스－Cremant
   ② 스페인－Vin Mousseux
   ③ 독일－Sekt
   ④ 이탈리아－Spumante

6. 혼성주(Compound Liquor)에 대한 설명 중 틀린 것은?(2012년 2회, 2013년 1회)
   ① 칵테일 제조나 식후주로 사용된다.
   ② 발효주에 초근목피의 침전물을 혼합하여 만든다.
   ③ 색채, 향기, 감미, 알코올의 조화가 잘 된 술이다.
   ④ 혼성주는 고대 그리스 시대에 약용으로 사용되었다.

7. 주류의 주정 도수가 높은 것부터 낮은 순서대로 나열된 것으로 옳은 것은?(2012년 3회)
   ① Vermouth＞Brandy＞Fortified Wine＞Kahlua
   ② Fortified Wine＞Vermouth＞Brandy＞Beer

정답 ▶ 1② 2① 3④ 4② 5② 6② 7④

③ Fortified Wine＞Brandy＞Beer＞Kahlua

④ Brandy＞Sloe Gin＞Fortified Wine＞Beer

8. 프랑스의 와인제조에 대한 설명 중 틀린 것은?(2008년 3회)

① 프로방스에서는 주로 로제와인을 많이 생산한다.

② 포도당이 에틸알코올과 탄산가스로 변한다.

③ 포도 발효상태에서 브랜디를 첨가한다.

④ 포도껍질에 있는 천연 효모의 작용으로 발효가 된다.

9. 살균방법에 의한 우유의 분류가 아닌 것은?

① 초저온살균 우유　② 저온살균 우유

③ 고온살균 우유　④ 초고온살균 우유

10. 에스프레소에 우유 거품을 올린 것으로 다양한 모양의 디자인이 가능해 인기를 끌고 있는 커피는?

① 카푸치노　② 카페라테

③ 콘파냐　④ 카페모카

11. 곡물을 만들어 농번기에 주로 먹었던 막걸리는 어느 분류에 속하는가?(2002년 2회, 2010년 3회)

① 혼성주　② 증류주

③ 양조주　④ 화주

12. 다음 중 혼성주에 속하는 것은?

① 글렌피딕　② 코냑

③ 버드와이저　④ 캄파리

13. 꼬냑(Cognac)생산 회사가 아닌 것은?

① 마르텔　② 헤네시

③ 까뮈　④ 화이트 호스

14. 맥주 제조에 필요한 원료가 아닌 것은?(2009년 3회)

① 맥아　② 포도당

③ 물　④ 효모

15. 상면발효가 아닌 것은?(2013년 4회)

① 에일 맥주(Ale Beer)

② 포터 맥주(Porter Beer)

③ 스타우트 맥주(Stout Beer)

④ 필스너 맥주(Pilsner Beer)

16. 차의 분류가 옳게 연결된 것은?(2009년 2회)

① 발효차-얼그레이　② 불발효차-보이차

③ 반발효차-녹차　④ 후발효차-자스민

17. 와인의 등급제도가 없는 나라는?

① 스위스

② 영국

③ 헝가리

④ 남아프리카공화국

18. 독일 와인 라벨 용어는?

① 로샤토　② 트로켄

③ 로쏘　④ 비노

정답 ▶ **8** ③ **9** ① **10** ① **11** ③ **12** ④ **13** ④ **14** ② **15** ④ **16** ① **17** ④ **18** ②

19. 보드카(Vodka)에 대한 설명 중 틀린 것은?(2012년 3회)

① 슬라브 민족의 국민주라고 할 수 있을 정도로 애음하는 술이다.

② 사탕수수를 주원료로 한다.

③ 무색(Colorless), 무미(Tasteless), 무취(Odorless)이다.

④ 자작나무의 활성탄과 모래를 통과시켜 여과한 술이다.

20. 다음의 설명에 해당하는 혼성주를 옳게 열결한 것은?(2013년 1회)

> ㉮ 멕시코산 커피를 주원료로 하여 Cocoa, Vanilla 향을 첨가해서 만든 혼성주이다.
> ㉯ 야생 오얏을 진에 첨가하여 만든 빨간색 혼성주이다.
> ㉰ 이탈리아의 국민주로 제조법은 각종 식물의 뿌리, 씨, 향초 껍질 등 70여 가지의 재료로 만들어지며 제조기간은 45일 걸린다.

① ㉮샤르뜨뢰즈(Charteuse), ㉯시나(Cynar), ㉰캄파리(Campari)

② ㉮파샤(Pasha), ㉯슬로우 진(Sloe Gin), ㉰캄파리(Campari)

③ ㉮칼루아(Kahlua), ㉯시나(Cynar), ㉰캄파리(Campari)

④ ㉮칼루아(Kahlua), ㉯슬로우 진(Sloe Gin), ㉰캄파리(Campari)

21. 증류주가 아닌 것은?

① Light Rum   ② Malt Whisky

③ Brandy   ④ Bitters

22. 다음 중 양조주에 해당하는 것은?

① 청주(淸酒)   ② 럼주(Rum)

③ 소주(Soju)   ④ 리큐르(Liqueur)

23. 커피의 3대 원종이 아닌 것은?

① 피베리   ② 아라비카

③ 리베리카   ④ 로부스타

24. 비알코올성 음료(Non-alcoholic)의 설명으로 옳은 것은?

① 양조주, 증류주, 혼성주로 구분된다.

② 맥주, 위스키, 리큐르(Liqueur)로 구분된다.

③ 소프트드링크, 맥주, 브랜디로 구분된다.

④ 청량음료, 영양음료, 기호음료로 구분된다.

25. 스코틀랜드의 위스키 생산지 중에서 가장 많은 증류소가 있는 지역은?

① 하이랜드(Highland)

② 스페이사이드(Speyside)

③ 로우랜드(Lowland)

④ 아일레이(Islay)

26. 곡류를 발효 증류시킨 후 주니퍼베리, 고수풀, 안젤리카 등의 향료식물을 넣어 만든 증류주는?

① VODKA   ② RUM

③ GIN   ④ TEQUILA

정답 ▶ **19** ② **20** ④ **21** ④ **22** ① **23** ① **24** ④ **25** ② **26** ③

27. 증류주에 대한 설명으로 가장 거리가 먼 것은?

① 대부분 알코올 도수가 20도 이상이다.
② 알코올 도수가 높아 잘 부패되지 않는다.
③ 장기 보관 시 변질되므로 대부분 유통기간이 있다.
④ 갈색의 증류주는 대부분 오크통에서 숙성시킨 것이다.

28. 다음 중 소주의 설명 중 틀린 것은?

① 제조법에 따라 증류식 소주, 희석식 소주로 나뉜다.
② 우리나라에 소주가 들어온 연대는 조선시대이다.
③ 주원료는 쌀, 찹쌀, 보리 등이다.
④ 삼해주는 조선 중엽 소주의 대명사로 알려질 만큼 성행했던 소주이다.

29. 영국에서 발명한 무색투명한 음료로서 키니네가 함유된 청량음료는?(2001년 3회, 2006년 3회, 2009년 2회)

① Cider　　② Cola
③ Tonic Water　　④ Soda Water

30. 다음 중 식전주로 알맞지 않은 것은?

① 쉐리와인　　② 샴페인
③ 캄파리　　④ 칼루아

31. 다음 중 Tumbler Glass는 어느 것인가?(2004년 4회, 2007년 4회, 2011년 1회)

① Champagne Glass ② Cocktail Glass
③ Highball Glass　　④ Brandy Glass

32. 다음 와인 종류 중 냉각하여 제공하지 않는 것은?

① 클라렛(Claret)
② 호크(Hock)
③ 샴페인(Champagne)
④ 로제(Rose)

33. 칵테일을 만들 때, 흔들거나 섞지 않고 글라스에 직접 얼음과 재료를 넣고, 바 스푼이나 머들러로 휘저어 만든 칵테일은?(2012년 1회)

① 스크루 드라이버(Screw Driver)
② 스팅어(Stinger)
③ 마가리타(Margarita)
④ 싱가포르 슬링(Singapore Sling)

34. 와인 마스터(Wine Master) 의미로 가장 적합한 것은?(2008년 4회)

① 와인을 제조 및 저장관리를 책임지는 사람
② 포도나무를 가꾸고 재배하는 사람
③ 와인을 판매 및 관리하는 사람
④ 와인을 구매하는 사람

35. 칵테일에 사용하는 얼음으로 가장 적합한 것은?(2004년 1회)

① 컬러 얼음(Color Ice)
② 가루 얼음(Shaved Ice)
③ 기계 얼음(Cube Ice)
④ 작은 얼음(Cracked Ice)

정답 ▶ 27 ③ 28 ② 29 ③ 30 ④ 31 ③ 32 ① 33 ① 34 ③ 35 ①

36. 조주용 기물 종류 중 푸어러(Pourer)의 설명으로 옳은 것은?

① 쓰고 남은 청량음료를 밀폐시키는 병마개

② 칵테일을 마시기 쉽게 하기 위한 빨대

③ 술병 입구에 끼워 쏟아지는 양을 일정하게 만드는 기구

④ 물을 담아 놓고 쓰는 손잡이가 달린 물병

37. 다음 중 가장 많은 재료를 넣어 만드는 칵테일은?

① Manhattan

② Apple Martini

③ Gibson

④ Long Island Iced Tea

38. 다음 중 Gin Base에 속하는 칵테일은?

① Stinger ② Old-fashioned

③ Dry Martini ④ Side Car

39. 와인 테이스팅(Tasting)방법으로 가장 옳은 것은?(2011년 2회)

① 와인을 오픈한 후 공기와 접촉되는 시간을 최소화하여 바로 따른 후 마신다.

② 와인에 얼음을 넣어 냉각시킨 후 마신다.

③ 와인 잔을 흔든 뒤 아로마나 부케의 향을 맡는다.

④ 검은 종이를 테이블에 깔아 투명도 및 색을 확인한다.

40. 맥주 보관 방법 중 가장 적합한 것은?

① 냉장고에 5~10℃ 정도에 보관한다.

② 맥주 냉장 보관 시 0℃ 이하로 보관한다.

③ 장기간 보관하여도 무방하다.

④ 맥주는 햇볕이 있는 곳에 보관해도 좋다.

41. 주장(Bar)관리의 의의로 가장 적합한 것은?

① 칵테일을 연구 발전시키는 일이다.

② 음료(Beverage)를 많이 판매하는데 목적이 있다.

③ 음료(Beverage)재고조사 및 원가 관리의 우선함과 영업이익을 추구하는데 목적이 있다.

④ 주장 내에서 병(Bottle)서비스만 한다.

42. 올드 패션드(Old Fashioned)잔을 가장 잘 설명한 것은?(2011년 2회)

① 옛날부터 사용한 칵테일 잔이다.

② 일명 온더락 잔이라고도 하며, 줄기(Stem)가 없는 잔이다.

③ 주스를 칵테일해서 마시는 Long Neck Glass이다.

④ 일명 코냑 잔이라고 하고, 튤립형의 줄기(Stem)가 있다.

43. 와인의 적정온도 유지의 원칙으로 옳지 않은 것은?(2012년 2회, 2013년 2회)

① 보관 장소는 햇볕이 들지 않고 서늘하며, 습기가 없는 것이 좋다.

② 연중 급격한 변화가 없는 곳이어야 한다.

③ 와인에 전해지는 충격이나 진동이 없는 곳이 좋다.

④ 코르크가 젖어 있도록 병을 눕혀서 보관하여야 한다.

정답 ▶ 36 ③ 37 ④ 38 ③ 39 ③ 40 ① 41 ③ 42 ② 43 ①

44. 연회(Banquet)석상에서 각 고객들이 마신(소비한)만큼 계산을 별도로 하는 바(Bar)를 무엇이라고 하는가?(2001년 3회)

① Banquet Bar ② Host-Bar
③ No-Host Bar ④ Paid Bar

45. 소서(Saucer)형 샴페인 글라스에 제공되며 Menthe(Green) 1oz, Cacao(White) 1oz, Light Milk(우유) 1oz를 쉐이킹하여 만드는 칵테일은?

① Gin Fizz ② Gimlet
③ Grasshopper ④ Gibson

46. 바 스푼(Bar Spoon)의 용도가 아닌 것은?

① 칵테일 조주 시 글라스 내용물을 섞을 때 사용한다.
② 얼음을 잘게 부술 때 사용한다.
③ 프로팅 칵테일(Floating Cocktail)을 만들 때 사용한다.
④ 믹싱 글라스를 이용하여 칵테일을 만들 때 휘젓는 용도로 사용한다.

47. 다음은 무엇에 대한 설명인가?

음료와 식료에 대한 원가관리의 기초가 되는 것으로서 단순히 필요한 물품만을 구입하는 업무만을 의미하는 것이 아니라, 바 경영을 계획, 통제, 관리하는 경영활동의 중요한 부분이다.

① 검수 ② 구매
③ 저장 ④ 출고

48. 플레인 시럽과 관련이 있는 것은?

① Lemon ② Butter
③ Cinnamon ④ Sugar

49. 볶은 커피의 보관 시 알맞은 습도는?

① 3.5% 이하 ② 5~7%
③ 10~12% ④ 13% 이상

50. 조주기법(Cocktail Technique)에 관한 사항에 해당되지 않는 것은?

① Stirring ② Distilling
③ Straining ④ Chilling

51. 다음 질문에 대답으로 적합한 것은?(2002년 2회)

Are the same kinds of glasses used for all wines?

① Yes, they are.
② No, they don't.
③ Yes, they do.
④ No, they are not.

52. Which drinks is prepared with gin?(2003년 1회)

① Tom Collins ② Rob Roy
③ B&B ④ Black Russian

53. 다음의 __ 에 들어갈 알맞은 것은?(2001년 3회)

This bar _____ by a bar helper every Morning.

① Cleans ② is Cleaned
③ is Cleaning ④ be Cleaned

정답 ▶ **44** ① **45** ③ **46** ② **47** ② **48** ④ **49** ① **50** ② **51** ④ **52** ① **53** ②

54. 다음 대화 중 밑줄 친 부분에 들어갈 B의 질문으로 적합하지 않은 것은?

> G1: I'll have a Sunset Strip. What about you, Sally?
> G2: I don't drink at all. Do you Serve Soft drinks?
> B: Certainly, Madam. _____?
> G2: It Sounds exciting. I'll have that.

① How about a Virgin Colada?

② What about a Shirley Temple?

③ How about a Black Russian?

④ What about a Lemonade?

55. What is the Liqueur on apricot pits base?(2007년 2회)

① Benedictine 　② Chartreuse

③ Kahlua 　④ Amaretto

56. 다음의 ___ 에 들어갈 단어로 알맞은 것은?

> Which one do you like better whisky Brandy?

① as 　② but

③ and 　④ or

57. Which of the following is not compounded Liquor?(2012년 2회, 2013년 1회)

① Cutty Sark 　② Curacao

③ Advocaat 　④ Amaretto

58. 다음 중 brand가 의미하는 것은?

> What brand do you want?

① 브랜디 　② 상표

③ 칵테일의 일종 　④ 심심한 맛

59. Which one is wine that can be served before meal?

① Table wine 　② Dessert wine

③ Aperitif wine 　④ Port wine

60. 다음에서 설명하는 혼성주는?(2010년 5회)

> The great proprietary liqueur of Scotland made of Scotch and heather honey.

① Anisette 　② Sambuca

③ Drambuie 　④ Peter Heering

정답 ▶　54 ④　55 ④　56 ④　57 ①　58 ②　59 ③　60 ③

국가기술자격검정 필기시험문제

2015년도 기능사 일반검정 제4회				수검번호	성명
자격종목 및 등급 (선택분야)조주기능사	종목코드 7916	시험시간 1시간	문제지형별 B		

*시험문제지는 답안카드와 같이 반드시 제출하여야 한다.

1. 음료에 대한 설명 중 틀린 것은?
① 소다수는 물에 이산화탄소를 가미한 것이다.
② 칼린스 믹스는 소다수에 생강 향을 혼합한 것이다.
③ 사이다는 소다수에 구연산, 주석산, 레몬즙 등을 혼합한 것이다.
④ 토닉워터는 소다수에 레몬, 키니네 껍질 등의 농축액을 혼합한 것이다.

2. 우유가 사용되지 않은 커피는?
① 카푸치노(Cappuccino)
② 에스프레소(Espresso)
③ 카페 마키아토(Cafe Macchiato)
④ 카페 라떼(Cafe Latte)

3. 아티초코를 원료로 사용한 혼성주는?
① 운더베르그(Underberg)
② 시나(Cynar)
③ 아메르 피콘(Amer Picon)
④ 샤브라(Sabra)

4. 당밀에 풍미를 가한 석류시럽(Syrup)은?
① Raspberry Syrup ② Grenadine Syrup
③ Blackberry Syrup ④ Maple Syrup

5. 럼(Rum)의 분류 중 틀린 적은?
① Light Rum ② Soft Rum
③ Heavy Rum ④ Medium Rum

6. Dry Wine의 당분이 거의 남아있지 않은 상태가 되는 주된 이유는?(2007년 4회, 2009년 1회)
① 발효 중에 생성되는 호박산, 젖산 등의 산 성분 때문
② 포도 속의 천연 포도당을 거의 완전히 발효시키기 때문
③ 페노릭 성분의 함량이 많기 때문
④ 설탕을 넣는 가당 공정을 거치지 않기 때문

7. 다음 중 양조주가 아닌 것은?
① 그라파 ② 샴페인
③ 막걸리 ④ 하이네켄

정답 ▶ 1 ② 2 ② 3 ② 4 ② 5 ② 6 ② 7 ①

8. 다음중 Gin Rickey에 포함되는 재료는?(2001년 1회)

① 소다수(Soda Water)

② 진저에일(Ginger Ale)

③ 콜라(Cola)

④ 사이다(Cider)

9. 위스키(Whisk)를 만드는 과정이 옳게 배열된 것은?(2001년 1회, 2003년 2회)

① Mashing−Fermentation−Distillation−Aging

② Fermentation−Mashing−Distillation−Aging

③ Aging−Fermentation−Distillation−Mashing

④ Distillation−Fermentation−Mashing−Aging

10. Grain Whisky에 대한 설명으로 옳은 것은?(2001년 1회, 2003년 2회)

① silent spirit라고도 한다.

② 발아시킨 보리를 원료로 해서 만든다.

③ 향이 강하다.

④ Andrew Usher에 의해 개발되었다.

11. 비알코올성 음료에 대한 설명으로 틀린 것은?(2012년 1회)

① Decaffeinated coffee는 caffeine을 제거한 커피이다.

② 아라비카종은 에티오피아가 원산지인 향미가 우수한 커피이다.

③ 에스프레소 커피는 고압의 수증기로 추출한 커피이다.

④ Cocoa는 카카오 열매의 과육을 말려 가공한 것이다.

12. 소주에 관한 설명으로 가장 거리가 먼 것은?

① 양조주로 분류된다.

② 증류식과 희석식이 있다.

③ 고려시대에 중국으로부터 전래되었다.

④ 원료로는 백미, 잡곡류, 사탕수수, 고구마, 타피오카 등이 쓰인다.

13. 로제와인(Rose Wine)에 대한 설명으로 틀린 것은?(2008년 2회, 2001년 4회)

① 대체로 붉은 포도로 만든다.

② 제조 시 포도 껍질을 같이 넣고 발효시킨다.

③ 오래 숙성시키지 않고 마시는 것이 좋다.

④ 일반적으로 상온(17~18℃) 정도로 해서 마신다.

14. Red Bordeaux Wine의 Service 온도로 가장 적합한 것은?

① 3~5℃   ② 6~7℃

③ 7~11℃   ④ 16~18℃

15. Gin에 대한 설명으로 틀린 것은?(2009년 4회)

① 진의 원료는 대맥, 호밀, 옥수수 등 곡물을 주원료로 한다.

② 무색, 투명한 증류주이다.

③ 활성탄 여과법으로 맛을 낸다.

④ Juniper berry를 사용하여 착향시킨다.

정답 ▶ **8** ① **9** ① **10** ① **11** ④ **12** ① **13** ④ **14** ④ **15** ③

16. 다음 중 주 재료가 나머지 셋과 다른 것은?

① Grand Marnier ② Drambuie

③ Triple sec ④ Cointreau

17. 곡류를 원료로 만드는 술의 제조 시 당화과정에 필요한 것은?(2012년 4회)

① Ethyl Alcohol ② CO_2

③ Yeast ④ Diastase

18. 와인의 품질을 결정하는 요소가 아닌 것은?(2012년 5회)

① 환경요소(Terroir)

② 양조기술

③ 포도 품종

④ 제조국의 소득수준

19. 까브(Cave)의 의미는?

① 화이트 ② 지하 저장고

③ 포도원 ④ 오래된 포도나무

20. 다음 중 버번위스키가 아닌 것은?

① Jim Beam ② Jack Daniel

③ Wild Turkey ④ John Jameson

21. 쌀, 보리, 조, 수수, 콩 등의 5가지 곡식을 물에 불린 후 시루에 쪄 고두밥을 만들고 누룩을 섞고 발효시켜 전술을 빚는 것은?(2012년 4회)

① 백세주 ② 과하주

③ 안동소주 ④ 연엽주

22. 위스키의 종류 중 증류방법에 의한 분류는?(2001년 2회)

① Malt Whisky ② Grain Whisky

③ Blended Whisky ④ Patent Whisky

23. 음료류의 식품유형에 대한 설명으로 틀린 것은?(2001년 2회)

① 탄산음료: 먹는 물에 식품 또는 식품 첨가물(착향료 제외) 등을 가한 후 탄산가스를 주입한 것을 말한다.

② 착향 탄산음료: 탄산음료에 식품 첨가물(착향료)을 주입한 것을 말한다.

③ 과실음료: 농축과실즙(또는 과실분), 과실주스 등을 원료로 하여 가공한 것(과실즙 10% 이상)을 말한다.

④ 유산균음료: 유가공품 또는 식물성 원료를 효모로 발효시켜 가공(살균을 포함)한 것을 말한다.

24. 나라별 와인을 지칭하는 용어가 바르게 연결된 것은?

① 독일 – Wine ② 미국 – Vin

③ 이탈리아 – Vino ④ 프랑스 – Wein

25. 차에 들어있는 성분 중 타닌(Tannic Acid)의 4대 약리작용이 아닌 것은?

① 해독작용 ② 살균작용

③ 이뇨작용 ④ 소염작용

정답 ▶ 16 ② 17 ④ 18 ④ 19 ② 20 ④ 21 ③ 22 ④ 23 ④ 24 ③ 25 ③

26. 우리나라 민속주에 대한 설명으로 틀린 것은?(2012년 4회)

① 탁주류, 약주류, 소주류 등 다양한 민속주가 생산된다.

② 쌀 등 곡물을 주원료로 사용하는 민속주가 많다.

③ 삼국시대부터 증류주가 제조되었다.

④ 발효제는 누룩만을 사용하여 제조하고 있다.

27. 일반적으로 Dessert Wine으로 적합하지 않은 것은?

① Beerenauslese ② Barolo

③ Sauternes ④ Ice Wine

28. 다음의 제조방법에 해당되는 것은?

> 삼각형, 받침대 모양의 틀에 와인을 꽂고 약 4개월 동안 침전물을 병 입구로 모은 후, 순간냉동으로 병목을 얼려서 코르크 마개를 열면 순간적으로 자체 압력에 의해 응고되었던 침전물이 병 밖으로 빠져 나온다. 침전물의 방출로 인한 양적 손실은 도자쥬(Dosage)로 채워진다.

① 레드와인(Red Wine)

② 로제와인(Rose Wine)

③ 샴페인(Champagne)

④ 화이트와인(White Wine)

29. 혼성주에 대한 설명으로 틀린 것은?

① 중세의 연금술사들이 증류주를 만드는 기법을 터득하는 과정에서 우연히 탄생되었다.

② 증류주에 당분과 과즙, 꽃, 약초 등 초근목피의 침전물로 향미를 더했다.

③ 프랑스에서 알코올 30% 이상, 당분 30% 이상을 함유하고 향신료가 첨가된 술을 리큐르라 칭한다.

④ 코디얼(Cordial)이라고도 칭한다.

30. 다음 중 보르도(Bordeaux)지역에 속하며, 고급와인이 많이 생산되는 곳은?

① 콜마(Colmar) ② 샤블리(Chablis)

③ 보졸레(Beaujolais) ④ 뽀므롤(Pomerol)

31. 싱가폴 슬링(Singapore Sling)칵테일의 재료로 가장 거리가 먼 것은?(2005년 1회)

① 드라이 진(Dry Gin)

② 체리브랜디(Cherry Flavored Brandy)

③ 레몬주스(Lemon Juice)

④ 토닉워터(Tonic Water)

32. 다음 중 High Ball Glass를 사용하는 칵테일은?(2013년 2회)

① 마가리타(Margarita)

② 키르 로얄(Kir Royal)

③ 씨 브리즈(Sea Breeze)

④ 블루 하와이(Blue Hawaii)

33. Bartender가 영업 전 반드시 해야 할 준비사항이 아닌 것은?

① 칵테일용 과일 장식 준비

② 냉장고 온도 체크

③ 고객 영업

④ 얼음 준비

정답 ▶ **26** ③ **27** ② **28** ③ **29** ③ **30** ④ **31** ④ **32** ③ **33** ③

34. Key Box나 Bottle Member제도에 대한 설명으로 옳은 것은?(2012년 5회)

① 음료의 판매회전이 촉진된다.

② 고정고객을 확보하기는 어렵다.

③ 후불이기 때문에 회수가 불분명하여 자금운영이 원활하지 못하다.

④ 주문시간이 많이 걸린다.

35. 잔 주위에 설탕이나 소금 등을 묻혀서 만드는 방법은?(2002년 5회)

① Shaking   ② Building

③ Floating   ④ Frosting

36. Angostura Bitter가 1dash 정도로 혼합하는 것은?(2009년 4회)

① Daiquiri   ② Grasshopper

③ Pink Lady   ④ Manhattan

37. 재고관리상 쓰이는 용어인 FIFO의 뜻은? (2002년 1회)

① 정기구입   ② 선입선출

③ 임의 추출   ④ 후입선출

38. 서브 시 칵테일글라스를 잡는 부위로 가장 적합한 것은?(2009년 1회)

① Rim   ② Stem

③ Body   ④ Bottom

39. 와인의 보관방법으로 적합하지 않은 것은?(2009년 4회)

① 진동이 없는 곳에 보관한다.

② 직사광선을 피하여 보관한다.

③ 와인을 눕혀서 보관한다.

④ 습기가 없는 곳에 보관한다.

40. 레몬의 껍질을 가늘고 길게 나선형으로 장식하는 것과 관계있는 것은?

① Slice   ② Wedge

③ Horse's Neck   ④ Peel

41. 다음 중 고객에게 서브되는 온도가 18℃ 정도 되는 것이 가장 적당한 것은?

① Whisky   ② White Wine

③ Red Wine   ④ Champagne

42. 와인 서빙에 필요치 않은 것은?(2014년 4회)

① Decanter   ② Cork Screw

③ Stir rod   ④ pincers

43. Corkage Charge의 의미는? (2008년 1회)

① 적극적인 고객유치를 위한 판촉비용

② 고객이 Bottle 주문 시 따라 나오는 Soft Drink의 요금

③ 고객이 다른 곳에서 구입한 주류를 바(Bar)에 가져와서 마실 때 부과되는 요금

④ 고객이 술을 보관할 때 지불하는 요금

44. 칵테일 기법 중 믹싱 글라스에 얼음과 술을 넣고 바 스푼으로 잘 저어서 잔에 따르는 방법은?

① 직접넣기(Building)

② 휘젓기(Stirring)

③ 흔들기(Shaking)

④ 띄우기(Float&Layer)

정답 ▶ **34** ① **35** ④ **36** ④ **37** ② **38** ② **39** ④ **40** ③ **41** ③ **42** ③ **43** ③ **44** ②

45. 다음 중 칵테일 장식용(Garnish)으로 보통 사용되지 않는 것은?(2003년 5회)

① Olive   ② Onion

③ Raspberry Syrup   ④ Cherry

46. 칵테일의 기본 5대 요소와 가장 거리가 먼 것은?(2003년 5회)

① Decoration(장식)   ② Method(방법)

③ Glass(잔)   ④ Flavor(향)

47. 다음 중 소믈리에(Sommelier)의 역할로 틀린 것은?

① 손님의 취향과 음식과의 조화, 예산 등에 따라 와인을 추천한다.

② 주문한 와인은 먼저 여성에게 우선적으로 와인 병의 상표를 보여주며 주문한 와인임을 확인시켜 준다.

③ 시음 후 여성부터 차례로 와인을 따르고 마지막에 그날의 호스트에게 와인을 따라준다.

④ 코르크 마개를 열고 주빈에게 코르크 마개를 보여주면서 시큼하거나 이상한 냄새가 나지 않는지, 코르크가 잘 젖어 있는지를 확인시켜 준다.

48. 다음 중 그레나딘(Grenadine)이 필요한 칵테일은?(2003년 5회)

① 위스키 사워(Whisky Sour)

② 바카디(Bcardi)

③ 카루소(Caruso)

④ 마가리타(Margarita)

49. 맥주를 취급, 관리, 보관하는 방법으로 틀린 것은?

① 장기간 보관하여 숙성시킨다.

② 심한 온도 변화를 주지 않는다.

③ 그늘진 곳에 보관한다.

④ 맥주가 얼지 않도록 한다.

50. 칵테일 제조에 사용되는 얼음(Ice) 종류의 설명이 틀린 것은?

① 쉐이브드 아이스(Shaved Ice) : 곱게 빻은 가루 얼음

② 크랙드 아이스(Cracked Ice) : 큰 얼음을 아이스 픽(Ice Pick)으로 깨어서 만든 얼음

③ 큐브드 아이스(Cubed Ice) : 정육면체의 조각 얼음 또는 육각형 얼음

④ 럼프 아이스(Lump Ice) : 각 얼음을 분쇄하여 만든 콩알 얼음

51. "먼저 하세요"라고 양보할 때 쓰는 영어 표현은?

① Before you, please.

② Follow me, please.

③ After you!

④ Let's go.

52. 아래의 설명에 해당하는 것은?(2008년 5회)

> This complex, aromatic concoction containing some 56 herbs, roots and fruits has been popular in Germany since its introduction in 1878

① Kummel   ② Sloe Gin

③ Maraschino   ④ Jagermeister

정답 ▶ 45 ③   46 ②   47 ②   48 ②   49 ①   50 ④   51 ③   52 ④

53. Which is not Scotch Whisky?

① Bourbon ② Ballantine

③ Cutty Sark ④ V.A.T 69

54. 다음 ( )의 안에 적당한 단어는?

> I'll have a Scotch (㉠) the rocks and Bloody Mary (㉡) me wife

① ㉠ - on, ㉡ - for

② ㉠ - in, ㉡ - to

③ ㉠ - for, ㉡ - at

④ ㉠ - of, ㉡ - in

55. 다음 중 밑줄 친 Change가 나머지 셋과 다른 의미로 쓰인 것은?(2004년 2회, 2013년 1회)

① Do you have change for a dollar?

② Keep the change.

③ I need some change for the bus.

④ Let's try new restaurant for a change.

56. Which one is made with vodka, lime juice, triple sec and cranberry juice?

① Kamikaze ② Godmother

③ Seabreeze ④ Cosmopolitan

57. 다음에서 설명하는 것은?

> A kind of drink made of Gin, brandy and so on sweetened with fruit juice, especially lime.

① Ade ② Squash

③ Sling ④ Julep

58. "이것으로 주세요." 또는 "이것으로 할게요."라는 의미의 표현으로 가장 적합한 것은?(2008년 5회)

① I'll have this one.

② Give me one more.

③ I would like to drink something.

④ I already had one.

59. 다음의 ( )에 들어갈 알맞은 말은?(2005년 2회)

> I am afraid you have the ( ) number.(전화 잘못 거셨습니다.)

① correct ② wrong

③ missed ④ busy

60. 다음 중 Ice bucket에 해당되는 것은?

① Ice Pail ② Ice tong

③ Ice pick ④ Ice pack

정답 ▶ **53** ① **54** ① **55** ④ **56** ④ **57** ③ **58** ① **59** ② **60** ①

국가기술자격검정 필기시험문제

2015년도 기능사 일반검정 제5회				수검번호	성명
자격종목 및 등급 (선택분야)조주기능사	종목코드 7916	시험시간 1시간	문제지형별 B		

*시험문제지는 답안카드와 같이 반드시 제출하여야 한다.

1. 다음 중 쉐리를 숙성하기에 가장 적합한 곳은?

① 솔레라(Solera) ② 보데가(Bodega)

③ 까브(Cave) ④ 플로(Flor)

2. Bourbon Whisky "80proof"는 우리나라 알코올 도수로 몇 도인가?(2004년 2회)

① 20도 ② 30도

③ 40도 ④ 50도

3. 재배하기가 무척 까다롭지만 궁합이 맞는 토양을 만나면 훌륭한 와인을 만들어내기도 하며 Romanee-Conti를 만드는 데 사용된 프랑스 부르고뉴 지방의 대표적인 품종으로 옳은 것은?

① Cabernet Sauvignon

② Pinot Noir

③ Sangiovese

④ Syrah

4. 두송자를 첨가하여 풍미를 나타내는 술은?

① Gin ② Rum

③ Vodka ④ Tequila

5. 맨하탄(Manhattan), 올드 팬션(Old Fashion) 칵테일에 쓰이며, 뛰어난 풍미와 향미가 있는 고미제로서 널리 사용되는 것은?(2003년 1회)

① 클로브(Clove)

② 시나몬(Cinnamon)

③ 앙고스투라 비터(Angostura Bitter)

④ 오렌지 비터(Orange Bitter)

6. 스카치 위스키를 기주로 하여 만들어진 리큐르는?(2004년 5회)

① 샤트루즈

② 드람부이

③ 꼬앙뜨르

④ 베네딕틴

7. 멕시코에서 처음 생산된 증류주는?

① 럼(Rum)

② 진(Gin)

③ 아쿠아비트(Aquavit)

④ 테킬라(Tequila)

정답 ▶ 1 ② 2 ③ 3 ② 4 ① 5 ③ 6 ② 7 ④

8. 스카치 위스키(Scotch Whisky)와 가장 거리가 먼 것은?

① Malt

② Peat

③ Used Sherry Cask

④ Used Limousin Oak Cask

9. 커피(Coffe)의 제조방법 중 틀린 것은?

① 드립식(Drip filter)

② 페콜레이터식(Percolator)

③ 에스프레소식(Espresso)

④ 디캔터식(Decanter)

10. 다음 리큐르(Liqueur) 중 그 용도가 다른 하나는?

① 드람부이(Drambuie)

② 갈리아노(Galliano)

③ 시나(Cynar)

④ 코인트로(Cointreau)

11. 보드카(Vodka)의 생산 회사가 아닌 것은?

① 스톨리치나야(Stolichnaya)

② 비피터(Beefeater)

③ 핀란디아(Finlandia)

④ 스미노프(Smirnoff)

12. 다음 중 영양음료는?

① 토마토 주스　　② 카푸치노

③ 녹차　　④ 광천수

13. 다음에서 설명되는 약용주는?

> 충남 서북부 해안지방의 전통 민속주로 고려 개국공신 복지겸이 백약이 무효인 병을 앓고 있을 때 백일기도 끝에 터득한 비법에 따라 찹쌀, 아미산의 진달래, 안샘물로 빚은 술을 마심으로써 질병을 고쳤다는 신비의 전설과 함께 전해 내려온다.

① 두견주　　② 송순주

③ 문배주　　④ 백세주

14. 샴페인 제조 시 블렌딩 방법이 아닌 것은?

① 여러 포도 품종

② 다른 포도밭 포도

③ 다른 수확연도의 와인

④ 10% 이내의 샴페인 외 다른 지역 포도

15. 감미와인(Sweet Wine)을 만드는 방법이 아닌 것은?

① 귀부포도(Noble rot Grape)를 사용하는 방법

② 발효도중 알코올을 강화하는 방법

③ 발효 시 설탕을 첨가하는 방법 (Chaptalization)

④ 햇볕에 말린 포도를 사용하는 방법

16. 다음 중 비알코올성 음료의 분류가 아닌 것은?(2005년 2회)

① 기호음료　　② 청량음료

③ 영양음료　　④ 유성음료

정답 ▶ **8** ④ **9** ④ **10** ④ **11** ② **12** ① **13** ① **14** ④ **15** ③ **16** ④

17. 레드와인용 포도 품종이 아닌 것은?

① 시라(Syrah)

② 네비올로(Nebbiolo)

③ 그르나쉬(Grenache)

④ 세미용(Semillion)

18. 제조 시 향초류(Herb)가 사용되지 않는 술은?

① Absinthe

② Creme de Cacao

③ Benedictine D.O.M

④ Chartreuse

19. 독일 맥주가 아닌 것은?

① 로벤브로이　　　② 벡스

③ 밀러　　　　　　④ 크롬비허

20. 클라렛(Claret)이란?(2003년 1회)

① 독일산 유명한 백포도주(White Wine)

② 프랑스 보르도 지방의 적포도주(Red Wine)

③ 스페인 헤레스 지방의 포트와인(Port Wine)

④ 이탈리아산 스위트 벌무스(Sweet Vermouth)

21. 맥주를 따를 때 글라스 위쪽에 생성된 거품의 작용과 가장 거리가 먼 것은?

① 탄산가스의 발산을 막아준다.

② 산화작용을 억제시킨다.

③ 맥주의 신선도를 유지시킨다.

④ 맥주의 용량을 줄일 수 있다.

22. 커피의 맛과 향을 결정하는 중요 가공요소가 아닌 것은?(2008년 5회)

① roasting　　　② blending

③ grinding　　　④ weathering

23. 적포도주를 착즙해 주스만 발효시켜 만드는 와인은?

① Blanc de Blanc　② Blush Wine

③ Port Wine　　　④ Red Vermouth

24. 소주의 원료로 틀린 것은?(2011년 4회)

① 쌀　　　　　　② 보리

③ 밀　　　　　　④ 맥아

25. 나라별 와인산지가 바르게 연결된 것은?

① 미국 –루아르　　② 프랑스 –모젤

③ 이탈리아 –키안티　④ 독일 –나파밸리

26. 제조방법상 발효방법이 다른 차(Tea)는?(2012년 5회)

① 한국의 작설차

② 인도의 다르질링(Darjeeling)

③ 중국의 기문차

④ 스리랑카의 우바(Uva)

27. 스카치 위스키의 법적 정의로서 틀린 것은?

① 위스키의 숙성기간은 최소 3년 이상이어야 한다.

② 물 외에 색을 내기 위한 어떤 물질도 첨가할 수 없다.

③ 병입 후 알코올 도수가 최소 40도 이상이어야 한다.

④ 증류된 원액을 숙성시켜야 하는 오크통

정답 ▶　**17** ④　**18** ②　**19** ③　**20** ②　**21** ④　**22** ④　**23** ②　**24** ④　**25** ③　**26** ①　**27** ②

은 700리터가 넘지 않아야 한다.

28. 우리나라의 증류식 소주에 해당되지 않는 것은?

① 안동소주   ② 제주 한주

③ 경기 문배주   ④ 금산 삼송주

29. 다음 중 After Drink로 가장 거리가 먼 것은?(2012년 5회)

① Rusty Nail   ② Cream Sherry

③ Campari   ④ Alexander

30. 다음 중 무색, 무미, 무취의 탄산음료는?

① 칼린스 믹스(Collins Mix)

② 콜라(Cola)

③ 소다수(Soda Water)

④ 에비앙수(Evian Water)

31. Liqueur Glass의 다른 명칭은?(2010년 1회, 2012년 2회)

① Shot Glass   ② Cordial Glass

③ Sour Glass   ④ Goblet

32. 다음의 설명에 해당하는 바의 유형으로 가장 적합한 것은?

> – 국내에서는 위스키 바라고도 부른다. 맥주보다는 위스키나 코냑과 같은 하드리큐르(Hard Liquor) 판매를 위주로 판매하기 때문이다.
> – 칵테일도 마티니, 맨해튼, 올드패션드 등 전통적인 레시피에 좀 더 무게를 두고 있다.
> –우리나라에서는 피아노 한 대로 라이브 음악을 연주하는 형태를 선호하다.

① 째즈 바   ② 클래식 바

③ 시가 바   ④ 비어 바

33. 프로스팅(Frosting)기법을 사용하지 않는 칵테일은?

① Margarita

② Kiss of Fire

③ Harvey Wallbanger

④ Irish Coffee

34. Moscow Mule 칵테일을 만드는 데 필요한 재료가 아닌 것은?

① Rum   ② Vodka

③ Lime Juice   ④ Ginger ale

35. 다음 중 쉐이커(shaker)를 사용해야 하는 칵테일은?(2005년 2회, 2012년 4회)

① 브랜디 알렉산더(Brandy Alexander)

② 드라이 마티니(Dry Martini)

③ 올드 패션드(Old Fashioned)

④ 크렘 드 민트 프라페(Greme de menthe frappe)

36. 다음 칵테일 중 Mixing Glass를 사용하지 않는 것은?(2012회 2회)

① Martini   ② Gin Fizz

③ Manhattan   ④ Rob Roy

37. 믹싱 글라스(Mixing Glass)의 설명이 옳은 것은?(2010년 4회)

① 칵테일 조주 시 음료 혼합물을 섞을 수 있는 기물이다.

② 쉐이커(shaker)의 또 다른 명칭이다.

정답 ▶ 28 ④ **29** ③ **30** ③ **31** ② **32** ② **33** ③ **34** ① **35** ① **36** ② **37** ①

③ 칵테일에 혼합되어지는 과일이나 약초를 머들링(Muddling)하기 위한 기물이다.

④ 보스턴 쉐이커를 구성하는 기물로서 주로 안전한 플라스틱 재질을 사용한다.

38. 블러디 메리(Bloody Mary)에 주로 사용되는 주스는?

① 토마토 주스　　② 오렌지 주스

③ 파인애플 주스　　④ 라임 주스

39. Standard Recipe란?(2008년 4회)

① 표준 판매가　　② 표준 제조표

③ 표준 조직표　　④ 표준 구매가

40. 다음 중 Sugar Frost로 만드는 칵테일은?(2008년 1회, 2009년 4회)

① Rob Roy　　② Kiss of Fire

③ Margarita　　④ Angel's Tip

41. 레스토랑에서의 용어인 "abbreviation"의 의미는?(2008년 1회)

① 헤드웨이터가 몇 명의 웨이터들에게 담당구역을 배정하여 고객에 대한 서비스를 제공하는 제도

② 주방에서 음식을 미리 접시에 담아 제공하는 서비스

③ 레스토랑에서 고객이 찾고자 하는 고객을 대신 찾아주는 서비스

④ 원활한 서비스를 위해 사용하는 직원 간에 미리 약속된 메뉴 약어

42. Whisky나 Vermouth 등을 On the Rocks로 제공할 때 준비하는 글라스는?(2009년 2회)

① Highball Glass

② Old Fashioned Glass

③ Cocktail Glass

④ Liqueur Glass

43. 조주 서비스에서 chaser의 의미는?(2010년 1회)

① 음료를 체온보다 높여 약 62~67℃로 해서 서빙하는 것

② 따로 조주하지 않고 생으로 마시는 것

③ 서로 다른 두 가지 술을 반씩 따라 담는 것

④ 독한 술이나 칵테일을 내놓을 때 다른 글라스에 물들을 담아 내놓는 것

44. 다음 중 바 기물과 가장 거리가 먼 것은? (2005년 1회, 2007년 5회)

① ice cube maker　　② muddler

③ beer cooler　　④ deep freezer

45. 얼음의 명칭 중 단위당 부피가 가장 큰 것은?

① Cracked Ice　　② Cubed Ice

③ Lumped Ice　　④ Crushed Ice

46. 테이블의 분위기를 돋보이게 하거나 고객의 편의를 위해 중앙에 놓는 집기들의 배열을 무엇이라 하는가?(2012년 4회)

① Service wagon　　② Show plate

③ B & B plate　　④ Center piece

정답 ▶ **38** ①　**39** ②　**40** ②　**41** ④　**42** ②　**43** ④　**44** ④　**45** ③　**46** ④

47. 주장(Bar)에서 사용하는 기물이 아닌 것은? (2011년 4회)

① Champagne Cooler

② Soup Spoon

③ Lemon Squeezer

④ Decanter

48. Sidecar 칵테일을 만들 때 재료로 적당하지 않은 것은?(2012년 2회)

① 테킬라

② 브랜디

③ 화이트큐라소

④ 레몬주스

49. 조주보조원이라 일컬으며 칵테일 재료의 준비와 청결유지를 위한 청소담당 및 업장 보조를 하는 사람을 의미하는 것은?

① 바 헬퍼(Bar helper)

② 바텐더(Bartender)

③ 헤드 바텐더(Head Bartender)

④ 바 매니저(Bar Manager)

50. 칵테일 기구인 지거(Jigger)를 잘못 설명한 것은?

① 일명 Measure Cup이라고 한다.

② 지거는 크고 작은 두 개의 삼각형 컵이 양쪽으로 붙어 있다.

③ 작은 쪽 컵은 1oz이다.

④ 큰 쪽의 컵은 대부분 2oz이다.

51. 다음 (   ) 안에 공통적으로 적합한 단어는? (2010년 4회)

( ), which looks like fine sea spray, is the Holy Grail of espresso, the beautifully tangible sign that everything has gone right.
( ), is a golden foam made up of oil and colloids, which floats atop the surface of a perfectly brewed cup of espresso.

① Crema　　　② Cupping

③ Cappuccino　　④ Caffe Latte

52. 다음에서 설명하는 것은?

What is used to present the check, return the change or the credit card, and remind the customer to leave the tip.

① Serving trays　　② Bill trays

③ Corkscrews　　④ Can openers

53. 다음 (   ) 안에 공통적으로 적합한 단어는? (2010년 4회)

( ),whisky is a whisky which is distilled and produced at just one particular distilled and produced at particular distillert.
( )s are made entirely from one type of malted grain, traditionally barley, which is cultivated in the region of the distillery.

① grain　　　② blended

③ single malt　　④ bourbon

정답 ▶　47 ②　48 ①　49 ①　50 ④　51 ①　52 ②　53 ③

54. 다음 내용 중 옳은 것은?

① Cognac is produced only in the Cognac region of France.

② All brandy is Cognac.

③ Not all Cognac is brandy.

④ All French brandy is Cognac.

55. 손님에게 사용할 때 공손한 표현이 되도록 다음의 ___ 안에 들어갈 알맞은 표현은?

_____ to have a drink?

① Would you like

② Won't you like

③ Will you like

④ Do you like

56. What does 'black coffee' mean?

① Rich in coffee

② strong coffee

③ coffee without cream and sugar

④ Clear strong coffee

57. Pleae, select the cocktail based on gin in the following.

① Side car

② Zoom cocktail

③ Between the sheets

④ Million Dollar

58. ( ) 안에 알맞은 리큐르는?(2011년 2회,

2013년 4회)

( ) is called the queen of liqueur. This is one of the French traditional liqueur and is made from several years aging after distilling of various herds added to spirit.

① Chartreuse

② Benedictine

③ Kummel

④ Cointreau

59. 다음의 문장에서 밑줄 친 Postponed와 가장 가까운 뜻은?

The meeting was Postponed until tomorrow morning.

① cancelled

② finished

③ put off

④ taken off

60. 'I feel like throwing up.'의 의미는?

① 토할 것 같다.

② 기분이 너무 좋다.

③ 공을 던지고 싶다.

④ 술을 더 마시고 싶다.

정답 ▶ **54** ① **55** ① **56** ③ **57** ④ **58** ① **59** ③ **60** ①

국가기술자격검정 필기시험문제

2016년도 기능사 일반검정 제1회				수검번호	성명
자격종목 및 등급 (선택분야)조주기능사	종목코드 7916	시험시간 1시간	문제지형별 B		

*시험문제지는 답안카드와 같이 반드시 제출하여야 한다.

1. 커피의 3대 원종이 아닌 것은?

① 로부스타종   ② 아라비카종

③ 인디카종   ④ 리베리카종

2. 이탈리아가 자랑하는 3대 리큐르(liqueur) 중 하나로 살구씨를 기본으로 여러 가지 재료를 넣어 만든 아몬드 향의 리큐르로 옳은 것은?

① 아드보카트(Advocaat)

② 베네딕틴(Benedictine)

③ 아마레토(Amaretto)

④ 그랑마니에(Grand Marnier)

3. Malt Whisky를 바르게 설명한 것은?

① 대량의 양조주를 연속식으로 증류해서 만든 위스키

② 단식 증류기를 사용하여 2회의 증류과정을 거쳐 만든 위스키

③ 피트탄(peat, 석탄)으로 건조한 맥아의 당액을 발효해서 증류한 피트향과 통의 향이 배인 독특한 맛의 위스키

④ 옥수수를 원료로 대맥의 맥아를 사용하여 당화시켜 개량솥으로 증류한 고농도 알코올의 위스키

4. Ginger Ale에 대한 설명 중 틀린 것은?

① 생강의 향을 함유한 소다수이다.

② 알코올 성분이 포함된 영양음료이다.

③ 식욕증진이나 소화제로 효과가 있다.

④ Gin이나 Brandy와 조주하여 마시기도 한다.

5. 우유의 살균방법에 대한 설명으로 가장 거리가 먼 것은?

① 저온 살균법: 50℃에서 30분 살균

② 고온 단시간 살균법: 72℃에서 15초 살균

③ 초고온 살균법: 135~150℃에서 0.5~5초 살균

④ 멸균법: 150℃에서 2.5~3초 동안 가열 처리

6. 다음 중에서 이탈리아 와인 키안티 클라시코(Chianti classico)와 가장 거리가 먼 것은?

① Gallo nero   ② Piasco

③ Raffia   ④ Barbaresco

정답 ▶ 1 ③ 2 ③ 3 ③ 4 ② 5 ① 6 ④

7. 옥수수를 51% 이상 사용하고 연속식 증류기로 알코올 농도 40% 이상 80% 미만으로 증류하는 위스키는?

① Scotch Whisky

② Bourbon Whisky

③ Irish Whisky

④ Canadian Whisky

8. 사과로 만들어진 양조주는?

① Camus Napoleon　② Cider

③ Kirschwasser　④ Anisette

9. 스트레이트 업(straight up)의 의미로 가장 적합한 것은?

① 술이나 재료의 비중을 이용하여 섞이지 않게 마시는 것

② 얼음을 넣지 않은 상태로 마시는 것

③ 얼음만 넣고 그 위에 술을 따른 상태로 마시는 것

④ 글라스 위에 장식하여 마시는 것

10. 약초, 향초류의 혼성주는?

① 트리플 섹　② 크렘 드 카시스

③ 깔루아　④ 쿰멜

11. 헤네시의 등급 규격으로 틀린 것은?

① EXTRA: 15~25년

② V.O: 15년

③ X.O: 45년 이상

④ V.S.O.P: 20~30년

12. 다음은 어떤 포도 품종에 관하여 설명한 것인가?

작은 포도알, 깊은 적갈색, 두꺼운 껍질, 많은 씨앗이 특징이며 씨앗은 타닌함량을 풍부하게 하고, 두꺼운 껍질은 색깔을 깊이 있게 나타낸다. 블랙커런트, 체리, 자두 향을 지니고 있으며, 대표적인 생산지역은 프랑스 보르드 지방이다.

① 메를로(Merlot)

② 피노 누아(Pinot Noir)

③ 카베르네 소비뇽(Chabernet Sauvignon)

④ 샤르도네(Chardonnay)

13. 담색 또는 무색으로 칵테일의 기본주로 사용되는 Rum은?

① Heavy Rum　② Medium Rum

③ Light Rum　④ Jamaica Rum

14. 전통 민속주의 양조기구 및 기물이 아닌 것은?

① 오크통　② 누룩고리

③ 채반　④ 술자루

15. 세계의 유명한 광천수 중 프랑스 지역의 제품이 아닌 것은?

① 비시 생수(Vichy water)

② 에비앙 생수(Evian water)

③ 셀처 생수(Seltzer water)

④ 페리에 생수(Perrier water)

정답 ▶ 7 ② 8 ② 9 ② 10 ④ 11 ① 12 ③ 13 ③ 14 ① 15 ③

16. Irish Whisky에 대한 설명으로 틀린 것은?

① 깊고 진한 맛과 향을 지닌 몰트위스키도 포함된다.

② 피트훈연을 하지 않아 향이 깨끗하고 맛이 부드럽다.

③ 스카치 위스키와 제조과정이 동일하다.

④ John Jameson, Old Bushmills가 대표적이다.

17. 세계 4대 위스키(Whisky)가 아닌 것은?

① 스카치(Scotch)

② 아이리쉬(Irish)

③ 아메리칸(American)

④ 스패니시(Spanish)

18. 다음 중 연속식 증류주에 해당하는 것은?

① Pot still Whisky

② Malt Whisky

③ Cognac

④ Patent still Whisky

19. Benedictine의 설명 중 틀린 것은?

① B-52 칵테일을 조주할 때 사용한다.

② 병에 적힌 D.O.M은 '최선 최대의 신에게'라는 뜻이다.

③ 프랑스 수도원 제품이며 품질이 우수하다.

④ 허니문(Honeymoon)칵테일을 조주할 때 사용한다.

20. 다음 중 이탈리아 와인 등급 표기로 맞는 것은?

① A.O.P　　　　② D.O.

③ D.O.C.G　　　④ QbA

21. 소주가 한반도에 전해진 시기는 언제인가?

① 통일신라　　　② 고려

③ 조선 초기　　　④ 조선 중기

22. 프랑스 와인의 원산지 통제 증명법으로 가장 엄격한 기준은?

① DOC　　　　② AOC

③ VDQS　　　　④ QmP

23. 솔레라 시스템을 사용하여 만드는 스페인의 대표적인 주정강화 와인은?

① 포트와인　　　② 쉐리와인

③ 보졸레 와인　　④ 보르도 와인

24. 리큐르(Liqueur) 중 베일리스가 생산되는 곳은?

① 스코틀랜드　　② 아일랜드

③ 잉글랜드　　　④ 뉴질랜드

25. 다음 중 스타일이 다른 맛의 와인이 만들어지는 것은?

① late harvest　　② noble rot

③ ice wine　　　④ vin mousseux

26. 스파클링 와인에 해당되지 않는 것은?

① Champagne　　② Cremant

③ Vin doux naturel　④ Spumante

정답 ▶▶　**16** ③　**17** ④　**18** ④　**19** ①　**20** ③　**21** ②　**22** ②　**23** ②　**24** ②　**25** ④　**26** ③

27. 주류와 그에 대한 설명으로 옳은 것은?

① absinthe - 노르망디 지방의 프랑스산 사과 브랜디

② campari - 주정에 향쑥을 넣어 만드는 프랑스산 리큐르

③ calvados - 이탈리아 밀라노에서 생산되는 와인

④ chartreuse - 승원(수도원)이라는 뜻을 가진 리큐르

28. 브랜디의 제조공정에서 증류한 브랜디를 열탕 소독한 White oak Barrel에 담기 전에 무엇을 채워 유해한 색소나 이물질을 제거하는가?

① Beer   ② Gin

③ Red Wine   ④ White Wine

29. 양조주의 제조방법 중 포도주, 사과주 등 주로 과실주를 만드는 방법으로 만들어진 것은?

① 복발효주

② 단발발효주

③ 연속발효주

④ 병행발효주

30. 다음 중 알코올성 커피는?

① 카페 로얄(Cafe Royale)

② 비엔나 커피(Vienna Coffee)

③ 데미타세 커피(Demi-Tasse Coffee)

④ 카페오레(Cafe au Lait)

31. 영업 형태에 따라 분류한 bar의 종류 중 일반적으로 활기차고 즐거우며 조금은 어둡지만 따뜻하고 조용한 분위기와 가장 거리가 먼 것은?

① Western bar   ② Classic bar

③ Modern bar   ④ Room bar

32. 소프트 드링크(soft drink) 디캔터(decanter)의 올바른 사용법은?

① 각종 청량음료(soft drink)를 별도로 담아 나간다.

② 술과 같이 혼합하여 나간다.

③ 얼음과 같이 넣어 나간다.

④ 술과 얼음을 같이 넣어 나간다.

33. 우리나라에서 개별소비세가 부과되지 않는 영업장은?

① 단란주점   ② 요정

③ 카바레   ④ 나이트클럽

34. 칵테일글라스의 3대 명칭이 아닌 것은?

① bowl   ② cap

③ stem   ④ base

35. 칵테일 서비스 진행 절차로 가장 적합한 것은?

① 아이스 페일을 이용해서 고객의 요구대로 글라스에 얼음을 넣는다.

② 먼저 커팅보드 위에 장식물과 함께 글라스를 놓는다.

③ 칵테일 용 냅킨을 고객의 글라스 오른쪽

정답 ▶ **27** ④ **28** ④ **29** ② **30** ① **31** ① **32** ① **33** ① **34** ② **35** ③

에 넣고 젓는 막대를 그 위에 놓는다.

④ 병술을 사용할 때는 스토퍼를 이용해서 조심스럽게 따른다.

36. 오크통에서 증류주를 보관할 때의 설명으로 틀린 것은?

① 원액의 개성을 결정해 준다.

② 천사의 몫(Angel's share)현상이 나타난다.

③ 색상이 호박색으로 변한다.

④ 변화 없이 증류한 상태 그대로 보관된다.

37. Blending 기법에 사용하는 얼음으로 가장 적당한 것은?

① lumped ice   ② crushed ice

③ cubed ice   ④ shaved ice

38. 비터류(bitters)가 사용되지 않는 칵테일은?

① Manhattan

② Cosmopolitan

③ Old Fashioned

④ Negroni

39. 보크맥주(Bock beer)에 대한 설명으로 옳은 것은?

① 알코올 도수가 높은 흑맥주

② 알코올 도수가 낮은 담색 맥주

③ 이탈리아산 고급 흑맥주

④ 제조 12시간 이내의 생맥주

40. 탄산음료나 샴페인을 사용하고 남은 일부를 보관할 때 사용하는 기구로 가장 적합한 것은?

① 코스터   ② 스토퍼

③ 폴러   ④ 코르크

41. 맥주의 보관에 대한 내용으로 옳지 않은 것은?

① 장기 보관할수록 맛이 좋아진다.

② 맥주가 얼지 않도록 보관한다.

③ 직사광선을 피한다.

④ 적정온도(4~10℃)에 보관한다.

42. 칼바도스(Calvados)는 보관온도상 다음 품목 중 어떤 것과 같이 두어도 좋은가?

① 백포도주   ② 샴페인

③ 생맥주   ④ 코냑

43. 칵테일 Kir Royal의 레시피(Recipe)로 옳은 것은?

① Champagne-Cacao

② Champagne-Kahlua

③ Wine-Cointreau

④ Champagne-Creme de Cassis

44. 바텐더가 Bar에서 Glass를 사용할 때 가장 먼저 체크하여야 할 사항은?

① Glass의 가장자리 파손 여부

② Glass의 청결 여부

③ Glass의 재고 여부

④ Glass의 온도 여부

정답 ▶ **36** ④ **37** ② **38** ② **39** ① **40** ② **41** ① **42** ④ **43** ④ **44** ①

45. Red cherry가 사용되지 않는 칵테일은?

① Manhattan

② Old Fashioned

③ Mai-Tai

④ Moscow Mule

46. 고객이 위스키 스트레이트를 주문하고, 얼음과 함께 콜라나 소다수, 물 등을 원하는 경우 이를 제공하는 글라스는?

① wine decanter

② cocktail decanter

③ Collins glass

④ cocktail glass

47. 스카치 750㎖ 1병의 원가가 100,000원 이고, 평균 원가율을 20%로 책정했다면 스카치 1잔의 판매가격은?

① 10,000원   ② 15,000원

③ 20,000원   ④ 25,000원

48. 일반적인 칵테일의 특징으로 가장 거리가 먼 것은?

① 부드러운 맛

② 분위기의 증진

③ 색, 맛, 향의 조화

④ 항산화, 소화증진 효소 함유

49. 휘젓기(stirring) 기법을 할 때 사용하는 칵테일 기구로 가장 적합한 것은?

① hand shaker   ② mixing glass

③ squeezer   ④ jigger

50. 용량 표시가 옳은 것은?

① 1 tea spoon = 1/32oz

② 1 pony = 1/2oz

③ 1 pint = 1/2quart

④ 1 table spoon = 1/32oz

51. "당신은 손님들에게 친절해야 한다. "의 표현으로 가장 적합한 것은?

① You should be kind to guest.

② You should kind guest.

③ You should be to kind to guest.

④ You should do kind guest.

52. Three factors govern the appreciation the appreciation of wine. Which of the following dose not belong to them?

① Color

② Aroma

③ Taste

④ Touch

53. '한잔 더 주세요.'의 가장 정확한 영어 표현은?

① I'd like other drink.

② I'd like to have another drink.

③ I want one more wine.

④ I'd like to have the ohter drink.

정답 ▶   45 ④ 46 ② 47 ③ 48 ④ 49 ② 50 ③ 51 ① 52 ④ 53 ②

54. Which of the following is the right beverage in the blank?

> B: Here you are. Drink it While it's hot.
> G: Um... nice. What pretty drink are you mixing there?
> B: Well, it's for the lady in that corner. It is a "_____", and it is made from several liqueurs.
> G: Looks like a rainbow. How do you do that?
> B: Well, you pour it in carefully. Each liquid has a different weight, so the sit on the top of each other without mixing.

① Pousse cafe   ② Cassis Frappe
③ June Bug   ④ Rum Shrub

55. 바텐더가 손님에게 처음 주문을 받을 때 사용할 수 있는 표현으로 적합한 것은?

① What do you recommend?
② Would you care for a drink?
③ What would you like with that?
④ Do you have a reservation?

56. Which one is the right answer in the blank?

> B: Good evening, sir. What Would you like?
> G: What kind of ( ) have you got?
> B: We've got our own brand, sir. Or I can give you an rye, a bourbon or a malt.
> G: I'll have a malt. A double, please.
> B: Certainly, sir. Would you like any water or ice with it?
> G: No water, thank you. That spoils it. I'll have just one lump of ice.
> B: One lump, sir. Certainly.

① Wine   ② Gin
③ Whiskey   ④ Rum

57. 'Are you free this evening?'의 의미로 가장 적합한 것은?

① 이것은 무료입니까?
② 오늘밤에 시간 있으십니까?
③ 오늘밤에 만나시겠습니까?
④ 오늘밤에 개점합니까?

58. ( ) 안에 들어갈 알맞은 것은?

> I don't know what happened at the meeting because I wasn't able to ( ).

① decline   ② apply
③ depart   ④ attend

59. Which one is not made from grapes?

① Cognac   ② Calvados
③ Armagnac   ④ Grappa

60. 다음 ( ) 안에 알맞은 것은?

> ( ) must have juniper berry flavor and can be made either by distillation or re-distillation.

① Whisky   ② Rum
③ Tequila   ④ Gin

정답 ▶ 54 ① 55 ② 56 ③ 57 ② 58 ④ 59 ② 60 ④

국가기술자격검정 필기시험문제

2016년도 기능사 일반검정 제2회				수검번호	성명
자격종목 및 등급 (선택분야)조주기능사	종목코드 7916	시험시간 1시간	문제지형별 B		

*시험문제지는 답안카드와 같이 반드시 제출하여야 한다.

1. 혼성주에 해당하는 것은?

① Armagnac   ② Corn Whisky

③ Cointreau   ④ Jamaican Rum

2. 각 국가별로 부르는 적포도주로 틀린 것은?

① 프랑스 – Vin Rouge

② 이탈리아 – Vino Rosso

③ 스페인 – Vino Rosado

④ 독일 – Rotwein

3. Sparkling Wine이 아닌 것은?

① Asti spumante   ② Sekt

③ Vin mousseux   ④ Troken

4. 포도 품종의 그린 수확(Green Harvest)에 대한 설명으로 옳은 것은?

① 수확량을 제한하기 위한 수확

② 청포도 품종 수확

③ 완숙한 최고의 포도 수확

④ 포도원의 잡초제거

5. 보르도 지역의 와인이 아닌 것은?

① 샤블리   ② 메독

③ 마고   ④ 그라브

6. 프랑스에서 생산되는 칼바도스(Calvados)는 어느 종류에 속하는가?

① Brandy   ② Gin

③ Wine   ④ Whisky

7. 원료인 포도주에 브랜디나 당분을 섞고, 향료나 약초를 넣어 향미를 내어 만들며 이탈리아산이 유명한 것은?

① Manzanilla   ② Vermouth

③ Stout   ④ Hock

8. 다음 중 Aperitif Wine으로 가장 적합한 것은?

① Dry Sherry Wine   ② White Wine

③ Red Wine   ④ Port Wine

9. 혼성주의 종류에 대한 설명이 틀린 것은?

① 아드보카트(Advocaat)는 브랜디에 달걀 노른자와 설탕을 혼합하여 만들었다.

② 드람브이(Dramebuie)는 "사람을 만족시키는 음료"라는 뜻을 가지고 있다.

③ 아르마냑(Armagnac)은 체리향을 혼합하여 만든 술이다.

④ 깔루아(Kahlua)는 증류주에 커피를 혼합하여 만든 술이다.

정답 ▶ 1 ③ 2 ③ 3 ④ 4 ① 5 ① 6 ① 7 ② 8 ① 9 ③

10. 혼성주 제조 방법인 침출법에 대한 설명으로 틀린 것은?

① 맛과 향이 알코올에 쉽게 용해되는 원료일 때 사용 한다.

② 과실 및 향료를 기주에 담가 맛과 향이 우러나게 하는 방법이다.

③ 원료를 넣고 밀봉한 후 수개월에서 수년 간 장기 숙성시킨다.

④ 맛과 향이 추출되면 여과한 후 블렌딩하여 병입한다.

11. 보졸레 누보 양조과정의 특징이 아닌 것은?

① 기계수확을 한다.

② 열매를 분리하지 않고 송이째 밀폐된 탱크에 집어넣는다.

③ 발효 중 CO_2의 영향을 받아 산도가 낮은 와인이 만들어진다.

④ 오랜 숙성 기간 없이 출하한다.

12. 맥주의 원료로 알맞지 않은 것은?

① 물   ② 피트

③ 보리   ④ 호프

13. 원산지가 프랑스인 술은?

① Absinthe   ② Curacao

③ Kahlua   ④ Drambuie

14. 상면 발효 맥주로 옳은 것은?

① bock beer

② budweiser beer

③ porter beer

④ asahi beer

15. Hop에 대한 설명 중 틀린 것은?

① 자웅이주의 숙근 식물로서 수정이 안 된 암꽃을 사용한다.

② 맥주의 쓴맛과 향을 부여한다.

③ 거품의 지속성과 항균성을 부여한다.

④ 맥아즙 속의 당분을 분해하여 알코올과 탄산가스를 만드는 작용을 한다.

16. 다음에서 설명하는 것은?

> – 북유럽 스칸디나비아 지방의 특산주로 어원은 '생명의 물'이라는 라틴어에서 온 말이다. 제조과정은 먼저 감자를 익혀서 으깬 감자와 맥아를 당화, 발효시켜 증류시킨다.
> – 연속증류기로 95%의 고농도 알코올을 얻은 다음 물로 희석하고 회향초 씨나, 박하, 오렌지 껍질 등 여러 가지 종류의 허브로 향기를 착향시킨 술이다.

① Vodka   ② Rum

③ Aquavit   ④ Brandy

17. 프랑스에서 사과를 원료로 만든 증류주인 Apple Brandy는?

① Cognac   ② Calvados

③ Armagnac   ④ Camus

18. 다음 중 과실음료가 아닌 것은?

① 토마토 주스   ② 천연과즙주스

③ 희석과즙음료   ④ 과립과즙음료

19. 우리나라 전통주 중에서 약주가 아닌 것은?

① 두견주   ② 한산 소국주

③ 칠선주   ④ 문배주

정답 ▶ **10** ① **11** ① **12** ② **13** ① **14** ③ **15** ④ **16** ③ **17** ② **18** ① **19** ④

20. 다음 중 스카치 위스키(scotch whisky)가 아 닌 것은?

① Crown Royal

② White Horse

③ Johnnie Walker

④ Chivas Regal

21. 차를 만드는 방법에 따른 분류와 대표적인 차의 연결이 틀린 것은?

① 불발효차 – 보성녹차

② 반발효차 – 오룡차

③ 발효차 – 다즐링차

④ 후발효차 – 자스민차

22. 소다수에 대한 설명으로 틀린 것은?

① 인공적으로 이산화탄소를 첨가한다.

② 약간의 신맛과 단맛이 나며 청량감이 있 다.

③ 식욕을 돋우는 효과가 있다.

④ 성분은 수분과 이산화탄소로 칼로리는 없다.

23. 다음에서 설명되는 우리나라 고유의 술은?

> 엄격한 법도에 의해 술은 담근다는 전통주로 신라시대부터 전해오는 〈유상곡수〉라 하여 주 로 상류계급에서 즐기던 것으로 중국 남방술인 사오 싱주보다 빛깔은 조금 희고 그 순수한 맛 이 가히 일품이다.

① 두견주   ② 인삼주

③ 감흥로주   ④ 경주교동법주

24. 레몬주스, 슈거 시럽, 소다수를 혼합한 것으 로 대용할 수 있는 것은?

① 진저에일   ② 토닉워터

③ 칼린스 믹스   ④ 사이다

25. 다음 중 테킬라(Tequila)가 아닌 것은?

① Cuervo   ② El Toro

③ Sambuca   ④ Sauza

26. 다음 중 아메리칸 위스키(American Whisky) 가 아닌 것은?

① Jim Beam   ② Wild Turkey

③ John Jameson   ④ Jack Daniel

27. 다음 중 그 종류가 다른 하나는?

① Vienna coffee

② Cappuccino coffee

③ Espresso coffee

④ Irish coffee

28. 스카치 위스키의 5가지 법적 분류에 해당되 지 않는 것은?

① 싱글 몰트 스카치 위스키

② 블렌디드 스카치 위스키

③ 블레디드 그레인 스카치 위스키

④ 라이 위스키

29. 다음 중 증류주에 속하는 것은?

① Vermouth   ② Champagne

③ Sherry Wine   ④ Light Rum

정답 ▶ **20** ① **21** ④ **22** ② **23** ④ **24** ③ **25** ③ **26** ③ **27** ④ **28** ④ **29** ④

30. 음료의 역사에 대한 설명으로 틀린 것은?

① 기원전 6000년경 바빌로니아 사람들은 레몬과즙을 마셨다.

② 스페인 발렌시아 부근의 동굴에서는 탄산가스를 발견해 마시는 벽화가 있다.

③ 바빌로니아 사람들은 밀 빵이 물에 젖어 발효된 맥주를 발견해 음료로 즐겼다.

④ 중앙아시아 지역에서는 야생의 포도가 쌓여 자연 발효된 포도주를 음료로 즐겼다.

31. 주장(bar)에서 주문받는 방법으로 가장거리가 먼 것은?

① 손님의 연령이나 성별을 고려한 음료수를 추천하는 것은 좋은 방법이다.

② 추가주문은 고객이 한잔을 다 마시고 나면 최대한 빠른 시간에 여쭤본다.

③ 위스키와 같은 알코올 도수가 높은 술을 주문받을 때에는 안주류도 함께 여쭤본다.

④ 2명 이상의 외국인 고객의 경우 반드시 영수증을 하나로 할지, 개인별로 따로 할지 여쭤본다.

32. 샴페인 1병을 주문한 고객에게 샴페인을 따라주는 방법으로 옳지 않은 것은?

① 샴페인은 글라스에 서브할 때 2번에 나눠서 따른다.

② 샴페인의 기포를 눈으로 충분히 즐길 수 있게 따른다.

③ 샴페인은 글라스의 최대 절반 정도까지만 따른다.

④ 샴페인을 따를 때에는 최대한 거품이 나지 않게 조심해서 따른다.

33. 에스프레소 추출 시 너무 진한 크레마(Dark Crema)가 추출되었을 때 그 원인이 아닌 것은?

① 물의 온도가 95℃보다 높은 경우

② 펌프 압력이 기준압력보다 낮은 경우

③ 포터필터의 구멍이 너무 큰 경우

④ 물 공급이 제대로 안 되는 경우

34. 칵테일을 만드는데 필요한 기물이 아닌 것은?

① Corkscrew　　② Mixing glass

③ Shaker　　④ Bar spoon

35. 다음 중 주장 종사원(waiter/waitress)의 주요 임무는?

① 고객이 사용한 기물과 빈 잔을 세척한다.

② 칵테일 부재료를 준비한다.

③ 창고에서 주장(bar)에서 필요한 물품을 보급한다.

④ 고객에게 주문을 받고 주문받는 음료를 제공한다.

36. 바람직한 바텐더(Bartender)직무가 아닌 것은?

① 바(bar)내에 필요한 물품 재고를 항상 파악한다.

② 일일 판매할 주류가 적당한지 확인한다.

③ 바(bar)의 환경 및 기물 등의 청결을 유지, 관리한다.

정답 ▶ **30** ② **31** ② **32** ④ **33** ③ **34** ① **35** ④ **36** ④

④ 칵테일 조주 시 지거(Jigger)를 사용하지 않는다.

37. Glass 관리방법 중 틀린 것은?

① 알맞은 Rack에 담아서 세척기를 이용하여 세척한다.

② 닦기 전에 금이 가거나 깨진 것이 없는지 먼저 확인한다.

③ Glass의 Steam 부분을 시작으로 돌려서 닦는다.

④ 물에 레몬이나 에스프레소 1잔 넣으면 Glass의 잡냄새가 제거된다.

38. Extra Dry Martini는 Dry Vermouth를 어느 정도 넣어야 하는가?

① 1/4oz   ② 1/3oz

③ 1oz   ④ 2oz

39. Gibson에 대한 설명으로 틀린 것은?

① 알코올 도수는 약 36도에 해당한다.

② 베이스는 gin이다.

③ 칵테일 양파(onion)로 장식한다.

④ 기법은 shaking이다.

40. 칵테일 상품의 특성과 가장 거리가 먼 것은?

① 대량생산이 가능하다.

② 인적 의존도가 높다.

③ 유통 과정이 없다.

④ 반품과 재고가 없다.

41. 바의 한 달 전체 매출액이 1천만 원이고 종사원에게 지불된 모든 급료가 3백만 원이라면 이 바의 인건비 비율은?

① 10%   ② 20%

③ 30%   ④ 40%

42. 내열성이 강한 유리잔에 제공되는 칵테일은?

① Grasshopper   ② Tequila sunrise

③ New York   ④ Irish Coffee

43. 다음 중에서 Cherry로 장식하지 않는 칵테일은?

① Angel' kiss   ② Manhattan

③ Rod Roy   ④ Martini

44. 칵테일에 사용되는 Garnish에 대한 설명으로 가장 적절한 것은?

① 과일만 사용이 가능하다.

② 꽃이 화려하고 향기가 많이 나는 것이 좋다.

③ 꽃가루가 많은 꽃은 더욱 운치가 있어서 잘 어울린다.

④ 과일이나 허브향이 나는 잎이나 줄기가 적합하다.

45. 다음 중 가장 영양분이 많은 칵테일은?

① Brandy Eggnog   ② Gibson

③ Bacardi   ④ Olympic

46. 다음 중 1oz당 칼로리가 가장 높은 것은?(단, 각 주류의 도수는 일반적인 경우를 따른다.)

① Red Wine   ② Champagne

③ Liqueur   ④ White Wine

정답 ▶ 37 ③ 38 ① 39 ④ 40 ① 41 ③ 42 ④ 43 ④ 44 ④ 45 ① 46 ③

47. 네그로니(Negroni)칵테일의 조주 시 재료로 가장 적합한 것은?

① Rum 3/4oz, Sweet Vermouth 3/4oz, Campari 3/4oz, Twist of lemon peel.

② Dry Gin 3/4oz, Sweet Vermouth 3/4oz, Campari 3/4oz, Twist of lemon peel.

③ Dry Gin 3/4oz, Sweet Vermouth 3/4oz, Grenadine Syrup 3/4oz, Twist of lemon peel.

④ Tequila 3/4oz, Sweet Vermouth 3/4oz, Campari 3/4oz, Twist of lemon peel.

48. 다음 중 장식이 필요없는 칵테일은?

① 김렛(Gimlet)

② 시브리즈(Seabreeze)

③ 올드 패션(Old Fashioned)

④ 싱가폴 슬링(Singapore Sling)

49. 칵테일 레시피(Recipe)를 보고 알 수 없는 것은?

① 칵테일의 색깔

② 칵테일의 판매량

③ 칵테일의 분량

④ 칵테일의 성분

50. Gibson을 조주할 때 Garnish는 무엇으로 하는가?

① Olive　　　　② Cherry

③ Onion　　　　④ Lime

51. "우리 호텔을 떠나십니까?"의 표현으로 옳은 것은?

① Do you start our hotel?

② Are you leave to our hotel?

③ Are you leaving our hotel?

④ Do you go our hotel?

52. 다음 ( ) 안에 가장 적합한 것은?

W: Good evening, Mr. Carr. Haw are you this evening?
G: Fine. And you, Mr. Kim?
W: Very well, thank you. What would you like to try tonight?
G: (　　　　)
W: A whisky, no ice, no water. Am I correct?
G: Fantastic!

① Just one for my health, please.

② One for the road.

③ I'll stick to my usual.

④ Another one please.

53. 다음 ( ) 안에 알맞은 단어와 아래의 상황 후 Jenny가 Kate에게 할 말의 연결로 가장 적합한 것은?

Jenny comes back with a magnum and glasses carried by a barman. She sets the glasses while he barman opens the bottle.
There is a loud "( )" and the cork hits kate who jumps up with cry.
The champagne spills all over the carpet.

① peep—Good luck to you.

② ouch—I am sorry to hear that.

정답 ▶　47 ②　48 ①　49 ②　50 ③　51 ③　52 ③　53 ④

③ tut—How awful!

④ pop—I am very sorry. I do hope you are not hut.

54. 다음 밑줄에 들어갈 가장 적합한 것은?

> I'm sorry to have ＿＿＿ you waiting.

① kept   ② made

③ put   ④ had

55. Which one is not aperitif cocktail?

① Dry Martini   ② Kir

③ Campari Orange   ④ Grasshopper

56. 다음 ( ) 안에 알맞은 것은?

> ( ) is distilled spirits from the fermented juice of sugarcane or other sugarcane by-products.

① Whisky   ② Vodka

③ Gin   ④ Rum

57. There are basic direction of wine service. Select the one which is not belong to them in the following?

① Filling four-fifth of red wine into the glass.

② Serving the red wine with room temperature.

③ Serving the white wine with condition of 8~12℃.

④ Showing the guest the label of wine before service.

58. Which one is not distilled beverage in the following?

① Gin   ② Calvados

③ Tequila   ④ Cointreau

59. 다음 문장에서 의미하는 것은?

> This is produced in Italy and made with apricot and almond.

① Amaretto   ② Absinthe

③ Anisette   ④ Angelica

60. 다음 밑줄 친 곳에 가장 적합한 것은?

> A: Good evening, Sir.
> B: Could you show me the wine list?
> A: Here you are, Sir. This week is the promotion week of ＿＿＿＿＿.
> B: O.K. I'll try it.

① Stout

② Calvados

③ Glenfiddich

④ Beaujolais Nouveau

정답 ▶ 54 ① 55 ④ 56 ④ 57 ① 58 ④ 59 ① 60 ④

참고
문헌

1. 국내

김기재 외, 와인을 알면 비즈니스가 즐겁다, 세종서적, 2002.

김준철, 국제화시대의 양주상식, 노문사, 1996.

_____, 와인 인사이클로피디아, 세종서적, 2006.

김진국, 와인학개론, 백산출판사, 2002.

나정기, 메뉴관리의 이해, 백산출판사, 2006.

_____, 식음료원가관리의 이해, 백산출판사, 2010.

박영배, 식음료 서비스관리론, 백산출판사, 2007.

_____, 칵테일의 미학, 백산출판사, 2008.

이애주, 식음료 관리론, 일신사, 1996.

이정자, 호텔식음료 원가관리, 형설출판사, 1994.

이정학, 주류학개론, 기문사, 2004.

이주호, 이제는 와인이 좋다, 바다출판사, 2000.

조영현, The Wine, 백산출판사, 2012.

조호철, 나만의 맥주만들기, 넥서스, 2005.

페르낭도 카스텔롱, 라루스 칵테일북, 웅진, 2011.

호텔 롯데, 식음료 직무교재, 명지출판사, 1990.

호텔 쉐라톤 워커힐, 식음료 매뉴얼, 1994.

호텔 신라, 식음료 직무교재 매뉴얼, 1990.

홍기운, 최신 식품구매론, 대왕사, 2001.

히로카네 켄시, 한손에 잡히는 Wine, 한복진 외 옮김, 베스트홈, 2001.

2. 국외

西澤宗治, カクテル·パーフェクトブック, 日本文藝社, 2006.

野田宏子, ワイド版ワインベストセレクション300, 日本文藝社, 2002.

田村正隆, リキュール&カクテル 大事典, ナツメ出版企劃社, 2006.

Reed, Ben. Cool Cocktails, Periplus, 2002.

Walton, Stwart. Wine of the World, South Water, 2001.

■ 저자 소개

박 영 배

인천대학교 경영학박사
르네상스, 그랜드힐튼호텔 식음료지배인
조주기능사 심사위원
호텔경영관리사(CHA)
호텔관리사(한국관광공사)
커피지도사(한국커피자격검정원)
한국조리학회, 외식경영학회 상임이사
현) 신안산대학교 호텔외식산업과 교수

[저서 및 논문]
호텔 레스토랑 식음료서비스관리론, 2007.
칵테일의 미학(Aesthetics of Cocktail), 2008.
커피 & 바리스타(Coffee & Barista), 2014.
외식산업의 서비스회복 공정성 지각이 고객관계와 구매 후 행동에 미치는 영향, 2005.
와인소비의 감정적 반응에 따른 와인 선택속성의 차이, 2012.
호텔종사원이 지각하는 상사의 리더십이 고객지향성에 미치는 영향, 2015 외 다수

저자와의
합의하에
인지첩부
생략

칵테일 실습

2017년 3월 15일 초판 1쇄 인쇄
2017년 3월 20일 초판 1쇄 발행

지은이 박영배
펴낸이 진욱상
펴낸곳 백산출판사
교 정 편집부
본문디자인 강정자
표지디자인 오정은

등 록 1974년 1월 9일 제1-72호
주 소 경기도 파주시 회동길 370(백산빌딩 3층)
전 화 02-914-1621(代)
팩 스 031-955-9911
이메일 edit@ibaeksan.kr
홈페이지 www.ibaeksan.kr

ISBN 979-11-5763-352-4
값 30,000원